互联网技术与应用基础
（第2版）

主　编　陈国浪　张　煜
副主编　谢　悦　张琼琼　翁正秋　谷澄钧

北京理工大学出版社
BEIJING INSTITUTE OF TECHNOLOGY PRESS

内 容 简 介

本书以数字意识、计算思维、数字化学习与创新、数字社会责任四个维度为培养核心,聚焦"数字生活、数字工作、数字学习、数字创新"四大应用场景,设计数字素养与信息、计算思维与网络、数字学习与生活、数字办公与协作、网络安全与防护、信息技术与创新六大模块,模块之间相对独立又互相联系,每个模块均包含丰富的实例和案例,方便学生将所学知识应用到实际问题中,有效提升学生数字素养与技能。

为了更好地增强学生在数字社会的生存、竞争和可持续发展能力,结合高职的教学特点,在每个模块中创设导入情境,嵌入"议一议"(知识技能的深入思考)、"动一动"(必要技能的实践练习),引导读者主动思考、悟化于心,并将实操与案例结合,使读者学以致用、触类旁通,培养读者分析问题与解决问题的能力;设计德育拓展和"辩一辩"(相关知识的辩证理解),充分体现知行合一、"德育元素"与"专业知识"合一,培养读者的辩证思维和批判精神。本书可作为数字素养教育配套教材或参考书,也适宜普通大众提升数字素养与技能自学参考使用。

版权专有　侵权必究

图书在版编目(CIP)数据

互联网技术与应用基础 / 陈国浪,张煜主编.
2版. --北京:北京理工大学出版社,2024.10.
ISBN 978-7-5763-4535-3

Ⅰ. TP393.4

中国国家版本馆 CIP 数据核字第 20241133Z8 号

责任编辑: 王玲玲　　　　**文案编辑:** 王玲玲
责任校对: 刘亚男　　　　**责任印制:** 施胜娟

出版发行	/ 北京理工大学出版社有限责任公司
社　　址	/ 北京市丰台区四合庄路6号
邮　　编	/ 100070
电　　话	/ (010)68914026(教材售后服务热线)
	(010)63726648(课件资源服务热线)
网　　址	/ http://www.bitpress.com.cn
版 印 次	/ 2024年10月第2版第1次印刷
印　　刷	/ 三河市天利华印刷装订有限公司
开　　本	/ 787 mm×1092 mm　1/16
印　　张	/ 12.5
字　　数	/ 292千字
定　　价	/ 69.00元

图书出现印装质量问题,请拨打售后服务热线,负责调换

前言

以互联网为代表的信息技术日新月异,引领了社会生产新变革,创造了人类生活新空间,人们需要提升数字素养与技能,适应数字化时代的发展趋势,更好地融入社会生活和工作。在我国,超10亿用户接入互联网,形成了全球最庞大和最富有生机的数字社会,给我国公民的数字素养提升提出了新要求。中央网络安全和信息化委员会印发的《提升全民数字素养与技能行动纲要》指出,"提升全民数字素养与技能,是顺应数字时代要求,提升国民素质、促进人的全面发展的战略任务,是实现从网络大国迈向网络强国的必由之路,也是弥合数字鸿沟、促进共同富裕的关键举措。"

数字素养是数字社会公民学习、工作、生活应具备的数字获取、制作、使用、评价、交互、分享、创新、安全保障、伦理道德等一系列素质与能力的集合。具体来看,它主要包括数字意识、计算思维、数字化学习与创新、数字社会责任四个维度,本书内容以此为核心,聚焦"数字生活、数字工作、数字学习、数字创新"四大应用场景,设计数字素养与信息、计算思维与网络、数字学习与生活、数字办公与协作、网络安全与防护、信息技术与创新六大模块,模块之间相对独立又互相联系,每个模块均包含丰富的实例和案例,方便读者将所学知识应用到实际问题中,有效提升数字素养与技能。

本书以增强在数字社会的生存、竞争和可持续发展能力为目标,结合高职的教学特点,在每个模块中创设应用情境,嵌入"议一议"(知识技能的深入思考)、"动一动"(必要技能的实践练习),引导读者主动思考、悟化于心,并将实操与案例结合,使读者学以致用、触类旁通,培养读者分析问题与解决问题的能力;设计德育拓展和"辩一辩"(相关知识的辩证理解),充分体现知行合一、"德育元素"与"专业知识"合一,培养读者的辩证思维和批判精神。本书既可作为大中专院校的数字素养教育配套教材或参考书,也适宜普通大众提升数字素养与技能自学参考使用。

本书由陈国浪、张煜担任主编,谢悦、张琼琼、翁正秋、谷澄钧担任副主编,负责本书大纲编写和内容设计,并对全书进行修改、定稿。具体编写分工为:张琼琼负责编写模块一和模块三3.1、3.3节,陈国浪负责编写模块二、模块五及每个模块的情境导入,王璋负责编写模块三3.2节,李贞负责编写模块三3.4节,胡林娜负责编写模块三3.5、3.6节,谢悦负责编写模块三3.7、3.8节,张煜负责编写模块四和每个模块的德育拓展,翁正秋负责编写模块六。

在本书的编写过程中，作者参阅了一些论文论著、报纸杂志及网络上的资料，并吸收和引用了其中许多有价值的观点和经验，在此，谨向相关作者表示衷心的感谢！此外，感谢中国联合网络通信有限公司温州市分公司5G+产教融合研究院提供的入企锻炼机会，为本书带来了更多的实践经验和案例。

由于互联网、信息技术的发展非常迅速，加之作者学识有限，书中难免存在一些疏漏或不妥之处，敬请广大读者批评指正。

目 录

模块一　数字素养与信息 ··· 1

  1.1　数字素养概述 ·· 2
  1.2　信息概述 ·· 3
    1.2.1　信息 ·· 3
    1.2.2　信息资源 ·· 5
  1.3　信息资源获取 ·· 6
    1.3.1　搜索引擎 ·· 6
    1.3.2　文献检索 ··· 11
    1.3.3　其他网站 ··· 18

模块二　计算思维与网络 ·· 24

  2.1　计算机与计算思维 ··· 25
  2.2　计算机网络基础 ··· 27
    2.2.1　网络硬件 ··· 27
    2.2.2　网络软件 ··· 39
    2.2.3　网络协议 ··· 40
    2.2.4　IPv4 地址 ·· 42
    2.2.5　IPv6 地址 ·· 50
  2.3　Internet ··· 55
    2.3.1　Internet 简介 ·· 55
    2.3.2　Internet 主要应用 ···································· 56
    2.3.3　Internet 接入 ·· 59

模块三　数字学习与生活 ·· 68

  3.1　数字化学习 ··· 69
  3.2　网上购物 ··· 73
  3.3　旅行预订 ··· 77
  3.4　网上求职 ··· 83

3.5 在线调查问卷 ··· 86
3.6 微信公众号 ··· 93
3.7 H5 页面制作 ·· 100
3.8 快速构建网站 ··· 106

模块四 数字办公与协作 ··· 113
4.1 数字办公 ·· 113
4.2 云文档协作 ··· 120

模块五 网络安全与防护 ··· 131
5.1 网络安全概述 ··· 132
5.2 网络安全意识 ··· 141
5.3 网络安全防护 ··· 148

模块六 信息技术与创新 ··· 158
6.1 移动互联网 ··· 159
6.2 5G 技术 ·· 160
6.3 物联网 ·· 164
6.4 大数据 ·· 167
6.5 云计算 ·· 171
6.6 人工智能 ·· 180
6.7 区块链 ·· 185

模块一

数字素养与信息

知识点

- 了解信息、知识、情报和文献的概念及之间的关系。
- 理解数字素养与技能内涵。
- 熟悉搜索引擎与网络信息资源的概念。
- 熟悉各类期刊数据库、电子图书等检索方法。

技能点

- 能够根据解决问题的需要，自觉、主动地寻求恰当的方式获取与处理信息。
- 能够利用搜索引擎查找所需信息，并在自身学习过程中学以致用。
- 能够利用知网等数据库高效、准确地检索所需文献、数据。
- 能够使用各种数字化的资源和工具来浏览和检索需要的相关信息。

素质点

- 从解决问题的目标出发，有主动获取信息的意识。
- 具备自学能力和终身学习意识。

情境导入

当别人问你一个问题，而你10秒内无法想出答案时，你是否会想到去网上搜索一下？

当你即将前往一个陌生的地方，你是否会先打开搜索引擎，查阅当地的天气状况、风俗习惯等信息，然后再启程？

当你需要编写一个格式报告（如年终总结）时，你是否会先搜索一些范例并参照编写？

> 当我们撰写毕业论文时，需要检索阅读大量文献，进行深入综述，分析前人的研究成果，找到研究领域的现状和存在的问题，为自己的研究提供理论基础，那么，如何利用互联网找到想要的资料呢？

1.1 数字素养概述

新一轮科技革命和产业变革席卷全球，愈演愈烈。以 5G 技术为先导、数字孪生大数据、云计算、物联网、工业互连、人工智能等为代表的数字化技术正在创建一个万物互连的数字世界和全新产业经济形态；数字经济更是蓬勃发展，正在开创继农耕经济、工业经济之后人类社会的后工业、新时代。可以说，数字化正在重新定义一切。深刻地改变和重新塑造着人类全新的生活方式、学习方式与生产方式，数字经济正日益成为经济增长的新动能。数字经济事关国家发展大局，数字经济的健康发展离不开全民全社会数字素养和技能的提升。数字素养的概念，最早是在 1994 年由以色列学者爱斯基拉耶依（Eshet-Alkalai）提出。美国在 2007 年公布的"21 世纪技能框架"，将数字素养认为是 21 世纪的必备技能之一，欧盟制定的核心素养框架，也认为新世纪的欧洲公民必须要具备数字素养。2013 年，美国图书馆协会信息技术政策办公室在的《数字素养任务组报告》中将"数字素养"定义为："利用信息与通信技术检索、理解、评估、创造并交流数字信息的能力，且该能力应包含认知技能与技术技能。"同年，欧盟发布了数字素养框架，并在随后的三年内，在整个欧洲范围内进行该框架的实践检验，根据实施的过程以及时代的发展，于 2017 年制定了新的数字素养框架 2.1 版本。新版本充分考量了近年信息技术变革对公民数字素养的新要求，将数字素养视为一种综合性素养，极为重视数字素养所涵盖的跨学科性，强调个体的在线互动与合作、信息共享、网络安全和环境安全问题，将数字素养定义为"在工作、就业、学习、休闲以及社会参与中，自信、批判和创新性使用信息技术的能力"。

习近平总书记强调："要提高全民全社会数字素养和技能，夯实我国数字经济发展社会基础。"数字素养已成为人们的必备生存技能。2021 年 10 月，中央网络安全和信息化委员会印发《提升全民数字素养与技能行动纲要》（以下简称《行动纲要》），《行动纲要》指出，数字素养与技能是数字社会公民学习工作生活应具备的数字获取、制作、使用、评价、交互、分享、创新、安全保障、伦理道德等一系列素质与能力的集合。它包括了信息素养、计算思维、信息安全、创新思维等多个方面。数字素养的提高可以帮助我们更好地适应数字化时代的发展，更好地利用数字技术解决问题。

2024 年，中央网信办、教育部、工业和信息化部、人力资源社会保障部联合印发《2024 年提升全民数字素养与技能工作要点》，明确了年度工作目标：到 2024 年年底，我国全民数字素养与技能发展水平迈上新台阶，数字素养与技能培育体系更加健全，数字无障碍环境建设全面推进，群体间数字鸿沟进一步缩小，智慧便捷的数字生活更有质量，网络空间更加规范有序，助力提高数字时代我国人口整体素质，支撑网络强国、人才强国建设。

1.2 信息概述

在现代社会中，数字素养已经成为人们获取信息和知识的基本能力之一。数字素养水平高的人不仅能够更快地获取有用信息、更好地利用信息，还能够更好地理解和创造信息。

1.2.1 信息

1. 信息的概念与特征

当前，信息已成为人们使用最多、最广、最频繁的词汇之一，它普遍存在于自然界、人类社会以及人类思维活动之中。信息指音信、消息、通信系统传输和处理的对象，泛指人类社会传播的一切内容。我国《情报与文献工作词汇基本术语》中将信息定义为：信息是物质存在的一种方式、形态或运动状态，也是事物的一种普遍属性，一般指数据、信息中所包含的意义，可以使信息中所描述事件的不确定性减少。信息有如下特征：

（1）信息的普遍性和客观性

信息是事物存在的方式和运动状态的表现，普遍存在于宇宙的万事万物中。事物的存在与运动无时不有、无处不在，因此，反映事物存在和运动的信息也无时不有、无处不在。客观的物质世界先于人类主体而存在，反映宇宙万物存在和运动的信息也是客观的、普遍存在的，不以人的意志为转移，它的存在可以被人感知、获取、存储、传递和利用。

（2）信息认识的主观性

信息的存在是普遍和客观的，但是人类对信息的认识却具有主观的能动性，同一个体对同一信息在不同的时期会有不同的认识，不同个体对同一信息也会产生不同的认识，这种信息认识的差异与个体的知识结构、信息素质、社会影响密切相关。

（3）信息的依附性

从认识论的角度看，信息是事物运动状态和存在方式的反映，因此，信息总是依附一定的载体而存在。宇宙间的万事万物皆是信息的载体，为此，信息载体的物质形式是多种多样的。在人类社会，为了记载和保存人类对客观世界的认识，使用文字、图像、声音、符号把信息知识记录在纸张或其他特殊材料上，这是人类社会特有的承载信息的物质形式。一切生物体皆具有接收和承载信息的组织和器官，人的大脑更是具有信息海量存储的功能。

（4）信息的可传递性

信息可以通过多种渠道，采用多种方式进行传递。我们把信息从时间或空间的某一点向另一点移动的过程称为信息的传递。信息的传递要借助一定的物质载体，并消耗一定的能量。一个完整的信息传递过程必须具备信源（信息的发出体）、信宿（信息的接收体）、信道（信息的传递媒介）和信息4个基本要素。

（5）信息价值的不定性

由于人们对信息的需求、理解及判断能力的不同，信息的价值有很大差别，同样的信息对于不同的接收者可能有不同的价值。同时，信息的价值也随时间而改变。

（6）信息的共享性

信息的共享性是指信息可被多个主体所拥有，而且其量不会因传递而减少。这是信息与物质、能量的一个重要区别。信息的共享是通过交流与传递来实现的。正是由于信息可以共享，所以它为人类社会的进步与发展做出了重要贡献。但信息的共享实质上是相对的，许多信息是仅对一部分人提供，或要付出一定的代价才能"共享"。

2. 信息、知识、情报和文献之间的关系

在生活中，与信息相关的概念还有知识、情报和文献。信息、知识、情报和文献有着极其密切的关系，它们之间又有交叉、重复，但又彼此不同。下面介绍知识、情报和文献的概念。

知识是人类社会实践经验和认识的总结，是人的主观世界对客观世界的概括和如实反映。知识是人类通过信息对自然界、人类社会以及思维方式与运动规律的认识，是人的大脑通过思维加工、重新组合的系统化信息的集合。

知识是主客体相互统一的产物。人类通过信息感知世界、认识世界，通过大脑思维加工，将获取的信息重新组合形成知识，并逐步积累形成知识体系。知识是信息的一部分，是一种特定的信息。存储在于人脑中的知识是主观知识，将其记录在物质载体上，就会变成可以传递的客观知识。它具有规律性、实践性、渗透性、继承性和信息性等特征。可见，信息包含了知识，知识是信息被认识的部分。

情报的概念，国内外仍然是众说纷纭。有学者用拆字的方法，将"情报"两字拆开，解释为"有情有报告就是情报"；也有学者从情报搜集的手段来给其下定义，说情报是通过秘密手段搜集来的，关于敌对方外交、军事、政治、经济、科技等信息；还有学者从情报处理的流程来给其下定义，认为情报是被传递、整理、分析后的信息。

但在普遍意义上能被多数学者认同接受的情报定义是，情报是为实现主体的某种特定目的，有意识地对有关的事实、数据、信息、知识等要素进行劳动加工的产物。知识与信息转化为情报必须经过传递。目的性、意识性、附属性和劳动加工性是情报最基本的属性，它们相互联系、缺一不可。按应用范围分类，可分为科学情报、经济情报、技术经济情报、军事情报、政治情报等。

文献在1999年版《辞海》中的定义为"记录有知识的一切载体的统称"。"一切载体"，不仅包括图书、期刊、学位论文、科学报告、档案等常见的纸面印刷品，也包括有实物形态在内的各种材料。

根据文献产生的根源，可以分为第一手文献和第二手文献。第一手文献是指曾经经历过特别事件或行为的人撰写的资料文献，它常常是个人或机关基于某种意图记录下来而形成的文字材料，包括：日记、自传等私人文件，机关团体的会议记录、文件、档案、各种统计资料以及调查报告和总结材料。第二手文献就是由那些不在现场的人们编写的，他们通过访问目击者或阅读第一手文献，获得了编制文献所必需的信息而制成的第二手资料，如书籍、报刊、文章等。

根据承载文献载体的形式和记录技术的不同，可以分为印刷性文献、视听文献、网络文献等。其中，网络文献是现代高科技迅速发展的产物，它通过编码程序，把载有知识内容的文字和图像转换成二进制数字代码，记录在磁带、磁盘、磁鼓、光盘等载体上，阅读时，再通过电子计算机将它转换成文字或图像，供人们使用。其优点是存储量大、存取速度快、处理效率高。

通常所说的文献分析法，就是指通过对收集到的某方面的文献资料进行研究，以探明研

究对象的性质和状况，弄清被分析文献"究竟讲什么"，并从中引出自己观点的分析方法。它能帮助调查研究者形成关于研究对象的一般印象，有利于对研究对象做历史的动态把握，还可研究已不可能接近的研究对象。其主要内容有：对查到的有关档案资料进行分析研究；对搜集来的有关个人的日记、笔记、传记进行分析研究；对收集到的公开出版的书籍刊物等资料进行分析研究。在平时的文献研究中，人们也经常利用网络上的免费文献信息资源，但在使用过程中，需要注意网络文献的版权问题，并详加甄别，去粗取精。

综上所述，信息、知识、情报和文献之间的关系可以用图 1.1 表示。

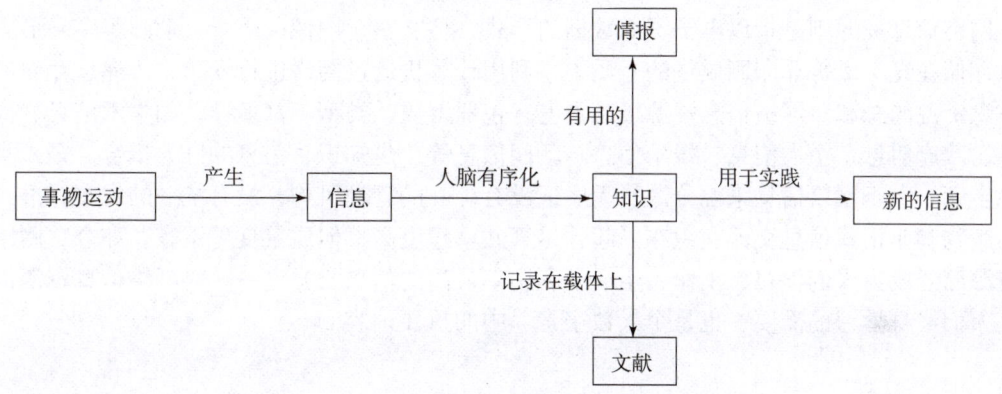

图 1.1　信息、知识、情报和文献之间的关系

动一动：了解信息、知识、情报和文献之间的包容关系，并试着画出来。

1.2.2　信息资源

信息是普遍存在的，但并非全部信息都是信息资源，只有满足一定条件的信息才能称之为信息资源。信息资源是指人类社会信息活动中积累起来的，以信息为核心的各类信息活动要素（信息技术、设备、设施、信息生产者等）的集合。

狭义的信息资源，指的是信息本身或信息内容，即经过加工处理，对决策有用的数据。开发利用信息资源的目的就是充分发挥信息的效用，实现信息的价值。广义的信息资源，指的是信息活动中各种要素的总称。"要素"包括信息、信息技术以及相应的设备、资金和人等。它具有以下特性：

1. 知识性

一方面，信息资源的产生、发展、开发和利用等始终离不开人类的脑力劳动，人类智能的高低决定着信息资源质量的高低和数量的多少；另一方面，信息资源又凝集着人类的智慧，积累着人类社会认识世界和改造世界的知识，一定的信息资源总是反映着一定社会和一定地区的知识水平。

2. 共享性

作为人类社会共同的精神财富，信息资源又具有共享性。所谓科学没有国界，知识没有国界，正是信息资源共享性的一种简单明了的表述。

网络信息资源则是指以电子资源数据的形式，将文字、图像、声音、动画等多种形式的信息存储在光、磁等非印刷质量的介质中，利用计算机通过网络进行发布、传递、存储的各类信息资源的总和。网络信息资源极其丰富，包罗万象，类型丰富多样，如学术信息、商业信息、政府信息、个人信息、娱乐信息、新闻信息等，是知识、信息的巨大集合，是人类的资源宝库。由于网络信息来源分散、无序，没有统一的管理机构，没有统一的发布标准，正式出版物和非正式信息交流交织在一起，尽管共享程度高，但质量良莠不齐。如今，网络信息资源已经成为人们学习、工作、生活中利用率最高的信息资源之一。对网络信息资源的利用是人们终身学习的需要，也是个人数字素养中的重要内容。

1.3 信息资源获取

互联网上有海量的数据，是信息的海洋，但人们想要获取和利用信息时，却感到缺乏真正需要的信息，其原因主要在于没有找到合适的方法或信息采集网站。若想花最少的时间和精力，准确、高效地找到所需的信息，需要根据信息的不同选择适合的网站，比如可以选择合适的搜索引擎进行综合信息检索；对于学术论文，可利用中国知网、万方等数据库，或国家图书馆、各大学图书馆、科研机构资源库获得更加丰富可靠的信息；对于新闻，可在政府部门官网、新闻媒体等网站获取更权威的信息；对于调研报告，可充分利用行业平台国家统计局、世界银行等相关网站或相关行业平台，获取各种统计数据、经济指标等有关社会发展的信息，了解特定领域的最新动态和发展趋势；还可以利用论坛、微信公众号、微博知乎等交流与分享知识经验的重要平台，获得有价值的信息。

动一动：查找统计报告数据。

> 访问中国互联网络信息中心网站（https://www.cnnic.cn/），下载最新《中国互联网络发展状况统计报告》，找到最新的统计报告数据，比如我国网民规模数据、互联网普及率、用户规模排名前三的互联网应用等。

1.3.1 搜索引擎

1. 常见搜索引擎

搜索引擎是伴随互联网的发展而产生和发展的，它是万维网中的特殊站点，专门用来帮助人们查找存储在其他站点上的信息。搜索引擎能够为信息检索用户提供快速、高相关性的信息服务，是网络信息资料搜集最重要的渠道之一。搜索引擎按其工作方式，主要分为两种类型：

（1）全文搜索引擎

一般网络用户适用于全文搜索引擎。这种搜索方式方便、简捷，并容易获得所有相关信息。但搜索到的信息过于庞杂，因此，用户需要逐一浏览并甄别出所需信息。尤其在没有明确检索意图情况下，这种搜索方式非常有效。如 Google 搜索引擎、百度搜索引擎、搜狗搜索引擎、必应搜索等。

（2）垂直（专业）搜索引擎

垂直搜索引擎是针对某一个行业的专业搜索引擎，是搜索引擎的细分和延伸，是根据特定用户的特定搜索请求，对网站（页）库中的某类专门信息进行深度挖掘与整合后，再以某种形式将结果返回给用户。垂直搜索是相对全文搜索引擎的信息量大、查询不准确、深度不够等提出来的新的搜索引擎服务模式，通过针对某一特定领域、某一特定人群或某一特定需求提供的、有特定用途的信息和相关服务。

垂直搜索引擎的应用方向很多，比如企业库搜索、供求信息搜索、购物搜索、房产搜索、人才搜索、地图搜索、音频搜索、图片搜索、工作搜索等，几乎各行各业、各类信息都可以进一步细化成各类垂直搜索引擎。

动一动：查找网上的中、英文搜索引擎，填写表1.1。

表1.1 中、英文搜索引擎

地区	搜索引擎名称	搜索引擎地址
中文搜索引擎		
英文搜索引擎		

2. 搜索引擎的使用

随着互联网的飞速发展，网络资源日新月异，呈爆炸性增长。网络信息生产和利用之间的矛盾更加尖锐，一方面是网上存在大量的信息资源，另一方面是面对浩如烟海的各种网络信息资源，人们利用网络信息资源越来越困难。因此，要快速、准确、全面地获取网络信息，必须了解和掌握搜索引擎的使用技巧。

（1）选择合适的搜索引擎

搜索引擎在查询范围、检索功能等方面各具特色，不同目的的检索应选用不同的搜索引擎。对于限定特定类型的问题，可以利用垂直搜索引擎。

（2）选用准确的关键词

使用搜索引擎进行信息查找，最重要的是关键词的选择，不要使用常用词、范围太广的关键词。如"教育"范围太宽，会得到数以万计的相关网页，因此要适当地缩小范围，例如搜索"小学语文教育"，检索结果会更加精准。同时，还要注意将口头语搜索转化为关键词搜索，因为搜索引擎检索时遵循关键词匹配原则，即搜索引擎根据用户输入的关键词进行匹配，口语表达会产生很多无效信息，导致搜索出来的结果并不是用户真实需要的。

（3）使用双引号精确匹配

搜索引擎均具有对搜索词进行自动分析和拆分功能，若需输入的关键词或词组在搜索过程中不被拆分，使用双引号（英文半角双引号）即可实现搜索，如不加双引号，搜索结果会出现很多无关的信息。加上双引号，可以提高检索的精准度，目前，绝大多数搜索引擎均支持这种精确匹配。

（4）字段限定搜索

字段限定是指限定搜索词在检索结果中出现的位置，可以是网页标题、网址、站点或链接、文件类型等，常见的高级搜索语法有以下几种。

①site。

搜索范围限定在特定站点中，搜索语法为：关键词＋空格＋site：域名。用户如果知道某个站点中有自己需要找的东西，就可以把搜索范围限定在这个站点中，提高查询效率。注意，要使用英文冒号，站点前不加 http 或者 www。例如，想要查看 B 站上关于大学英语四级作文的视频，可以按图 1.2 所示进行搜索。

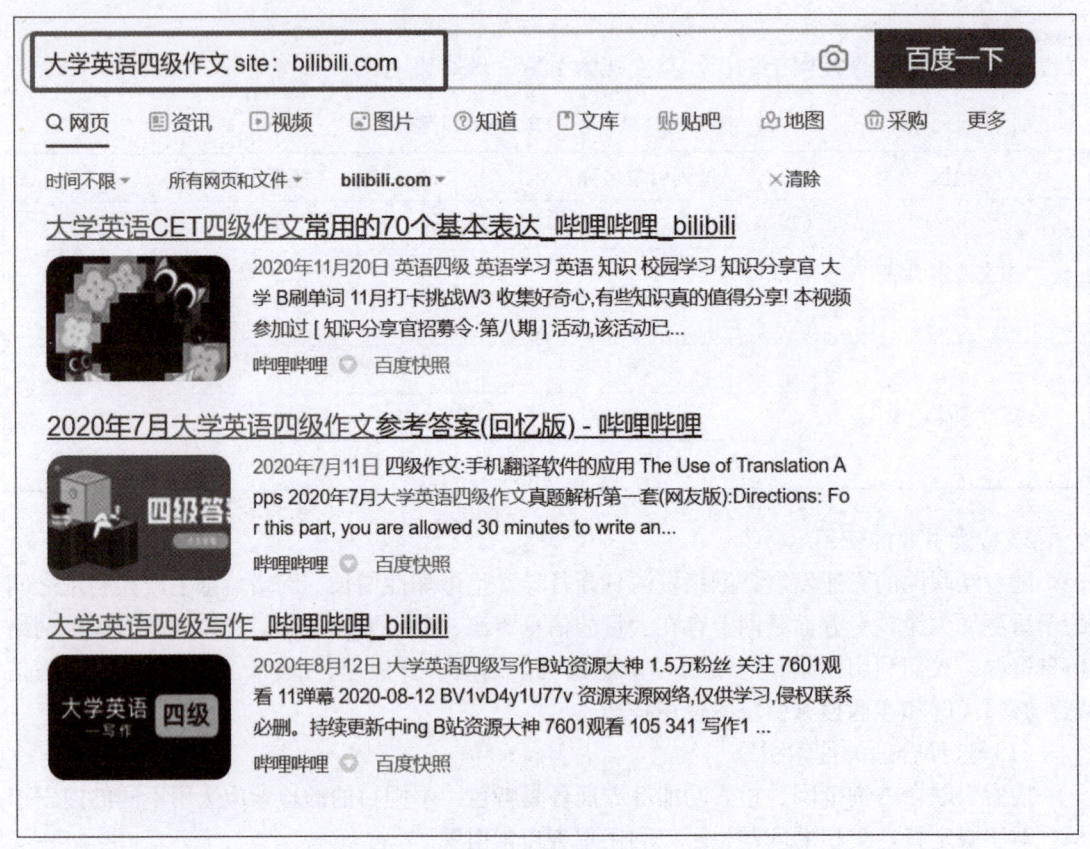

图 1.2　site 搜索

②intitle。

搜索范围限定在网页标题中，即 intitle：关键词。网页标题通常是对网页内容的归纳。把查询内容范围限定在网页标题中，有时能获得良好的效果。注意，"intitle："和后面的关键词之间不要有空格。例如，想搜索毕业设计论文，可以在搜索框中输入"intitle:毕业设计论文"，可以按图 1.3 所示进行搜索。

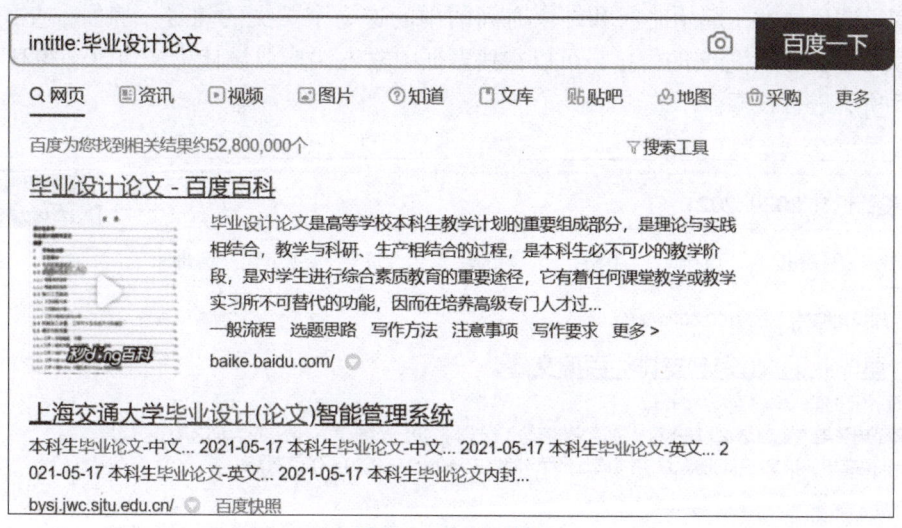

图 1.3　intitle 搜索

③filetype。

搜索范围限定在指定文档格式中，即进行搜索时，将返回的结果限定在某种文件类型，如 pptx、pdf 等，搜索语法为关键词＋空格＋filetype:文件类型。

filetype 是用于搜索特定文件格式的语法，可用的特定文件类型格式查询有 pdf、doc、txt、ppt、xlsx 等。例如，想要找关于毕业设计论文 Word 文档，可以在搜索框中输入"毕业设计论文＋空格＋filetype:doc"，可以按图 1.4 所示进行搜索。

图 1.4　filetype 搜索

④特定时间内的关键词信息。

大部分搜索引擎还支持特定时间内的关键词搜索,搜索语法为关键词+空格+起始时间..结束时间。这里注意,起始时间和结束时间的中间连2个英文的句号。例如,查找2020—2021年关于毕业设计论文的信息,可以在搜索框中输入"毕业设计论文2020..2021",可以按图1.5 所示进行搜索。

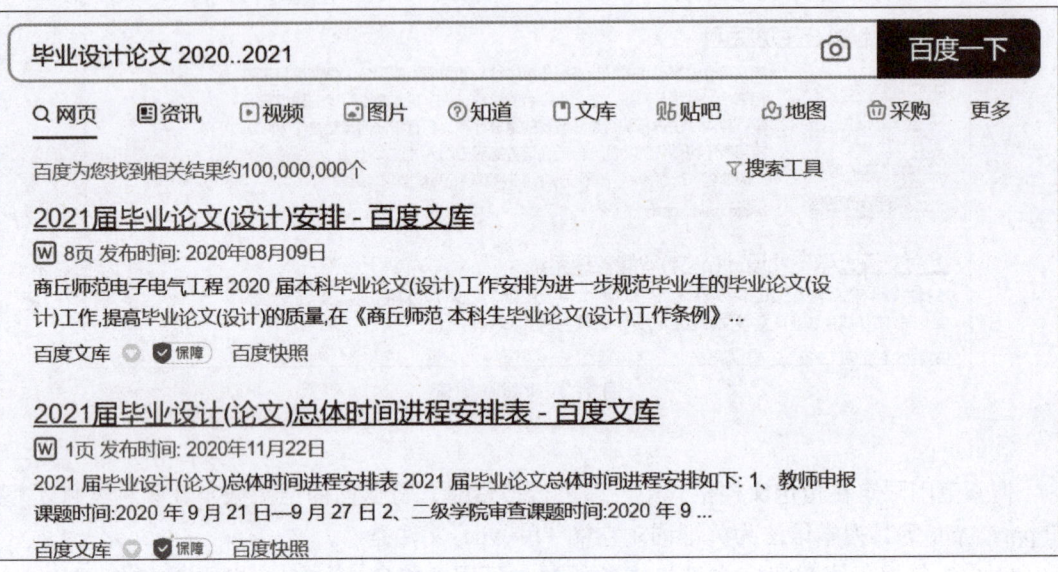

图1.5　特定时间搜索

动一动:搜索引擎使用。

①利用百度搜索"在线课堂"并查看其收录相关网页数量,关键字分别换成"浙江在线课堂""浙江大学在线课堂",查看并记录百度收录网站数量的变化,以及搜索结果与关键字的对应情况。根据找到的信息,填写表1.2。

表1.2　使用搜索引擎

搜索引擎	关键字	收录相关网页数量	主要网站名称和网址
百度	在线课堂		
	浙江在线课堂		
	浙江大学在线课堂		

②利用百度查找网页标题包含"数字素养"的信息。
③利用百度查看温州近七日天气和翻译单词"abstract"。
④搜索关于搜索引擎知识和技巧方面的 PDF 文档。

⑤搜索工具。

高级搜索语法常常以可视化形式的高级搜索选项来代替,如百度、Google 的高级检索向导式界面,用户可以直接在搜索工具的选项中限定条件搜索,如图1.6所示。

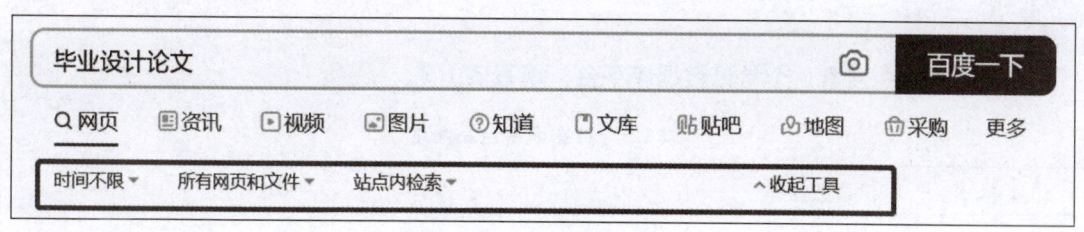

```
┌─────────────────────────────────────────────────────────┐
│  毕业设计论文                              📷  百度一下   │
│                                                         │
│  🔍 网页   📰 资讯   ▶ 视频   🖼 图片   ❓ 知道   📄 文库   贴 贴吧   📍 地图   🛒 采购   更多  │
│  时间不限▼  所有网页和文件▼  站点内检索▼          ∧收起工具 │
└─────────────────────────────────────────────────────────┘

图 1.6　使用搜索工具

在实际应用中，可以多尝试将以上几种技巧组合使用，能获得更佳的搜索体验。搜索中的符号都是半角，也就是英文输入状态的标点。今后，无论是哪种搜索引擎，必将向着更加智能化、人性化、简单化的方向发展。

议一议：你是否支持人肉搜索？

> 近年来，"人肉搜索"事件频频上演，成为一个备受关注和争议的互联网现象。作为一种信息搜寻方式，它犹如一柄"双刃剑"，一方面，人肉搜索对于维系社会伦理道德秩序，通过网络平台进行惩恶扬善等具有有益之功；另一方面，由于搜索者责任感和自我约束的丧失，产生的非理性、非道德行为，又使我们深刻意识到加强人肉搜索伦理道德建设的迫切性和重要性。查阅相关资料，了解什么叫人肉搜索，你是否支持人肉搜索？

## 1.3.2　文献检索

所谓文献检索，就是从大量的文献中迅速、准确地查出与特定的科学研究课题有关的资料。高校图书馆通常都有各种学术期刊和数据库，可以提供大量高质量的论文资源。查找文献时，优先从学校图书馆进行查找可以省掉很多不必要的麻烦，比如无法登录收费知识库等。通常高校的图书馆网站都可进入中国知网、万方数据知识服务平台等网站进行文献检索，通过关键词或者作者、出版者或研究机构、报告号、专利号等信息进行检索，从而找到很多有用的文献研究资料。

### 1. 中国知网

数据库是人们获取文献数据的重要来源之一，常用的数据库主要分为两大类：一是商业数据库，大多为金融投资所用，比如万得（Wind）数据库、恒生聚源数据库、锐思数据库、Bloomberg（彭博）等；二是学术数据库，也称为文献数据库，是指计算机可读的、有组织的相关文献信息的集合。学术数据库资源多为正式出版物，具有学术性和权威性，同时拥有独立的检索平台，具有较强的检索功能和检索限定选项，有些还具有分析功能和增值服务。比如中国知网、百度学术、万方数据、维普、国研网等。其中，中国知网（CNKI）是国内最大的学术数据库，包括期刊、学位论文、统计年鉴等。CNKI 是国家知识基础设施工程的简称，是以实现全社会知识资源传播共享与增值利用为目标的信息化建设项目，是目前全球最大的中文数据库，涵盖的资源丰富，是中国最具权威、资源收录最全、文献信息量最大的动态资源体系，覆盖理工、社会科学、电子信息技术、农业、医学等学科范围，数据每日更新，支持单库检索和跨库检索。目前，许多高校以不同的方式购买了中国知网全部数据库或不同的学科专辑。
```

动一动：搜索 5 个常见数据库平台，填写表 1.3。

表 1.3 数据库平台及网址

	检索数据库	网址
1		
2		
3		
4		
5		

中国知网可以用来进行相关期刊、硕博等文献的搜索、查阅与下载，为进行毕业论文、期刊论文等写作时，提供相应的参考文献参阅之便。根据学校购买的数据库的不同，其可以查阅国内外的文献的数量与类型也会有所差异。知网主页如图 1.7 所示，它为用户提供一框式检索、高级检索、出版物检索和文献分类目录导航方式，每一种检索方式都可以进行单库资源和跨库资源的选择，并可随意切换；无论是跨库检索还是单库检索，在检索文献时，都可进行学科范围的限定；每一种文献出版总库都有独立的统一检索、统一导航、统一文献资源报表以及统一的检索平台，并根据不同文献检索的需求，提供多种检索方式。知网除了可以查阅并下载文献外，还可以进行论文查重，也就是检测论文复制比，是很多高校推荐查重的首选平台。

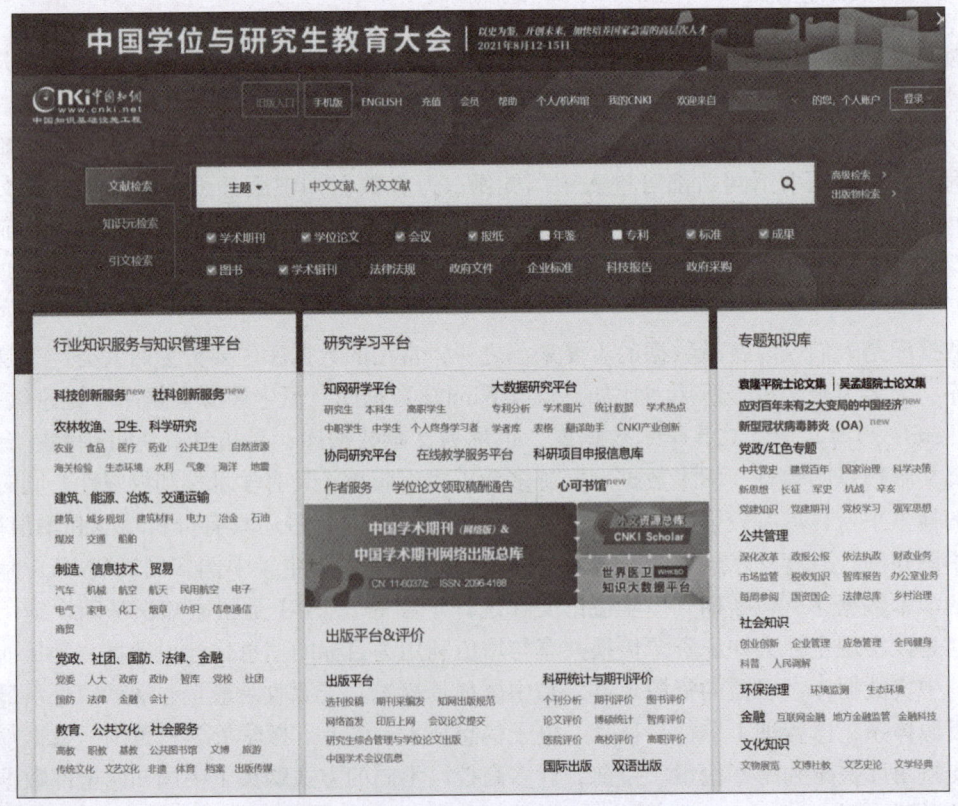

图 1.7 中国知网知识发现网络平台主页面

（1）一框式检索模式

一框式检索是系统默认的检索方式，提供类似搜索引擎的检索方式，为用户提供简单方便的检索模式，用户只需要在文本框中直接输入自然语言（或多个检索短语）即可检索，简单方便，在一框式检索界面可同时实现文献跨库检索和单库检索。操作步骤如下：

①进入方式。登录中国知网首页（http://www.cnki.net/），首页提供一框式检索，检索界面如图1.8所示。

图1.8　一框式检索界面

②界面默认"文献"检索，即跨库检索，若需更改，在检索框下方重新勾选数据库选项即可。若需进行单库检索，单击检索框下方某一个数据库名称标签即可，如图1.9所示。

图1.9　跨库检索

③选取检索字段。系统提供主题、篇名、关键词、摘要、全文、参考文献等字段检索。单击字段下拉菜单，选择即可。界面默认字段为"主题"。

④输入检索词。系统具有智能提示功能。输入检索词时，系统自动提示与之相关的检索热词，如以"经济"为例检索，热词提示"经济增长、经济研究、经济学"等。

⑤显示检索结果。单击检索框右侧的"搜索"按钮，即可显示检索结果。若对检索结果不满意，可重新调整检索策略，直到结果满意为止。检索结果以文章题名列表的形式显示，列表信息内容包括篇名、作者、来源、发表时间、被引频率、下载次数等，不同文献类型显示有所不同，如图1.10所示。如果不能从结果中轻松找到自己想要的文献，那么可以在结果呈现界面进行多次递进检索，可在已有检索结果界面中对检索参数进行改变设置，再输入一个关键词，然后选中"在结果中检索"，再搜索。一般情况下，完成了这几步，就能找到相关的文献资料了。

⑥原文获取及阅读。在页面上单击检索到的论文篇名，就会出现论文信息页界面，如图1.11所示，系统提供手机阅读、CAJ下载和PDF下载获取全文。单击"CAJ下载"或"PDF下载"按钮，可直接下载CAJ格式或PDF格式论文，查阅时，CAJ文件可用CAJ全文浏览器打开，它是中国期刊网的专用全文格式浏览器，支持中国期刊网的TEB、CAJ、NH、

图1.10 搜索结果显示页面

KDH 和 PDF 格式文件。也可配合网上原文的阅读，其效果与原版的效果一致。PDF 格式文件可用 Adobe Reader 打开查阅，也可单击"HTML 阅读"在线查阅全文。如果用户订购了该产品，系统会提示保存或打开原文，根据需要做相应选择。若为广域网用户，下载时则弹出文献费用支付页面，支付费用后方能下载。

图1.11 下载页面

（2）高级检索

为了使查找结果更精确，可在知网首页的搜索框右侧单击"高线检索"按钮，打开如图 1.12 所示页面，同时可以进一步限定作者、作者单位、发表时间、更新时间、文献来源、支持基金等条件，以实现更精准的检索。对于需要专业检索和组合检索的用户，可以选择高级检索模式进行检索。

①进入方式。登录中国知网首页（http://www.cnki.net/），单击搜索框右侧"高级检索"按钮，进入高级检索界面，选择下方标签"学术期刊"，如图 1.12 所示。

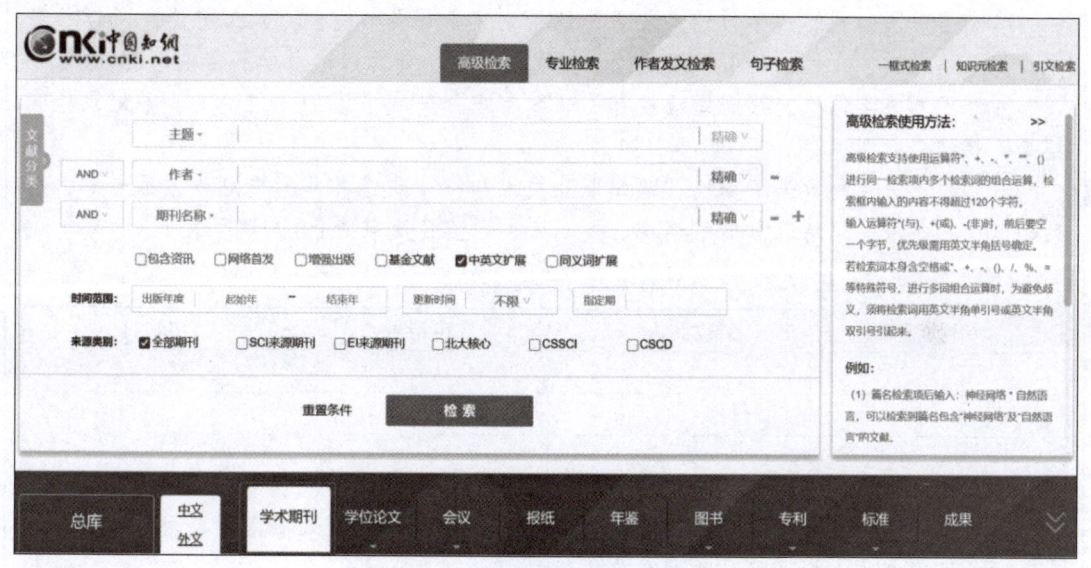

图 1.12　高级检索模式界面

②检索方式及途径。"期刊"菜单界面中的搜索框提供了文献的篇章信息、作者/机构、期刊信息三大检索分类，每个类别下又有多个检索字段，通过简单组合检索，可实现字段与字段之间、同一字段不同检索词之间的组配，适合大多数用户使用。用户在选定的检索字段对应的检索框中输入对应检索词或词组，选择并确定各检索词、检索字段之间的逻辑关系，如"并含"（AND）、"或含"（OR）及"不含"（NOT），再选择检索模式"精确"或"模糊"，用户还可以根据需求增加或者减少检索条件。除此之外，搜索框下方还提供了时间范围、来源类别的检索。

③显示检索结果。同一框式检索模式，不再赘述。

④原文获取及阅读。同一框式检索模式，不再赘述。

中国知网拥有较丰富的全文对比资源库支撑，是公认的最全的论文收录平台，查重的结果的权威性更高。高校通常会选择用知网对毕业论文进行查重，"中国知网"大学生论文检测系统提供针对毕业论文的专业检测服务，可快速、准确、高效地检测文献中的文字复制情况，为发现抄袭与剽窃、伪造、篡改、不当署名、一稿多投等学术不端行为提供科学、准确的线索和依据。在知网查重报告中，标黄色的文字代表这段话被判断为"引用"，标红色的文字代表这段话被判断为"涉嫌剽窃"。

动一动：文献资料检索。

①从知网网站上下载安装 CNKI 阅览器和 PDF 格式全文阅览器，下载一篇能转换成 CAJ 格式和 PDF 格式的论文，体验两种阅览器的使用，将 PDF 格式文档转换成 ".doc" 格式，简述由原文档转换成 Word 文档的方法。

②从 CNKI（即中国期刊网）的"学术期刊"中检索 2020—2023 年篇名中包含"数字化"的文献，在结果中以关键词"安全"进行二次检索。

③利用中国知网的"学位论文"数据库检索文献题名中包含"人工智能"的学位论文。记录结果数，并记录其中一篇的论文题名、作者、导师姓名及学科专业名称。

④利用万方学位论文数据库检索有关"元宇宙"研究方面的学位论文，并记录检索结果，将结果截图保存。

⑤利用万方专利数据库查找"温州职业技术学院"申请并作为专利权人的专利，请列举其中三条专利信息（如专利名称、发明人、申请日及申请号），填写表1.4。

表1.4 填写专利信息

专利名称	发明人	申请号	申请日

⑥利用万方的"标准"检索关于"食品安全"的标准，记录检索结果数，并记录其中一项的标准名称、标准编号和发布单位。

⑦通过维普期刊数据库的期刊导航功能，检索学术期刊《机器人》，记录该刊最新一期中的任意一篇论文的题名和作者等信息。

除了知网，还可利用万方数据、维普、国研网、艾瑞网等平台获取信息，国务院发展研究中心信息网（以下简称"国研网"）创建于1998年3月，最初为国务院发展研究中心利用互联网、信息化手段为中央提供应对1997年亚洲金融危机策略所筹建的宏观经济网络信息平台。国研网在宏观经济数据处理、宏观经济大数据产品建设、宏观经济业务云软件、智库信息化解决方案和课题研究咨询等方面能力突出，为国家建设中国特色新型智库提供了全方位信息技术支撑，为中国各级政府部门、研究机构和企业提供了决策参考，是国务院发展研究中心窗口网站及其研究成果唯一授权网络发布渠道。

艾瑞网是国内首家新经济门户站点。它融合互联网行业资源，提供电子商务、移动互联网、网络游戏、网络广告、网络营销等行业内容，为网络营销和网站运营从业人士提供丰富的参考资料。

议一议：降低论文重复率是否必要性？

- **知识拓展：学术不端**

学术不端是指学术界的一些弄虚作假、行为不良或失范的风气，或指某些人在学术方面剽窃他人研究成果，败坏学术风气，阻碍学术进步，违背科学精神和道德，抛弃科学实验数据的真实诚信原则，给科学和教育事业带来严重的负面影响，极大损害学术形象的丑恶现象。

学术不端行为是指违反学术规范、学术道德的行为，国际上一般用来指捏造数据（fabrication）、篡改数据（falsification）和剽窃（plagiarism）三种行为。但是一稿多投、侵占学术成果、伪造学术履历等行为也可包括进去。学术不端行为在世界各国、各个历史时期都曾经发生过，在中国高校，它不仅表现在违反者众多、发生频繁，各个科研机构都时有发现，而且表现在涉及了从院士、教授、副教授、讲师到研究生、本科生的各个层面。大学生在学习、研究过程中发生不端行为，经常是由于对学术规范、学术道德缺乏了解，以及认识不足造成的。为了端正学术风气，维护学术规范，各大高校纷纷降低论文重复率。

中国知网是现在95%的高校都在使用的论文查重检测系统，它是世界上全文信息量规模最大的数字图书馆，既是检测抄袭、一稿多投等学术不端论文行为的检测系统，也是防止研究生学术论文发表及学位论文重复率过高的辅助工具，学生可以根据知网查重的检测结果对自己的论文进行修改，以此降低论文的重复率。

2. 图书馆/数字图书馆网站

图书馆收藏着大量的文献信息资源，馆藏文献较为丰富。很多省市级公共图书馆根据读者类型提供网站部分数字资源的访问权限，比如上海图书馆、浙江图书馆、广西壮族自治区图书馆、成都市图书馆等。浙江省的公共图书馆在数字资源免费开放方面最具代表性。浙江省的各级图书馆相继联合支付宝开通了信用免押服务。方法如下：

①通过支付宝查找并关注"图书馆信用服务"生活号。

②进入"信用服务"栏目，即可申请浙江省任意一家公共图书馆的电子读者证，如图1.13所示。

图1.13 支付宝申请图书馆信用服务

📝 **动一动**：申请浙江省各级公共图书馆电子读者证。

写下步骤：

1.3.3 其他网站

1. 政府网站

政府机构网站是我国各级政府机关履行职能、面向社会提供服务的官方网站，是政府机关实现政务信息公开、服务企业和社会公众、互动交流的重要渠道。政府机构网站是国内公开数据的重要来源之一。要查询权威的数据，可以登录政府相关部门网站，比如国家统计局（http://www.stats.gov.cn）、工业和信息化部（http://www.miit.gov.cn）、中国人民银行（http://www.pbc.gov.cn）、银监会（http://www.cbrc.gov.cn）、中国海关（http://www.customs.gov.cn）、国家知识产权局（http://www.sipo.gov.cn）、中国教育考试网（http://www.neea.edu.cn/）等。以中国教育考试网为例，它是教育部考试中心的官方网站，是国家教育考试、社会证书考试、海外教育考试官方网站，大学生可在此网站获取各类考试、考证信息，比如报考全国大学英语四级、六级考试（CET），全国计算机等级考试（NCRE）及中小学教师资格考试等。

📝 **动一动**：数据采集。

①采集统计数据，填写表1.5。

表1.5　2023年第二季度

统计项	温州市	浙江省	全国
生产总值			
全体居民人均可支配收入			
城镇居民人均可支配收入			
农村居民人均可支配收入			

②进入中国电子商务法律网（http://www.chinaeclaw.com）学习相关内容，并回答《电子商务法》解决了哪些关键问题。

2. 社交媒体平台

无论从事哪个行业，都有很多行业特定的社交媒体平台可供获取信息。社交媒体平台已经成为许多人获取信息的主要途径之一，常见的平台如微博、微信和 Facebook 等，这些平台聚集了大量的专家和从业者，他们会分享各种在特定行业中的最新动态、趋势和资源，你可以关注感兴趣的领域专家或者类似思想的人，通过他们的分享和讨论获取最新的信息和观点。但需要注意的是，在进行信息采集时，要遵守社交网络平台的使用协议和相关法律法规，不得侵犯其他用户的隐私和权益。

📝 **动一动：查看微信指数。**

微信指数是微信官方提供的基于微信大数据分析的移动端指数。它整合了微信上的搜索和浏览行为数据，基于对大量数据的分析，可以形成当日、7 日、30 日以及 90 日的"关键词"动态指数变化情况，方便看到某个词语在一段时间内的热度趋势和最新指数动态。

微信指数可以提供社会舆情的监测，能实时了解互联网用户当前最为关注的社会问题、热点事件、舆论焦点等，方便政府、企业对舆情进行研究，从而形成有效的舆情应对方案。微信指数还提供了关键词的热度变化，间接获取用户的兴趣点及变化情况，助力精准营销。

微信指数的使用方法如下：

①打开微信。在顶部搜索框内输入"微信指数"四个关键字，显示结果如图 1.14 所示。

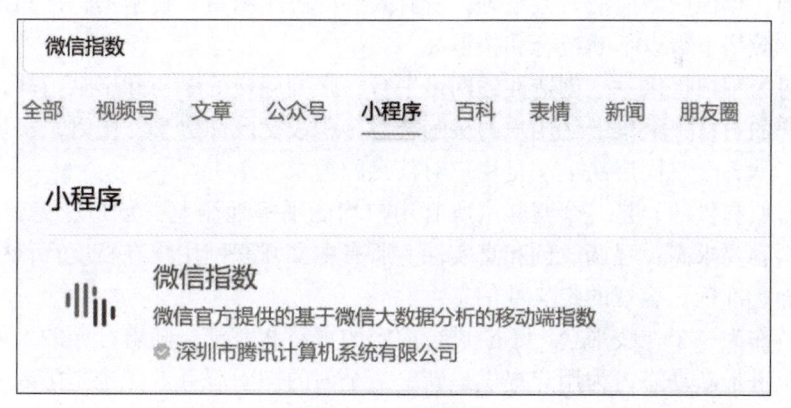

图 1.14　微信指数

②单击"微信指数"进入主页面，然后单击微信指数里面的搜索框，输入自己想要的关键词，比如亚运会。然后添加对比词，比如杭州。显示结果如图 1.15 所示。

③微信指数支持 7 日、30 日、90 日内三个阶段的数据。

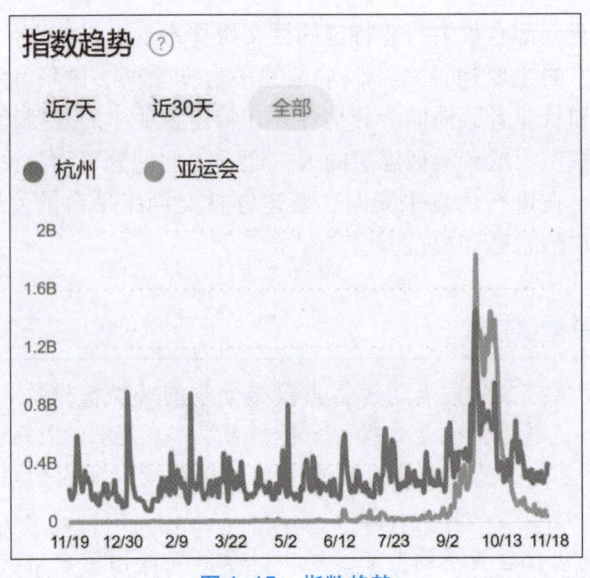

图 1.15　指数趋势

3. 网络百科

常见的网络百科平台有百度百科、360 百科、维基百科等，是信息获取和传播的重要平台。以百度百科为例，它是一部内容开放、自由的网络百科全书，旨在创造一个涵盖所有领域知识、服务所有互联网用户的中文知识性百科全书。百度百科以平等、协作、分享、自由的互联网精神，提倡网络面前人人平等，所有人共同协作编写百科全书，让知识在一定的技术规则和文化脉络下得以不断组合和拓展。

百度百科为用户提供一个创造性的网络平台，强调用户的参与和奉献精神，充分调动互联网所有用户的力量，汇聚上亿用户的头脑智慧，积极交流和分享，同时，实现与搜索引擎的完美结合，从各个不同层次上满足用户对信息的需求。

百度百科所提供的，是一个互联网所有用户均能平等地浏览、创造、完善内容的平台。百度百科对内容要求高，强调原创和真实性。所有中文互联网用户在百度百科中都能找到自己想要的全面、准确、客观的定义性信息。

百度百科作为一个在线平台，不断进行内容的更新和完善。随着社会的发展和知识的增长，它及时跟进最新动态，为用户提供最新、最全面的知识服务。无论是国内外重大事件还是热门话题，百度百科都能提供及时、准确的信息支持。在使用网络百科时，还需要关注信息的准确性和可靠性，以及信息过载等问题，应以审慎的态度对待其中的信息。

议一议：如何使用 ChatGPT 高效地获取信息？

ChatGPT 从 2022 年 11 月正式亮相伊始，仅用一个多月的时间就完全盖过了元宇宙的风头，成为当前最热门的科技和商业概念，成为众人追逐的又一个新对象。ChatGPT 是一种新型的智能问答机器人，它基于 GPT 模型，能够理解自然语言，通过分析问题并结合多个信息源中搜索相关信息，包括网络搜索引擎、各种知识库和专业网站等。然后，ChatGPT进行答案生成和排版，并将答案展示给用户。因此，ChatGPT不但可以帮助用户找到想要的答案，还可以提供更全面的解释和相关知识。当前，大部分人使用ChatGPT时，是将其作为一个更好用的搜索工具对待的。

ChatGPT的使用非常简单，只需要在ChatGPT的网站上输入问题，然后单击"查询"按钮即可。比如，可以用它来搜索感兴趣的话题、寻找解决方案、查询病症、了解历史事件等。ChatGPT会在短短的几秒钟内给出精准的答案，这些答案通常包含多个方面，包括文字、图片、视频等。如果需要更详细的解释或相关知识，ChatGPT也会提供相关链接或进一步的搜索建议。相比传统的搜索引擎，ChatGPT能够理解上下文和语境，能够根据具体问题进行推理和预测，能够生成与人类语言类似的自然语言，并以类似人类的方式进行交流，它最终呈现给我们的内容，更接近于我们提出的问题。

当然，与其他智能机器人一样，ChatGPT也存在一些局限和缺陷。如果问题非常复杂或者需要非常冷门的专业知识，ChatGPT不懂或者无法回答时，它会强行编出一个答案，有些错误答案很容易甄别，而有一些涉及专业领域的回答，则需要极为专业的能力去辨别。这也是官方承认正在努力解决的问题。

ChatGPT作为一种非常有用的信息检索工具，能帮助我们更快、更准确地找到所需的答案。无论是学生、教师、研究人员还是普通用户，它都可以成为我们在信息检索方面的好帮手，让我们的生活更加高效。

德育拓展

数字化时代需要"数字素养"

互联网、大数据和人工智能等技术的普遍应用，构筑了一个数字化的信息空间，改变了人们的生活方式。对于生活在数字化时代的个体而言，数字素养意味着如何更好地面对生存方式和生活方式的数字化。习近平总书记指出："要提高全民全社会数字素养和技能，夯实我国数字经济发展社会基础。"新征程上，要深入贯彻落实习近平总书记重要论述精神，顺应数字经济时代全面开启、数字社会建设步伐不断加快的时代潮流，不断提高全民数字素养与技能，让广大人民群众共享数字红利。

当前，全民数字素养与技能日益成为国际竞争力和软实力的重要指标之一。全球主要国家和地区都把提升国民数字素养与技能作为谋求竞争新优势的战略方向，纷纷出台战略规划，开展面向国民的数字技能培训，提升人口整体素质水平。2021年，中央网络安全和信息化委员会印发的《行动纲要》指出，要立足新时代世情、国情、民情，要把提升全民数字素养与技能作为建设网络强国、数字中国的一项基础性、战略性、先导性工作，切实加强顶层设计、统筹协调和系统推进，注重构建知识更新、创新驱动的数字素养与技能培育体系，注重建设普惠共享、公平可及的数字基础设施体系，注重培养具有数字意识、计算思维、终身学习能力和社会责任感的数字公民，促进全民共建共享数字化发展成果，推动经济高质量发展、社会高效能治理、人民高品质生活、对外高水平开放，为我国开启全面建设社会主义现代化国家新征程和向第二个百年奋斗目标进军注入强大动力。

2024年，中央网信办、教育部、工业和信息化部、人力资源和社会保障部联合印发的《2024年提升全民数字素养与技能工作要点》指出，2024年是中华人民共和国成立75周年，是习近平总书记提出网络强国战略目标10周年，是我国全功能接入国际互联网30周年，做好2024年的提升全民数字素养与技能工作，要以习近平新时代中国特色社会主义思想为指导，以助力提高人口整体素质、服务现代化产业体系建设、促进全体人民共同富裕为目标，推动全民数字素养与技能提升行动取得新成效，以人口高质量发展支撑中国式现代化。

在这个数字时代，提升自己的数字素养和技能已经成为必要的生存技能。数字素养不仅涉及基本的技术操作，还包括信息的获取与处理、创造力的发挥、问题的解决和批判性思维的培养等方面。

首先，数字素养能够帮助我们更好地获取和处理信息。互联网为我们提供了丰富多样的信息资源，而数字素养使我们能够有效地搜索、筛选、评估和利用这些信息，学会识别可靠的来源，避免受到虚假和误导性信息的影响。同时，能够利用各种工具和应用程序来整理和呈现自己所获得的信息，例如创建幻灯片、制作视频等。

其次，数字素养能够培养我们的创造力和创新思维。数字技术为我们提供了广阔的创作平台，例如编程、图像处理、音乐制作等。通过学习这些技能，我们可以将自己的想法和创意转化为现实，并与他人分享。数字素养还能够激发解决问题的能力，提升逻辑思维和批判性思维，能够通过分析和评估不同的选择来做出明智的决策，并找到解决问题的创新方法。

最后，数字素养对未来的职业发展具有重要意义。在许多职业领域，数字技术已经成为基本技能，掌握数字素养能够为我们打开更多的就业机会，提升竞争力。例如，懂得数据分析的人才在大数据时代具有很高的市场价值；懂得编程的人才在软件开发和人工智能领域有很好的发展前景。因此，数字素养对未来职业规划和个人发展具有重要的指导作用。

从线下到线上，从实体到虚拟，从生产生活到国家治理，日新月异的数字技术发展成果处处可见、人人可及、时时可感，人类社会正在信息革命的时代浪潮中加速向网络化、智能化的数字生活大步前行。只有不断地学习和掌握数字技术，才能更好地融入数字化社会，成为数字时代的积极参与者和创造者。

辩一辩：当代学生是否有必要实行数字素养教育？

模块二

计算思维与网络

知识点

- 了解计算机基本知识。
- 了解网络设备、网络协议等相关知识。
- 掌握 IP 地址的概念、格式及分类。
- 理解计算思维的基本概念和基本原理。
- 熟悉主要互联网常见功能及接入方式。

技能点

- 初步具备独立分析和解决计算机网络问题的能力。
- 会配置 TCP/IP 协议，能够完成共享文件/文件夹、共享打印机等配置。
- 能够根据不同应用场景，选择并配置合适的 Internet 接入方式。

素质点

- 培养学生的计算思维和解决问题的能力。
- 培养学生的创新思维和团队合作能力。
- 让学生认识到 IP 地址资源的有限及分配的不平衡，体验民族的危机感。

情境导入

> 2014 年 6 月 24 日的《人民日报》上引用专家发言："目前美国掌握着全球互联网 13 台域名根服务器中的 10 台。理论上，只要在根服务器上屏蔽该国家域名，就能让这个国家的国家顶级域名网站在网络上瞬间消失。"在这个意义上，美国具有全球独一无二的制网权，有能力威慑他国的网络边疆和网络主权。
>
> 例如，在伊拉克战争爆发前，时任美国总统的布什就曾发布了总统令。根据这一命令，ICANN 中断了伊拉克国家顶级域名的解析。这就等于断了伊拉克网络的命脉，

一夜之间，伊拉克所有的网站都陷入了瘫痪，人工智能彻底变成了"人工智障"。所以，从技术上讲，如果美国想制裁任何国家，根本不需要进行任何经济制裁或军事打击，只要动动手指，断开根服务器的连接，那个国家所有的网络设备就会立马陷入瘫痪。

2018年6月，美国废止"网络中立原则"决议正式生效，不少人开始担忧，如果战争爆发，以美国强大的科技能力，可以直接切断中国的网络，使中国像伊拉克一样消失在互联网。那么你认为美国究竟能不能掐住中国的互联网"脖子"？我们应该如何防止美国对我国进行网络攻击呢？

2.1 计算机与计算思维

1946年，世界上第一台通用数字电子计算机问世，这是人类科技史上具有深远意义的一个新起点。1981年8月12日，美国国际商业机器公司（IBM）推出第一台个人计算机IBM 5150后，更为计算机在各行各业包括传媒业中的普及使用打开大门，并带来革命性的变化。计算机技术的不断提高和广泛使用，大大提高了人类处理、存储信息的能力。随着计算机网络的出现，又大大提高和扩展了人类交流信息的能力。

现代计算机是指在当前数字化时代广泛使用的、能够执行各种任务的电子设备。这些设备不仅仅包括个人计算机，还包括服务器、超级计算机、智能手机、平板电脑等，通常由硬件和软件两个主要部分组成。硬件主要包括中央处理器（CPU）、内存、硬盘、输入设备（如键盘、鼠标）和输出设备（如显示器、打印机）等。软件主要分为系统软件和应用软件。系统软件控制硬件的操作，例如操作系统；应用软件则为用户提供各种功能，例如办公软件、游戏等。

计算机的应用领域广泛且多样化，它几乎渗透到我们工作、生活、学习等各个层面。无论是在制造业、商业还是在金融领域，都发挥着重要作用。工业制造过程中，计算机可以帮助人们完成生产线的规划、设计、控制、修正等一系列工作，实现工作半自动化甚至全自动化，大大缩短生产周期，节省人力、物力，提高生产效率和产品质量，比如，计算机辅助设计与制造（CAD/CAM）、自动化控制系统、计算机集成制造等。

计算机在商业和金融领域被广泛应用，用于数据管理和分析、金融交易、电子商务、会计和财务管理等。可以帮助企业处理和管理大量的数据，包括客户信息、交易记录和市场趋势，通过数据分析，发现数据中的规律和趋势，为决策提供支持和参考，从而优化资源分配和市场营销策略。在银行和金融机构，计算机在处理大量数据、执行复杂的金融分析和提供在线支付等方面发挥着关键作用，使金融交易更加高效和准确，同时提高了安全性。计算机智能算法也被广泛用于股票市场的高频交易，以及风险管理和信用评估等方面。电子商务是商业和金融领域中的重要组成部分，计算机通过在线购物平台、电子支付系统和供应链管理工具等，实现了交易的便捷和安全，改变了传统的商业模式。计算机在财务管理中的应用涵盖了会计、预算、财务规划、税务管理、财务分析、资金管理、金融交易和风险管理等方面，大大提高了财务管理的效率、准确性和决策支持能力。

计算机在科学研究中的应用已经成为一种常态，也是计算机最早应用的领域。在天文学、气象学、生物学、物理学等领域，计算机技术帮助科学家们进行气象预测、天文观测、分子模拟等复杂的科学研究。通过计算机模拟，科学家们可以更好地理解和预测自然现象，推动科学知识的进步。比如利用计算机技术模拟地震过程，可以探究地震产生的根本原因；计算机在空间探索和天文学中扮演重要角色，包括航天器设计和控制、天文数据分析和模拟、天体观测和星座导航等，推动人类对宇宙的认知和探索。在医学研究中，计算机也发挥着重要作用，通过计算机模拟和数据分析，科学家可以研究疾病的机理，设计新药物，辅助医学诊断等。计算机还在基因组学、蛋白质结构预测等领域做出了重要贡献，为人类健康事业带来了巨大的进步。为了实现高效计算，科学计算领域应用了许多计算机技术，包括并行计算、分布式计算、GPU 加速等。

计算机在教育领域的应用也日益普及，它为教学提供更多样化的方式。从多媒体教学到电子白板，从在线学习平台到虚拟教室，计算机技术为学生提供了更多的学习机会，学生可以通过计算机远程参与课堂，获取教学资源和与教师、同学进行交流，激发学生的兴趣，提高学习效果。教育软件和电子教材使教育资源更加丰富多样，帮助学生更好地理解和掌握知识。此外，计算机用于学校管理系统、学生档案管理和教学资源管理，提升了教育管理的效率和准确性。

计算机在娱乐和文化领域扮演了重要角色，无论是游戏开发还是数字媒体制作，都离不开计算机的支持。计算机图形学、动画技术及虚拟现实等技术进一步推动了游戏行业的发展，创造了各种沉浸式的游戏体验。通过计算机生成的特效，电影和电视剧可以展现出更多奇幻的场景和惊人的视觉效果。此外，计算机技术为数字艺术和文化创意提供了新的表现方式。数字绘画、音乐制作和电子文学等的出现，拓宽了艺术家和创作者的创作空间。

计算机的应用领域几乎触及每一个行业，它已经成为现代社会中不可或缺的工具，在当前这个计算机时代、信息时代，我们要学会用计算机解决所学专业领域、学习和日常生活中的实际问题，那么，如何用计算机解决这些实际问题呢？这就需要人们学会计算思维。

2006 年，卡内基·梅隆大学周以真教授在 Communications of the ACM 杂志上首次对计算思维进行了明确的定义。她认为，"计算思维是运用计算机科学的基础概念进行问题求解、系统设计以及人类行为理解等涵盖计算机科学的广度的一系列思维活动"。教育部印发的义务教育课程方案和课程标准（2022 年版）对计算思维的解读为：计算思维是指个体运用计算机科学领域的思想方法，在问题解决过程中涉及的抽象、分解、建模、算法设计等思维活动，并将信息意识、计算思维、数字化学习与创新、信息社会责任四个方面作为信息科技课程要培养的核心素养，计算思维已成为 21 世纪学生发展的核心能力。

说起计算思维，许多人可能会联想到数学、数字运算。实际上，计算思维中的"计算"指的并不是数值计算，而是与计算机有关，运用计算机科学原理和方法，以逻辑思维为基础，利用计算机和信息技术解决问题的一种思维方式，是人类求解问题的一条途径，是人的思维方式；不是计算机的思维方式。计算机之所以能求解问题，是因为人将计算思维赋予计算机，计算机按人设计的程序去执行；同时，借助计算机，人类就能用自己的智慧去解决那些在计算机产生之前难以解决的问题。

具备计算思维,能够在信息活动中采用计算机可以处理的方式界定问题、抽象特征、建立结构模型、合理组织数据;通过判断、分析与综合各种信息资源,运用合理的算法形成解决问题的方案。概括而言,计算思维的核心就是将人的智慧和计算机的优势最大限度地结合起来,实现这一目标的途径就是算法。

计算思维的应用广泛,适用于各个领域和学科。在自然科学领域,计算思维可以帮助科学家进行数据分析、模拟实验和建立模型,推动科学研究的进展。在工程领域,计算思维可以用于设计和优化复杂系统,解决实际工程问题,提高工程项目的效率和质量。在社会科学领域,计算思维可以用于社会调查和数据分析,为社会问题的解决提供科学依据和决策支持。在艺术领域,计算思维可以用于创意设计和艺术创作,推动艺术的发展和创新。在教育领域,计算思维可以用于教学设计和评估,提高教育质量和学生的学习效果。计算思维能够使人提出创造性地解决各专业、学习和日常生活中实际问题的方案。

总之,采用计算思维可以使我们把看似复杂困难的问题转化为简单易解的问题加以解决,掌握计算思维可以使人们像计算机一样思考问题,优化生活和工作。计算思维是一种科学思维,是人类的一种进步思维,随着计算机日益广泛而深刻的运用,它也将像写字、驾驶、外语一样,成为一种重要的时代技能。

2.2 计算机网络基础

计算思维的核心思想是计算,而实现计算的核心是应用计算机,计算机网络是由大量独立的但相互连接起来的计算机共同完成计算机任务的系统。它将地理位置不同的具有独立功能的多台计算机及其外部设备,通过通信线路和网络互连设备连接起来,在网络操作系统、网络通信协议及网络管理软件的管理和协调下,实现资源共享和信息传递的计算机系统,总的来说,它的构建和运行依赖三个主要组成部分:网络硬件、网络软件和网络协议,这些组件共同工作,使数据可以在不同的计算机和设备之间传输和共享。

2.2.1 网络硬件

网络硬件是计算机网络的基础。它包括各种物理设备,如服务器、网络接口卡、交换机、路由器等。

1. 服务器(Server)

服务器是一种高性能计算机,作为网络的节点,存储、处理网络上 80% 的数据、信息,被称为网络的灵魂。网络终端设备如家庭、企业中的 PC 上网,获取资讯,与外界沟通、娱乐等,也需要经过服务器,可以说,服务器在"组织"和"领导"这些设备,它是网络的核心设备,因此,服务器具有高速的 CPU 运算能力、长时间的可靠运行、强大的 I/O 外部数据吞吐能力以及更好的扩展性。

从外形方面来划分,服务器可以分为四种,分别是刀片式、机架式、塔式和机柜式。刀片服务器是指在标准高度的机架式机箱内可插装多个卡式的服务器单元,实现高可用和高密度,如图 2.1 所示。它是一种"HAHD(High Availability High Density,高可用高密度)"的低成本服务器平台，其主要结构为一大型主体机箱，内部可插上许多"刀片"，其中每一块"刀片"实际上就是一块系统主板，通过"板载"硬盘启动自己的操作系统，类似一个个独立的服务器，可以根据需要选择是否插入整个服务器系统的机柜中，主要应用集群服务。刀片服务器更加适合大型建站企业，在集群的模式下，它可以同时使用，以提供高速的网络环境，提高用户体验度。

机架服务器外形看起来不像计算机，更是像交换机，如图2.2所示。有1 U（1 U = 1.75 in[①]）、2 U、4 U等规格，可以将多台服务器安装到一个标准的19 in机柜里面，其明显优势在于占用面积小，比较节省空间，便于管理，是服务器租用托管中常用的服务器。企业在选择主机的时候，会考虑体积、功耗、发热量等主机的物理参数，以及如何在有限的空间内更合理地布局自己的服务器，适合多台服务器同时工作的企业使用。

塔式服务器是比较常见的一种服务器，外形与立式电脑相似，如图2.3所示。其主板扩展性较强、插槽较多，体积也相对较大，有足够的空间可以进行硬盘和电源的冗余扩展，功能、性能基本上能满足大部分企业用户的要求，其成本通常也比较低，因此应用范围广泛。其局限性是空间占用较大，协同工作的系统管理不是很方便。

图2.1 刀片服务器　　　　图2.2 机架服务器　　　　图2.3 塔式服务器

机柜式服务器一般情况下是由机架式、刀片式服务器加上其他设备组合而成的。对于证券、银行、邮电等重要企业，采用机柜式服务器将许多不同的设备单元或几个服务器都放在一个机柜中。对于关键业务，使用的服务器采用双机热备份高可用系统或者是高性能计算机，可以保障系统的可用性。

根据在网络中所起的作用，服务器可分为文件服务器、打印服务器、数据库服务器、Web服务器、电子商务服务器等。文件服务器是最早的服务器种类，可以执行文件存储和打印机资源共享服务，这种服务器至今还在办公环境里广泛应用。数据库服务器运行一个数据库系统，用于存储和操纵数据，向联网用户提供数据查询、修改服务，广泛应用在商业系统。Web服务器、电子商务服务器等都是Internet应用的典型，它们能完成网页的存储和传送、电子邮件服务等。这些服务器不仅仅是一个硬件系统、一台计算机，往往是通过硬件和软件的结合来实现它们特定的功能。

---

① 1 in = 2.54 cm。

议一议：服务器是软件还是硬件？

2. 网络接口卡

网络接口卡就是网络适配器，又称网卡，计算机必须借助网卡才能实现数据的通信，它使用户可以通过电缆或无线相互连接。网卡按接头不同，分为 BNC 接头、AUI 接头、RJ－45 接头、光纤接头及无线网卡等。RJ－45 接头网卡用来连接 UTP（或 STP 网络电缆），因易于扩展，系统调度方便，目前使用较普遍。

光纤接头的网卡即光纤网卡，用来连接光纤，能够为用户在快速以太网网络上的计算机提供可靠的光纤连接，特别适用于接入信息点的距离超出五类线接入距离（100 m）的场所，可彻底取代普遍采用 RJ－45 接口以太网外接光电转换器的网络结构，为用户提供可靠的光纤到户和光纤到桌面的解决方案。

无线网卡用于连接无线网络，是无线局域网的无线覆盖下通过无线连接网络进行上网使用的无线终端设备。如果在家里或者所在地有无线路由器或者无线 AP（Access Point，无线接入点）的覆盖，就可以通过无线网卡以无线的方式连接无线网络而上网。无线网卡按照接口的不同，主要包括 PCI 接口无线网卡、PCMCIA 接口网卡和 USB 无线网卡等。USB 无线网卡是一种以内置无线 Wi－Fi 芯片，并通过 USB 接口传输的网卡，连接电脑 USB 接口，安装完成驱动以后，电脑网卡列表中会出现新的无线网卡设备，通过 USB 无线网卡上网。

3. 传输介质

用来完成各设备之间的连接，即网线。传输介质的不同，对物理信道影响也不同，从而导致使用的网络技术也不相同，应用场合也是不同。一般网络通信介质可分为两大类：有线和无线。同轴电缆、双绞线、光纤是常用的三种有线传输介质，卫星通信、红外通信、激光通信以及微波通信的信息载体均属于无线传输媒体。

（1）同轴电缆

同轴电缆是一种历史悠久的传输介质，在双绞线还未盛行之前，它几乎是计算机网络传输介质的霸主，广泛应用于各种计算机网络环境中。同轴电缆主要分为两类：粗缆和细缆，细缆主要用于建筑物内的网络连接，而粗缆则常用于建筑物间的连接。它们的区别在于粗缆的屏蔽性更好，能传输更远的距离。无论是粗缆还是细缆，其中央都是一根铜线，外面包有绝缘层，如图 2.4 所示。

（2）双绞线

双绞线是由两条导线按一定扭矩相互绞合在一起的类似电话线的传输媒体，每根线加绝

(a)　　　　　　　　　(b)

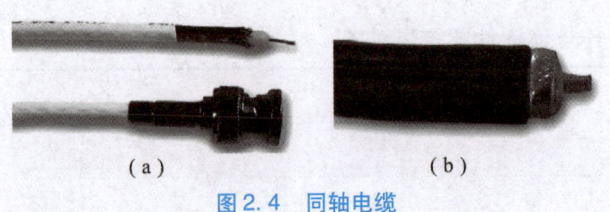

图2.4　同轴电缆

(a) 细缆；(b) 粗缆

缘层并有颜色来标记，成对线的扭绞旨在使电磁辐射和外部电磁干扰减到最小。双绞线电缆可以分为两类：屏蔽型双绞线（STP）和非屏蔽型双绞线（UTP）。屏蔽型双绞线外面环绕着一圈保护层，有效减小了影响信号传输的电磁干扰，但相应增加了成本。而非屏蔽型双绞线没有保护层，易受电磁干扰，但成本较低。屏蔽型双绞线（STP）和非屏蔽型双绞线（UTP）如图2.5所示。

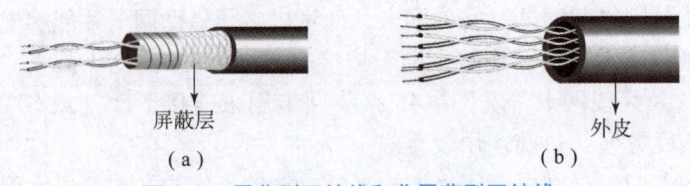

图2.5　屏蔽型双绞线和非屏蔽型双绞线

(a) 屏蔽型双绞线；(b) 非屏蔽型双绞线

双绞线常见有五类线和超五类线、六类线、超六类线、七类线以及最新的八类线。五类线、六类线、七类线及八类线的线芯直径都有所增加，使用的铜质越优质，传输的速率越快，越稳定。

①五类线：传输带宽100 Mb/s，网线外表皮标注的是"CAT5"标识。

②超五类线：传输带宽100~1 000 Mb/s，网线外表皮标注的是"CAT5e"标识。具有更高的衰减与串扰的比值和信噪比、更小的时延误差，性能得到很大提高。

③六类线：传输带宽1 000 Mb/s，外表皮标注"CAT6"，应用在千兆网络当中，性能远远高于超五类双绞线。

④超六类线：也称6A网线，标注"CAT6e"，可支持万兆网络。

⑤七类线：主要为了适应万兆位以太网技术的应用和发展。但它不再是一种非屏蔽双绞线，而是一种屏蔽双绞线，所以它的传输频率至少可达500 MHz，是六类线和超六类线的2倍以上，传输速率可达10 Gb/s。

⑥八类线：八类网线是最新一代的网线，跟七类网线一样的是双层屏蔽（SFTP），它拥有两个导线对，2 000 MHz的超高宽屏，传输速率高达40 Gb/s，但它最大传输距离仅有30 m，故一般用于短距离数据中心的服务器、交换机、配线架以及其他设备的连接。

在不需要较强抗干扰能力的环境中，选择双绞线，既利于安装，又节省了成本，所以双绞线往往是办公环境下网络介质的首选。对于五类、超五类、六类双绞线，均有四对颜色不同、相互绞合的线，按照EIA/TIA 568A标准描述，其连接的线序从左到右依次为白绿、绿、白橙、蓝、白蓝、橙、白棕、棕；EIA/TIA 568B标准描述的线序从左到右则依次为白橙、橙、白绿、蓝、白蓝、绿、白棕、棕。双绞线制作线序如图2.6所示。

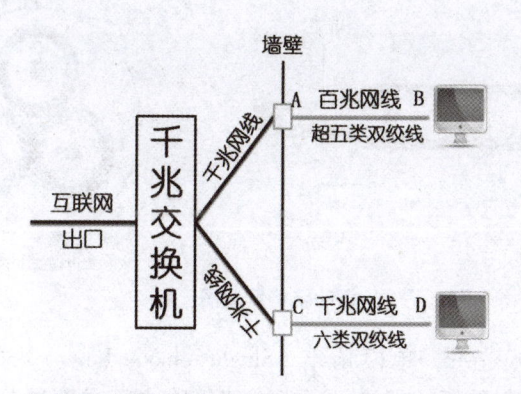

百兆网线A端线序：橙白-1，橙-2，绿白-3，蓝-4，蓝白-5，绿-6，棕白-7，棕-8
百兆网线B端线序：橙白-1，橙-2，绿白-3，蓝-4，蓝白-5，绿-6，棕白-7，棕-8
千兆网线C端线序：橙白-1，橙-2，绿白-3，蓝-4，蓝白-5，绿-6，棕白-7，棕-8
千兆网线D端线序：绿白-1，绿-2，橙白-3，棕白-4，棕-5，橙-6，蓝-7，蓝白-8

图2.6 双绞线制作线序

　　一般在用双绞线组网的时候，接线一定要按线的颜色对应接线，否则会使通信不稳定。一条网线两端 RJ-45 头中的线序排列完全相同的网线，称为直通线（Straight Cable），也就是说，直通线两端全部采用 EIA/TIA 568B 标准或者全部采用 EIA/TIA 568A 标准，直通线通常适用于计算机到集线器或交换机之间的连接。当使用双绞线直接连接两台相同设备时，如两台计算机、两台集线器、两台交换机，两端的线序排列就不一致了，相对直通线而言，另一端的线序应做相应的调整，即第1、2 线和第3、6 线对调，或者说一端采用 EIA/TIA 568A 标准，另一端采用 EIA/TIA 568B 标准，这种双绞线称为交叉线（Crossover Cable）。不过，在目前，有些厂商对网络设备进行了技术升级，在连接设备的时候不需要再区别是采用直通线还是交叉线了。

动一动：动手制作一根双绞线。

写下步骤：

（3）光纤

　　光导纤维是一种传输光束的细而柔韧的介质，简称光纤。它的独特性能使它成为数据传输中最有成效的一种传输介质。它由许多细如发丝的塑胶或玻璃纤维外加绝缘护套组成，其结构如图2.7 所示。光束在玻璃纤维内传输，不会受到电磁的干扰，传输速率高，传输稳定，质量高，主要是在要求传输距离较长、布线条件特殊的情况下用于主干网的连接。

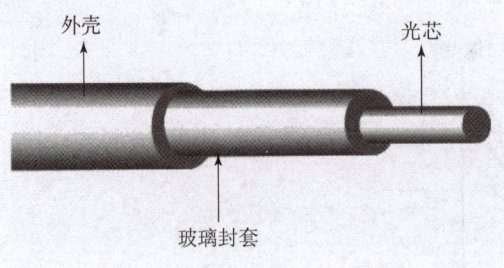

图 2.7 光纤的结构示意图

光纤类型有单模光纤和多模光纤,单模光纤(Single-mode Fiber)的中心玻璃芯很细,纤芯直径一般为 9 μm,只能传一种模式的光。通常在建筑物之间或地域分散的环境中使用,传送距离为几十千米,适用于远程通信;多模光纤(Multi-mode Fiber)的中心玻璃芯较粗,纤芯直径为 50 μm 或 62.5 μm,可传多种模式的光。一般用于建筑物内或地理位置相邻的环境中,比如,纤芯直径为 50 μm 的多模光纤多用于室内。相对而言,单模传输性能优于多模传输。

光纤的安装和维护比较困难,需要专用的设备。而且利用光纤连接网络,每端必须连接光/电转换器,另外,还需要一些其他辅助设备,光纤辅助设备如图 2.8 所示。

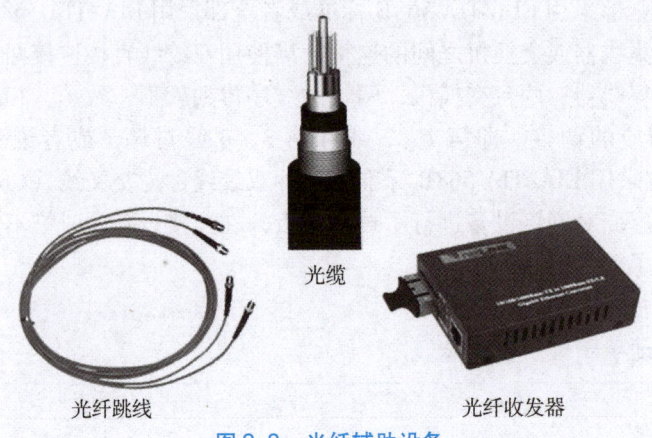

图 2.8 光纤辅助设备

议一议:F5G 有什么意义?

> **知识拓展:F5G**
>
> 迈入万物互连的智能时代,连接将无处不在,成为整个智能社会的坚实底座。像移动网络一样,光纤网络也已经迈入了第五代。F5G 就是第五代固定网络,也称为 F5G 全光网。与 5G 类似,都是由国际标准化组织为面向产业互联网应用场景提出的新一代通信标准。5G 适用于移动性、多连接的场景,比如无人机、车联网等;而 F5G 则适用于固定性、大带宽、低时延和高安全的场景,比如工业互联网、数据中心互连和企业园区等。5G 与 F5G 互为补充,在不同的业务场景发挥着不可替代的作用,如果说 5G 是天上一张网,那么 F5G 就是地上一张网。
>
> 从 F1G 到 F4G,固定网络不仅给家庭带来新的沟通、娱乐方式,而且通过信息化提升企业办公和管理效率,引起办公方式的革命。目前,我们正迈入数字化时代,F5G 和

5G一起，通过使能产业互联网，掀起一场生产方式的革命。F5G时代，全光网络将进一步拓宽连接的边界，由家庭网络向企业网络和生产网络延伸，为企业数字化转型建设高质量的网络基础设施。

F5G光改升级，带动的是整个国家产业的一次全面升级，是一次国家级的大战略部署。华为公司预测，未来五年，F5G将带来至少千亿级的产业投资空间，惠及政务、电力、交通、教育、制造、金融等各行业，激发新一轮的经济增长。新风口下，只有抓住F5G的机遇实现网络升级转型，才能成为数字化浪潮中的赢家，以华为为代表的科技企业，正在这场以F5G技术为代表的信息基础设施建设上全面布阵，抢占新基建的制高点。

（4）无线介质

无线传输介质是指在两个通信设备之间不使用任何物理连接，而是通过空间传输的一种技术。从理论上讲，无线介质一般应用于难以布线的场合或远程通信，常见有无线电波、微波、红外线和激光等。

无线电波是指在自由空间（包括空气和真空）传播的射频频段的电磁波，无线电技术是通过无线电波传播声音或其他信号的技术。无线电最早应用于航海中，使用摩尔斯电报在船与陆地间传递信息。

微波是指频率为300 MHz～300 GHz的电磁波，即波长在1 m（不含1 m）到1 mm之间的电磁波，是分米波、厘米波、毫米波的统称，具有易于集聚成束、高度定向性以及直线传播的特性。大气对微波信号的吸收与散射影响较大，传输距离短，但机动性好，工作频宽大，可用来在无阻挡的视线自由空间传输高频信号。除了应用于5G移动通信的毫米波技术之外，微波传输多在金属波导和介质波导中进行。

以红外线的方式传递数据，可以很方便地在办公室环境下实现无线方式连接，红外线通信几乎不会受到电气、天地、人为干扰，抗干扰性强；不易被人发现和截获，保密性强；可传输语言、文字、数据、图像等信息。红外线在手机、笔记本计算机、无线键盘、无线鼠标或对于不适用高频通信的精密仪器或是医疗环境中有非常广阔和固定的空间。

激光传输可以用于在空中传输数据。和微波通信相似，至少要有两个激光站，每个站点都拥有发送信息和接收信息的能力。激光设备通常安装在固定位置上，通常安装在高山上的铁塔上，并且天线相互对应。由于激光束能在很长的距离上得以聚焦，因此激光的传输距离很远，能传输几十千米。

动一动：用手机连接并登录校园无线网络。

写下步骤：

4. 网络互连设备

网络是按照一定的结构，使用网络互连设备连接组成。互连设备的种类繁多，且与日俱增，常见网络设备有中继器、网桥、路由器、交换机、光调制解调器等，它们在网络中分别起着不同的作用。

(1) 中继器

中继器（RP repeater）是连接网络线路的一种装置，常用于两个网络节点之间物理信号的双向转发工作。中继器是最简单的网络互连设备，主要完成物理层的功能，负责在两个节点的物理层上按位传递信息，完成信号的复制、调整和放大功能，以此来延长网络的长度。

(2) 集线器

集线器的英文名称就是我们通常见到的 HUB，英文 HUB 是"中心"的意思。集线器的主要功能是对接收到的信号进行再生整形放大，以扩大网络的传输距离，可以说它一种特殊的多口中继器。集线器作为中心节点实现各个工作站及服务器之间的点对点连接。其连接简单方便，单个端口设备的故障不会影响整个网络的连接。但目前在局域网中已很少使用。

(3) 网桥

网桥（Bridge）也称桥接器，常用于连接两个或更多个局域网的网络互连设备，扩展局域网覆盖范围。其具有筛选和过滤的功能，可以适当隔离不需要传播的信息，从而改善网络性能，包括提高整个局域网的数据吞吐量和网络响应速度。网桥互连子网的应用十分广泛，例如：一个企业的各个部门可能根据不同的需要形成各种局域网络，当部门之间希望互连时，网桥是较佳的互连部件。也可以利用网桥隔离信息，将同一个网络号划分成多个网段（属于同一个网络号），隔离出安全网段，防止其他网段内的用户非法访问。由于网络的分段，各网段相对独立（属于同一个网络号），一个网段的故障不会影响到另一个网段运行。网桥可以是专门的硬件设备，也可以在计算机上安装网桥软件来实现。随着通信技术的不断进步，无线网桥进入人们视野。无线网桥，顾名思义，就是无线网络的桥接，它利用无线传输方式实现在两个或多个网络之间搭起通信的桥梁；在面积较大的家庭或办公环境（如别墅、写字间等），由于路由器无线覆盖范围有限，部分区域信号较弱或存在信号盲点，利用路由器的 WDS（Wireless Distribution System，无线分布式系统）桥接功能可以将无线路由器通过无线方式连接到已有信号，从而实现了无线网络覆盖范围的延伸，使无线信号的覆盖范围更加广泛，可以让用户更加方便地使用无线网络，如图 2.9 所示。

现阶段，无线网桥可用于无线数据采集、无线数据传输、室外无线信号覆盖、室外远距离无线桥接等方面，被广泛应用在智慧城市、智能交通、安防监控、车载监控、智能家居等领域。随着 5G 时代到来，无线网桥的多功能、易于施工等特点使其应用优势更为明显，未来应用比例将持续攀升。

(4) 交换机

随着连接设备硬件技术的提高，已经很难再把集线器、网桥、路由器和交换机相互之间的界限划分得很清楚了。事实上，交换机相当于一台多口的网桥。使用交换机可以显著地提高整个用户网络的应用性能，因此，交换机越来越受到更多网络用户的青睐。

交换机设备除了在速度上给网络用户带来优势外，还可以比传统的网络共享设备提供更多的功能。随着交换机市场竞争的愈趋激烈，交换设备的价格亦更加能为用户所接受。相对于用集线器组成的网络——共享式网络，我们把用交换机组成的网络称为交换式网络。也就

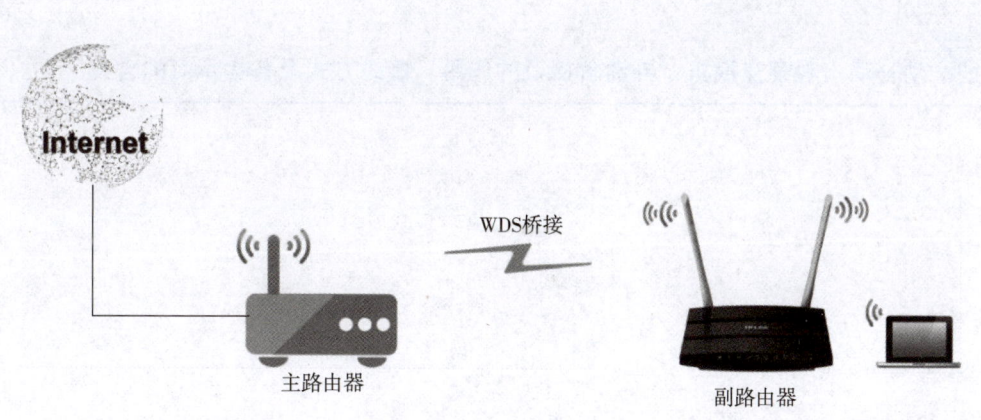

图 2.9 网桥

是说，集线器采用共享方式进行数据传输，而交换机的工作原理则采用"交换"式进行数据传输。如果把"共享"和"交换"理解成公路，"共享"方式就是来回车辆共用一个车道的单车道公路，而"交换"方式则是来回车辆各用一个车道的双车道公路。"共享"和"交换"的数据传输方式示意如图 2.10 所示。

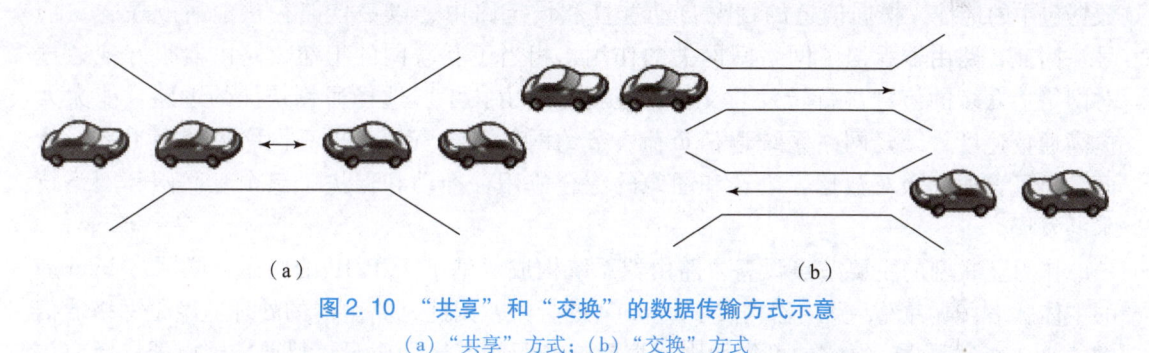

图 2.10 "共享"和"交换"的数据传输方式示意
(a)"共享"方式；(b)"交换"方式

共享式以太网存在的主要问题是所有用户共享带宽，每个用户的实际可用带宽随网络用户数的增加而递减。这是因为当信息繁忙时，多个用户可能同时"争用"一个信道，而一个信道在某一时刻只允许一个用户占用，所以大量的用户经常处于监测等待状态，致使信号传输时产生抖动、停滞或失真，严重影响了网络的性能。而在交换式以太网中，交换机通过内部的交换矩阵将网络划分为多个网段，提供给每个用户专用的信息通道，除非两个源端口企图同时将信息发往同一个目的端口，否则多个源端口与目的端口之间可同时进行通信而不会发生冲突。

交换机在连接方式、速度选择等方面与集线器基本相同，只是在工作方式上有所不同，比如，交换机同样在速度上分为 10 Mb/s、100 Mb/s 和 1 000 Mb/s 等几种，目前社会上已经有万兆交换机的使用，所提供的端口数多为 8 口、16 口和 24 口，只是设备成本较高。

网络交换机在网络中一般作为局域网（LAN）的核心主干连接设备，如网络中心、数据中心等，或者用在一些较高网络通信流量的场合，如图像处理、视频流等，对网络响应速度要求比较高的场合经常采用。

📝 **动一动**：观察交换机，弄清各接口的作用、接线方式及各指示灯的含义。

(5) 路由器

路由器（Router）是连接互联网中各局域网、广域网的设备，路由器通过路由决定数据的转发，转发策略称为路由选择（routing），这也是路由器名称的由来，它通过读取每一个数据包中的地址，根据信道的情况自动选择和设定路由，以最佳路径按前后顺序发送信号。因此，路由器承担了网络间网关的作用，相当于互联网的枢纽，路由器很好地通过对网络上众多的信息进行转发与交换，也就是路由技术。选择通畅快捷的近路，能大大提高通信速度，减轻网络系统通信负荷，节约网络系统资源，提高网络系统畅通率，从而满足了普通大众对数据、语音和图像的综合应用，推动和促进了整个互联网和网络技术的发展。

作为互联网的主要节点设备，路由器系统构成了基于 TCP/IP 的国际互联网络 Internet 的主体脉络，或者说，路由器构成了 Internet 的骨架，因此，路由器的处理速度是网络通信的主要"瓶颈"之一，它的可靠性则直接影响着网络互连的质量。目前，路由器广泛应用于各行各业，各种不同档次的产品已经成为实现各种骨干网内部连接、骨干网间互连和骨干网与互联网互连互通业务的主力军，按功能，划分为接入级路由器、企业级路由器和骨干级路由器。

① 接入级路由器。

接入级路由器连接家庭或 ISP 内的小型企业客户，是位于网络外围（边缘）的路由器，家用的无线路由器就属于接入级路由器。在局域网和广域网技术尚有很大差异的今天，接入级路由器肩负着多种重任，简单地说，就是要满足用户的多种业务需求，从简单的联网到复杂的多媒体业务和 VPN 业务等。这需要接入级路由器在硬件和软件上都要有过硬的实现能力。各设备提供商因此展开了激烈的竞争，派生出各种新鲜的技术手段。

② 企业级路由器。

从字面上来解释，就是一种企业专门使用的网络连接设备，事实上，企业级路由器主要是连接企业局域网与广域网。一般来说，企业异种网络互连，多个子网互连，都应当采用企业级路由器来完成。对于大中型企业来说，路由器不是简单的网络出口，而是承载多种业务传输的"大动脉"，能够提供丰富的端口，接入多样化的业务系统，支撑企业灵活多变的业务需求。

③骨干级路由器。

互联网目前由几十个骨干网构成，每个骨干网服务几千个小网络，骨干级路由器实现企业级网络的互连。对它的要求是速度和可靠性，而代价则处于次要地位。硬件可靠性可以采用电话交换网中使用的技术，如热备份、双电源、双数据通路等来获得。这些技术对所有骨干级路由器来说是必需的。骨干网上的路由器连接长距离骨干网上的 ISP 和企业网络，只有工作在电信等少数部门的技术人员，才能接触到骨干级路由器。

飞速发展的网络技术不断推动着路由器性能的提升，并且在实际的应用中让路由器变得越来越智能，而且业务能力越来越强。随着 IP 网络和业务的迅猛发展，业务性能在网络中将起到越来越重要的作用，业务更加智能、部署运维更加简便等内在因素让路由器的发展进入了一个全新的时期。

（6）无线路由器

无线路由器是一种应用于用户上网、带有无线覆盖功能的路由器，可将其看作一个转发器，将宽带网络信号通过天线转发给附近的无线网络设备，它集多项功能于一体。

①无线路由器是一款简单的路由器，具有路由器的基本功能——网络互连，支持局域网（家庭或中小型企业客户）与 Internet 的互连，支持 NAT 实现局域网共享上网。

②无线路由器作为宽带接入设备，支持各种的宽带接入方式，一般都支持 LAN、ADSL、专线等常规接入。

③为了中小型用户的组网方便，无线路由器内置了一个小交换机，一般提供 4 个或 8 个交换端口便于用户组建自己的内网；同时，支持 DHCP 服务，自动分配 IP 地址，提供安全、可靠、简单的网络设置，避免地址冲突，这些对于缺乏专业知识的家庭、中小型单位用户来说非常重要。

④无线路由器为了满足中小型网络用户的安全需要，内置了一个基本的防火墙，支持 MAC 地址过滤、ACL、DMZ 等安全措施；部分无线路由器支持 VPN 功能，利用 Internet 公用网络建立一个安全的私有网络，对于企业用户来说，不仅可以节约开支，而且能保证企业信息安全。

与大型的路由器比较起来，无线路由器的结构相对简单，技术门槛较低，厂商的研发也显得十分容易，致使为数不少的网络设备厂商都推出了自己的宽带路由产品，不仅思科、华为、3Com、D-Link、中兴等传统的网络设备厂商推出无线路由器产品，TP-Link、腾达、阿尔法等新兴的国内厂商也不断地推出新品。图 2.11 所示为家用无线路由器。

随着技术的不断发展，无线路由器的功能在不断扩展。市场上大部分无线路由器提供 VPN、防火墙、DMZ、按需拨号、支持虚拟服务器、支持动态 DNS 等功能。

图 2.11　无线路由器

①MAC 功能：目前大部分宽带运营商都将 MAC 地址和用户的 ID、IP 地址捆绑在一起，以此进行用户上网认证。带有 MAC 地址功能的无线路由器可将网卡上的 MAC 地址写入，让

服务器通过接入时的 MAC 地址验证，以获取宽带接入认证。

②网络地址转换（NAT）功能：NAT 功能将局域网内分配给每台计算机的 IP 地址转换成合法注册的 Internet 中的实际 IP 地址，从而使内部网络的每台计算机可直接与 Internet 上的其他主机进行通信。

③动态主机配置协议（DHCP）功能：DHCP 能自动将 IP 地址分配给登录到 TCP/IP 网络的客户工作站。它提供安全、可靠、简单的网络设置，避免地址冲突。这对于家庭用户来说非常重要。

④防火墙功能：防火墙可以对流经它的网络数据进行扫描，从而过滤掉一些攻击信息。防火墙还可以关闭不使用的端口，从而防止黑客攻击。而且它还能禁止特定端口流出信息，禁止来自特殊站点的访问。

⑤虚拟专用网（VPN）功能：VPN 能利用 Internet 公用网络建立一个拥有自主权的私有网络，一个安全的 VPN 包括隧道、加密、认证、访问控制和审核技术。对于企业用户来说，这一功能非常重要，不仅可以节约开支，而且能保证企业信息安全。

⑥DMZ 功能：DMZ（Demilitarized Zone）即俗称的非军事区，可以理解为一个不同于外网或内网的特殊网络区域。DMZ 内通常放置一些不含机密信息的公用服务器，比如 Web、Mail、FTP 服务器等。不允许任何访问，实现内外网分离，达到用户需求。

⑦DDNS 功能：DDNS 是动态域名服务，能将用户的动态 IP 地址映射到一个固定的域名解析服务器上，使 IP 地址与固定域名绑定，完成域名解析任务。DDNS 可以帮助用户构建虚拟主机，以自己的域名发布信息。

另外，无线路由器还有即插即用（uPnP）、自动线序识别等功能。可以说，无线路由器集成了路由、交换、安全防火墙等功能于一体，针对小型用户简单而又实用的需求特点，价格远远低于用作网关的服务器和传统路由器，完全可以在家用到小型企业的应用中代替这些网关设备。正是由于这些优势，无线路由器在短短的几年中快速发展起来，成为目前组建小型多功能网络时不可或缺的部件之一。

（7）光调制解调器

在网络普及初期，互联网采用电话线来传输网络信号，调制解调器作为一种接入设备，在发送端将网络信号（数字信号）转化为模拟信号在电话线中传输，在接收端解调信号，即将电话线中的模拟信号转化为网络信号（数字信号）。随着光宽带的普及，普通调制解调器已经衰落，光宽带利用光纤作为传输介质进行网络传输，就需要光调制解调器来担当光信号转换的重任。

光调制解调器，俗称"光猫"，是调制解调器的一种，作为光纤通信系统的关键器件，变得越来越普及。"光猫"装在光纤的两端，对传送的数据进行电信号与光信号形式的转换。常说的家庭光纤接入，光猫是第一道入口，起到光电转换的作用，大部分光猫带有无线功能，可以兼顾光电转换和无线路由器功能，它也可以接无线路由器搭建 Wi-Fi 网络，如图 2.12 所示。

图 2.12　光调制解调器

> 议一议：人们常说的 Modem（猫）与路由器有何区别？

2.2.2 网络软件

网络软件负责控制和管理网络硬件。它包括操作系统、网络管理与应用软件等。网络软件使用户能够与网络硬件进行交互，从而实现对网络的配置、管理和监控。

1. 网络操作系统

网络操作系统是网络系统管理和通信控制软件的集合，它负责整个网络的软、硬件资源的管理以及网络通信和任务的调度，并提供用户与网络之间的接口。它是一种多用户、多任务的操作系统，通常用于网络环境中，为网络用户提供共享资源管理服务、基本通信服务、网络系统安全服务及其他网络服务等。它可实现操作系统的所有功能，并且能够对网络中的资源进行管理和共享。它提供了统一的接口和协议，以实现网络资源的共享和管理；具备网络通信和数据传输功能，以支持网络应用的开发和运行；提供安全性和访问控制功能，以保护网络资源和用户信息的安全等，是网络的心脏和灵魂。

常见的网络操作系统有 UNIX、Windows Server、Linux 等。UNIX 是一个集中式分时多用户多任务操作系统，是目前功能最强、安全性和稳定性最强的网络操作系统，主要应用于大型企业和高性能计算环境中。Windows Server 是微软针对服务器市场推出的一款网络操作系统，具有良好的图形界面和完善的支持。Linux 是一个开源的网络操作系统，具有良好的稳定性和安全性。其最大特征在于其源代码向用户完全公开，任何一个用户都可根据自己的需要修改，在服务器领域，广泛应用于云计算、大数据等方面。

2. 网络管理和网络应用软件

网络管理软件是现代网络环境中不可或缺的工具，它通过提供集中管理、实时监控、数据分析和安全功能，帮助网络管理员确保网络的稳定性、安全性和效率。网络管理软件的设计目的是简化网络管理员的工作，使他们能够轻松地监控和管理复杂的网络系统，它提供了一个集中的控制台，使网络管理员能够从一个位置监控和管理整个网络。网络管理软件可以部署在各种规模的网络上，从小型局域网（LAN）到大型企业级网络，甚至是云基础设施。网络应用软件是指能够为网络用户提供各种服务的软件，它用于提供或获取网络上的共享资源。

2.2.3 网络协议

协议是计算机网络中不同设备和软件之间进行通信的规则和标准。它规定了数据的传输格式、传输速度、错误检测和处理方法等。TCP/IP（Transmission Control Protocol/Internet Protocol，传输控制协议/网际协议）协议簇是互联网的核心协议，它定义了数据的封装、传输和路由方式，实现在多个不同网络间的信息传输。TCP/IP 协议不仅仅指的是 TCP 和 IP 两个协议，而是指一个由 FTP、SMTP、TCP、UDP、IP 等协议构成的协议簇，只是因为在 TCP/IP 协议中 TCP 协议和 IP 协议最具代表性，所以被称为 TCP/IP 协议。互联网协议（IP）和传输控制协议（TCP）是互联网中最常用的协议之一。IP 负责将数据从一个网络传输到另一个网络，而 TCP 则负责确保数据的可靠传输。

在现实生活中，我们进行货物运输时，都是把货物包装成一个个的纸箱或者是集装箱之后才进行运输，在网络世界中，各种信息也是通过类似的方式进行传输的。IP 协议规定了数据传输时的基本单元和格式。如果比作货物运输，IP 协议规定了货物打包时的包装箱尺寸和包装的程序。除了这些以外，IP 协议还定义了数据包的递交办法和路由选择。同样，用货物运输作比喻，IP 协议规定了货物的运输方法和运输路线。

IP 协议规定了数据传输的主要内容，但传输是单向的，也就是说，对于发出去的货物，对方有没有收到我们是不知道的。TCP 协议提供了可靠的面向对象的数据流传输服务的规则和约定。简单地说，在 TCP 模式中，当计算机需要与另一台远程计算机连接时，TCP 协议会建立一个连接，用于发送和接收资料以及终止连接。当对方发一个数据包给你时，你就需要发一个确认数据包给对方，从而通过这种确认来提供可靠性。

综上所述，IP 和 TCP 这两个协议的功能是互补的，只有两者结合，才能保证 Internet 在复杂的环境下正常运行。凡是要连接到 Internet 的计算机，都必须同时安装和使用这两个协议，因此，在实际中，常把这两个协议统称作 TCP/IP 协议。在实际的应用中，TCP/IP 需要一个"IP 地址"、一个"子网掩码"、一个"默认网关"、一个"主机名"和一个"域名"。

IP 地址用于给网络中的计算机进行编号，IP 地址是计算机在网络中的唯一标识。常见的 IP 地址分为 IPv4 与 IPv6 两大类。

动一动：查看本机的 **TCP/IP** 配置情况。

步骤如下：
1. 查看本地计算机名称

选中桌面上的"计算机"图标，右击，在出现的菜单栏中选择"属性"，在计算机属性窗口中，在窗口右下方的"计算机名称、域和工作组设置"栏目下，就可以看到计算机的名称了。

2. 查看本地计算机的 IP 地址

①打开控制面板，如图 2.13 所示。在打开的窗口中单击"网络和 Internet"下的"查看网络状态和任务"超链接。

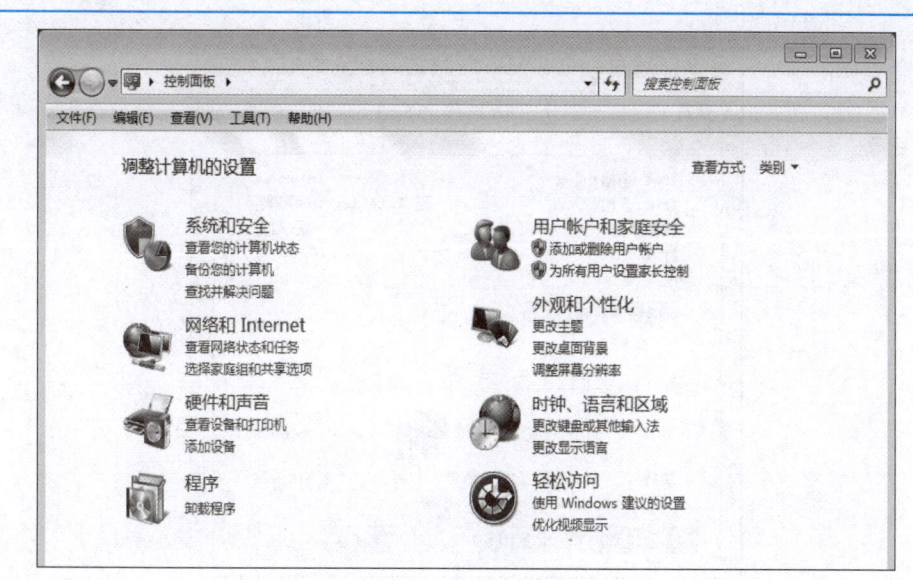

图2.13　控制面板

②在打开的窗口中单击左窗口的"更改适配器设置"超链接，如图 2.14 所示。然后在打开的窗口中双击"本地连接"图标，如图 2.15 所示。

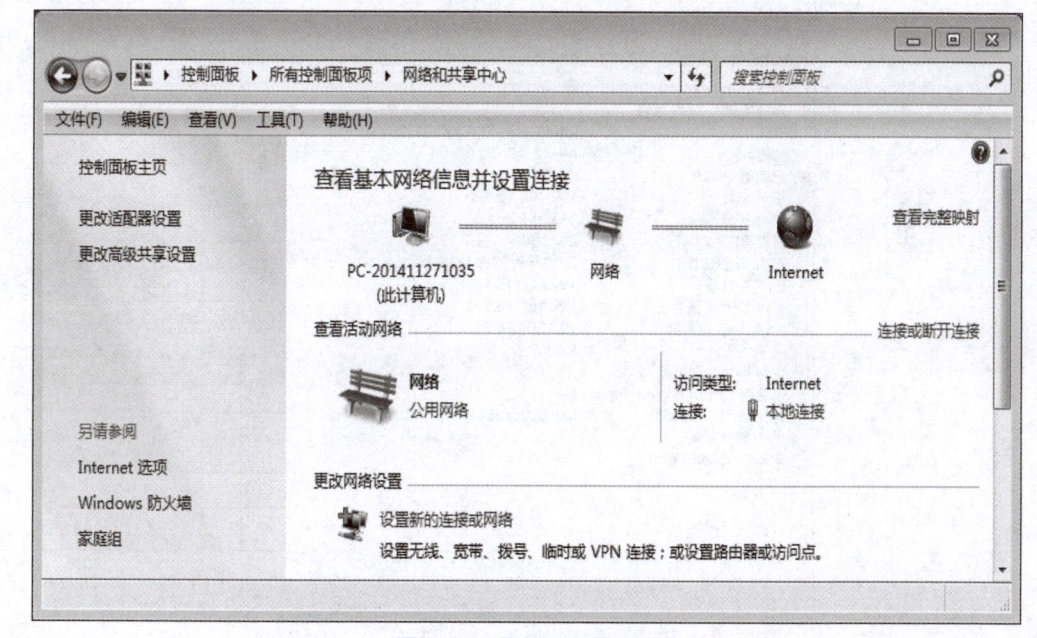

图2.14　更改适配器设置

③在打开的"本地连接状态"对话框中，单击"详细信息"按钮，如图 2.16 所示。

④在打开的"网络连接详细信息"对话框中，就可以查看到详细的 IP 地址信息了。

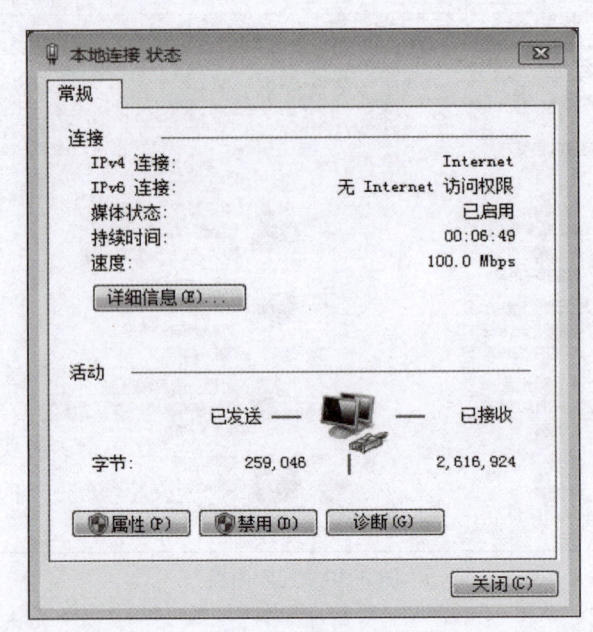

图 2.15　本地连接

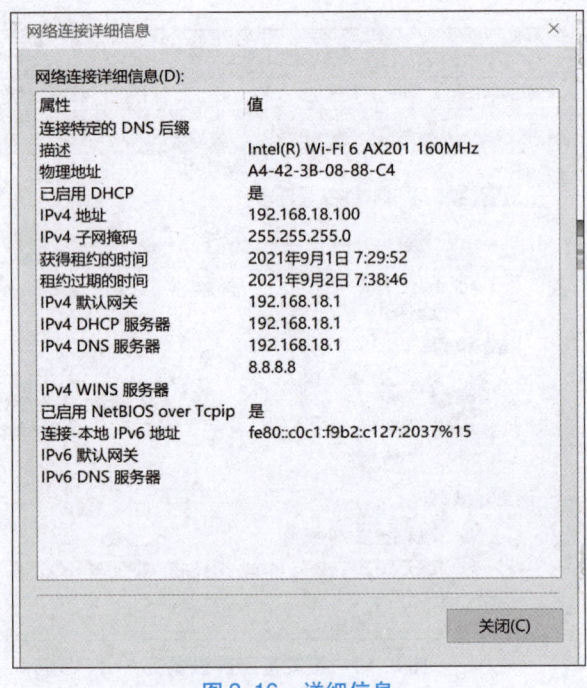

图 2.16　详细信息

2.2.4　IPv4 地址

1. IP 地址概念

Internet 上的每一台独立的计算机都有唯一的地址与之对应，这就像实际生活中的门牌号码，每个房间都有一个独立的门牌号码与其他房间区分开来。这个地址即 IP 地址。根据 TCP/IP 协议规定，IP 地址由 32 位二进制数组成，而且在 Internet 范围内是唯一的。例如，因特网上某台计算机的 IP 地址为 11010010 01001001 10001100 00000010，很明显，这些二进制数字对于人来说不太好记忆。人们为了方便记忆，将组成计算机 IP 地址的 32 位二进制分成四段，每段 8 位，中间用小数点隔开，将每 8 位二进制转换成十进制数，如 210.73.140.2，这种书写方法叫作点数表示法，每个字节的数值范围是 0~255。

IP 地址的结构与电话号码有类似之处，其前几位表示该电话属于哪个地区，后面的数字表示该地区的某个电话号码，IP 地址的 4 个字节也划分为两个部分，一部分用于标明具体的网络段，即网络标识，同一个网络上所有主机是同一个网络标识，该标识在 Internet 中也是唯一的；另一部分用于标明具体的节点，即主机标识，对于同一个网络标识来说，主机标识是唯一的。没有两个网络能够分配同一个网络标识，同一网络上的两台计算机也不可能分配同一个主机标识。

2. IPv4 地址分类

通过 IP 地址可以确认网络中的任何一个网络和计算机，而要区分不同的网络或其中的计算机，则是根据这些 IP 地址的分类进行的，一般将 IP 地址分为 A、B、C 三类及特殊地址 D、E。

（1）A 类地址

如果用二进制表示 A 类 IP 地址，它由 1 字节的网络标识和 3 字节的主机标识组成，其网络标识的最高位固定是"0"。在十进制表示的四段数值中，第一段数值为网络标识，表示网络本身的地址；剩下的三段数值为主机标识，表示本地连接于网络上的主机的地址。第一段数值范围为 1~126，其表示范围为 0.0.0.0~126.255.255.255。由此可以看出，A 类地址只有 124 个网络标识号，每个网络中最多可容纳 $2^{24}-2$（即 16 777 214）台主机，一般分配给具有大量主机（直接个人用户）而局域网络个数较少的大型网络。

（2）B 类地址

如果用二进制表示 B 类 IP 地址，它由 2 字节的网络标识和 2 字节的主机标识组成，其网络标识的最高位固定是"10"。在十进制表示的四段数值中，前两段数值为网络标识，表示网络本身的地址，后两段数值为主机标识，表示本地连接于网络上的主机的地址。第一段数值范围为 128~191，其表示范围为 128.0.0.0~191.255.255.255，B 类地址允许有 2^{14} = 16 384 个网段，网络中的主机标识占 2 组 8 位二进制数，每个网络允许有 $2^{16}-2$ = 65 533 台主机，适用于主机比较多的大、中规模网络。

（3）C 类地址

如果用二进制表示 C 类 IP 地址，它由 3 字节的网络标识和 1 字节的主机标识组成，其网络标识的最高位固定是"110"。在十进制表示的四段数值中，前三段数值为网络标识，表示网络本身的地址，最后一段数值为主机标识，表示本地连接于网络上的主机的地址。第一段数值范围为 192~223，其表示范围为 192.0.0.0~223.255.255.255。C 类地址允许有 2^{21} = 2 097 152 个网段，网络中的主机标识占 1 组 8 位二进制数，每个网络允许有 $2^{8}-2$ = 254 台主机，其网络地址数量相对较多，适用于小规模的局域网络，如中小型局域网和校园网，每个网络最多只能包含 254 台计算机。

IP 地址分类见表 2.1，其使用范围归纳见表 2.2。

表 2.1 IP 地址分类

网络类别	标识			
	第 1 个字节	第 2 个字节	第 3 个字节	第 4 个字节
A	0　　网络标识	主机标识		
B	1　0	网络标识	主机标识	
C	1　1　0	网络标识		主机标识

表 2.2 IP 地址的使用范围

网络类别	最大网络数	第一个可用的网络号	最后一个可用的网络号	每个网络中的最大主机数
A	126（2^7-2）	1	126	16 777 214
B	16 384（2^{14}）	128.0	191.255	65 534
C	2 097 152（2^{21}）	192.0.0	223.255.255	254

动一动：利用命令查看本机 IP 地址等信息。

步骤如下：

①通常按下计算机键盘中的 Win + R 组合键，打开"运行"对话框，然后键入"cmd"，单击"确定"按钮或按 Enter 键调出 cmd 窗口（命令提示符），如图 2.17 所示。

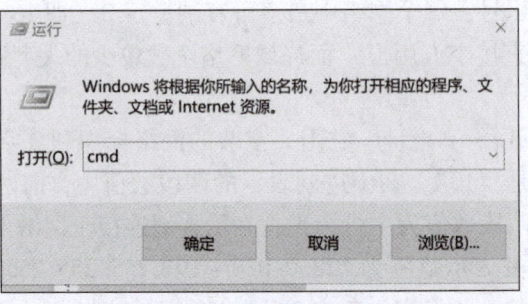

图 2.17 "运行"对话框

②在调出的 cmd 窗口命令符后，输入命令"ipconfig"，按 Enter 键运行，之后就可以看到一大串有关 IP 地址的信息了，在里面就可以找到 IPv4 地址和 IPv6 地址，如图 2.18 所示。

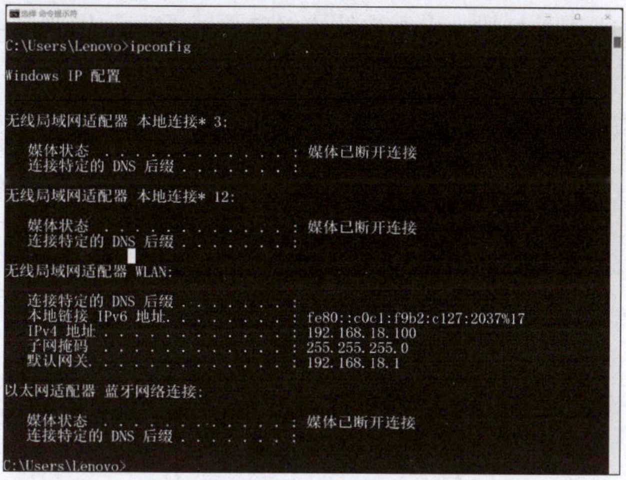

图2.18　cmd 窗口

（4）特殊地址

D 类地址和 E 类地址用途比较特殊，D 类地址的最前面为"1110"，其网络标识取值在 224~239，一般用于多路广播用户，被称为多播地址，供特殊协议向选定的节点发送信息时用。E 类地址的最前面为"1111"，其网络标识取值在 240~255，是保留给将来使用，为保留地址。除了上面所说的这些 IP 地址外，还有几种特殊类型的 IP 地址。

①回环地址，网络地址中不能以十进制的 127 开头，127.0.0.0~127.255.255.255 均为保留地址给系统做诊断用，叫作回环地址（loopback address）。常采用 Ping 127.0.0.1 测试本机的网卡是否正常。

②网络地址，用于表示网络本身，具有正常网络号的部分，而主机号部分全部为 0 的 IP 地址称为网络地址，如 172.16.10.0 就是一个 B 类网络地址。

③广播地址，用于向网络中的所有设备进行广播，具有正常的网络号部分，而主机号部分全为 1（即 255）的 IP 地址称为广播地址，如 172.16.45.255 就是广播地址。

具体的特殊 IP 地址见表2.3。

表2.3　特殊的 IP 地址

网络标识	主机标识	地址类型	用途
任何	全"0"	网络地址	代表一个网段
任何	全"1"	广播地址	特定网段的所有节点
127	任何	回环地址	回环测试
全"0"		所有网络	只有这个网络
全"1"		广播地址	本网段的所有节点

④私有地址：在现在的网络中，IP 地址按用途分为公网 IP 地址和私有 IP 地址。公网 IP 地址是在 Internet 使用的 IP 地址，私有 IP 地址则是在局域网中使用的 IP 地址，在 Internet 上属于无效地址，无法在 Internet 上使用。私有地址在局域网内部设置这些地址的计算机要上

网，必须转换成公网上可用的 IP 地址，从而实现内部 IP 地址与外部公网的通信。下面是 A、B、C 类网络中的私有地址段。IPv4 地址协议中预留了 3 个 IP 地址段，作为私有地址，供组织机构内部使用。

A 类：10.0.0.1～10.255.255.254

B 类：172.16.0.1～172.31.255.254

C 类：192.168.0.1～192.168.255.254

在 Internet 中，一台计算机可以有一个或多个 IP 地址，就像一个人可以有多个电话号码一样，但两台或多台计算机却不能共享一个 IP 地址。如果有两台计算机的 IP 地址相同，则会引起异常现象，无论哪台计算机，都将无法正常工作。

议一议：如何解决 IP 地址冲突故障？

3. 子网掩码

用来指明一个 IP 地址的哪些位标识的是主机所在的子网，以及哪些位标识的是主机的位掩码。子网掩码不能单独存在，它必须结合 IP 地址一起使用。子网掩码也是一个 32 位地址，用于屏蔽 IP 地址的一部分以区别网络标识和主机标识，并说明该 IP 地址是在局域网上还是在广域网上，它还可用于将一个大的 IP 网络划分为若干小的子网络。

对于常用网络 A、B、C 类 IP 地址，其默认子网掩码见表 2.4。将 32 位的子网掩码与 IP 地址进行二进制形式的按位逻辑"与"运算，得到的便是网络地址，将子网掩码二进制和 IP 地址二进制进行逻辑"与"（AND）运算，得到的就是主机地址。如 192.168.212.10 AND 255.255.255.0，结果为 192.168.212.0，其表达的含义为：该 IP 地址属于 192.168.212.0 这个网络，其主机号为 10，即这个网络中编号为 10 的主机。这对于采用 TCP/IP 协议的网络来说非常重要，只有通过子网掩码，才能表明一台主机所在的子网与其他子网的关系，使网络正常工作。

表 2.4 默认的子网掩码

地址类型	地址举例	子网掩码
A 类地址（1～126）	61.153.10.1	255.0.0.0
B 类地址（128～191）	158.170.12.1	255.255.0.0
C 类地址（192～223）	192.168.212.10	255.255.255.0

动一动：手动配置并验证 TCP/IP。

步骤如下：
①配置静态 IP 地址：打开 TCP/IP 属性对话框，并进行配置。
②验证计算机的 TCP/IP 配置：使用 ipconfig 和 ping 命令。
- ping 127.0.0.1

该命令被送到本地计算机而不会离开本机，如果没有收到应答包，就表示 TCP/IP 的安装或运行存在某些最基本的问题。
- ping 本机 IP

该命令多用于手工配置 IP 地址的局域网用户，用户计算机始终应该对该命令做出应答，如果没有收到应答，局域网用户应断开网络电缆，然后重新发送此命令，如果运行正确，则有可能是网络中有另一台计算机配置了相同的 IP 地址。若仍然有错，则表示本地配置或安装有问题。
- ping 局域网内其他 IP

该命令离开用户计算机，经过网卡和网络电缆到达其他计算机，再返回。收到应答表明本地网络的网卡和载体运行正确。若没有收到应答，则可能是子网掩码错误、网卡配置错误或网络电缆不通。如 ping 192.168.0.30。
- ping 网关 IP

若错误，表示网关地址错误，或网关未启动，或到网关的线路不通。
- ping 远程 IP

若收到应答，表示网关运行正常，可以成功访问 Internet，如 ping 211.161.46.85。
- ping 域名

执行此命令时，计算机会先将域名转换为 IP 地址，一般是通过 DNS 服务器。如果有问题，则可能 DNS 服务器地址配置错误或 DNS 服务器故障。该功能还可用于查看域名对应的 IP 地址，如 ping www.sina.com.cn。

既然子网掩码可以决定 IP 地址的哪一部分是网络标识，而子网掩码又可以人工进行设定，那么可以通过修改子网掩码的方式来改变原有地址分类中规定的网络号和主机号。也就是说，可以根据实际需要，既可以使用 B 类或 C 类地址的子网掩码（即 255.255.0.0 或 255.255.255.0），将原有的 A 类地址的网络号由 1 字节改变为 2~3 字节，或者使用 C 类地址的子网掩码（即 255.255.255.0）将原有 B 类地址的网络号由 2 字节改变为 3 字节，从而增加网络数量，减少每个网络中的主机容量；也可以使用 B 类地址的子网掩码（即 255.255.0.0）将 C 类地址的子网掩码由 3 字节改变为 2 字节，从而增加每个网络中的主机容量，减少网络数。

📝 动一动：使用子网掩码。

步骤如下：

①如图2.19所示，连接硬件，首先设置IP地址和掩码1，网关和DNS不设置，用ping命令相互测试，查看结果。

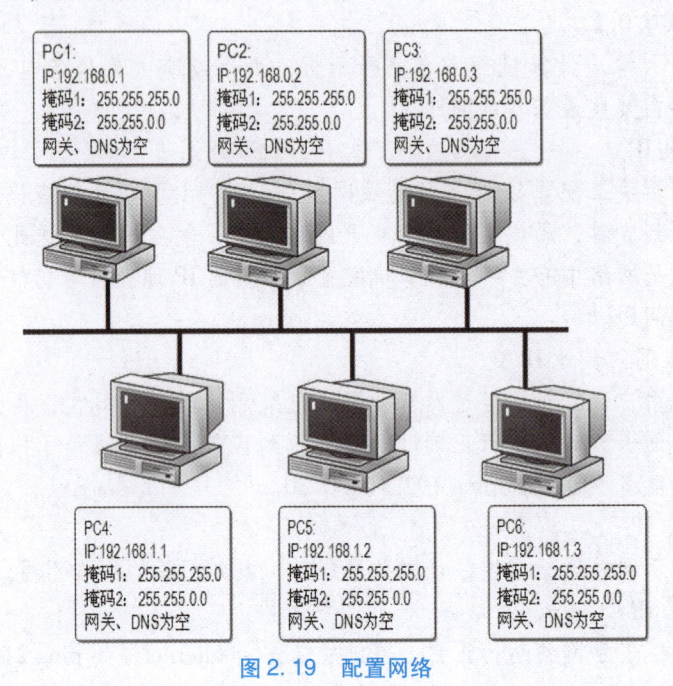

```
PC1:                    PC2:                    PC3:
IP:192.168.0.1          IP:192.168.0.2          IP:192.168.0.3
掩码1: 255.255.255.0    掩码1: 255.255.255.0    掩码1: 255.255.255.0
掩码2: 255.255.0.0      掩码2: 255.255.0.0      掩码2: 255.255.0.0
网关、DNS为空           网关、DNS为空           网关、DNS为空

PC4:                    PC5:                    PC6:
IP:192.168.1.1          IP:192.168.1.2          IP:192.168.1.3
掩码1: 255.255.255.0    掩码1: 255.255.255.0    掩码1: 255.255.255.0
掩码2: 255.255.0.0      掩码2: 255.255.0.0      掩码2: 255.255.0.0
网关、DNS为空           网关、DNS为空           网关、DNS为空
```

图2.19 配置网络

②保持IP地址不变，设置掩码2，网关和DNS同样为空，再用ping命令进行相互测试，查看结果。

4. 默认网关（default gateway）

从一个网络向另一个网络发送信息，也必须经过一道"关口"，这道关口就是网关。顾名思义，网关就是一个网络连接到另一个网络的"关口"，也就是网络关卡。默认网关，也叫缺省网关，当一台主机找不到可用的网关时，就把数据包发送给默认指定的网关，由这个网关来处理数据包。

在配置IP地址时，需要指定IP地址、子网掩码和默认网关这三个参数。如果只有一个子网（所有主机都具有相同的网络地址），不需要与外部网络通信，则缺省网关就不用指定（网络中不存在路由器），但IP地址和子网掩码必须同时指定。一般情况下，如果不指定缺省网关地址，那么该主机只能在本地子网中进行通信。只有设置好网关的IP地址，TCP/IP协议才能实现不同网络之间的相互通信。

默认网关的设定有手动设置和自动设置两种方式。手动设置适用于电脑数量比较少、TCP/IP参数基本不变的情况；自动设置则是利用DHCP（Dynamic Host Configuration Protocol，动态主机配置协议）服务器来自动给网络中的电脑分配IP地址、子网掩码和默认网关。这样做的好处是，一旦网络的默认网关发生了变化，只要更改了DHCP服务器中默认网关的设置，那么网络中所有的电脑均获得了新的默认网关的 IP 地址。这种方法适用于网络规模较大、TCP/IP 参数有可能变动的网络。

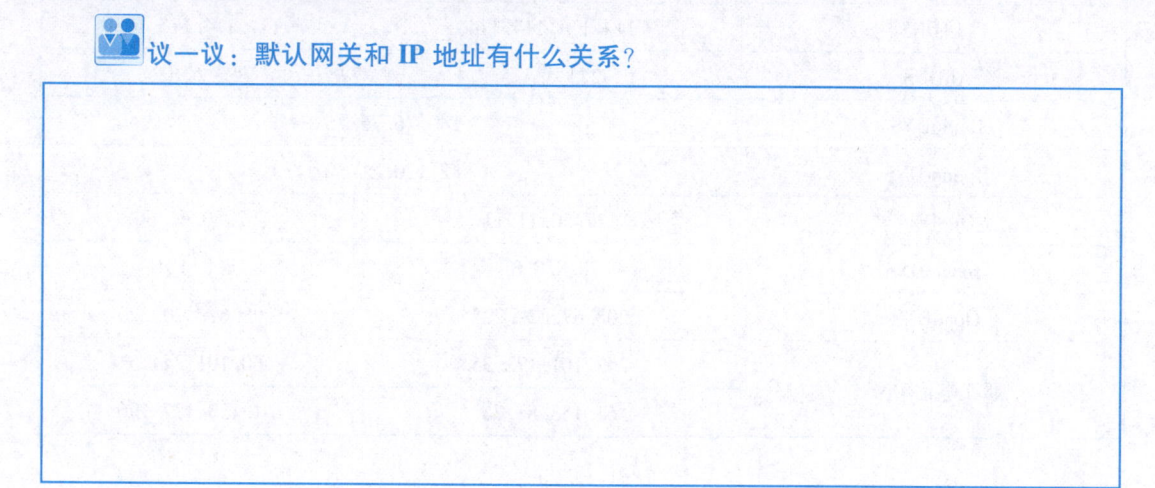

议一议：默认网关和 IP 地址有什么关系？

5. DNS

DNS 是指域名服务器（Domain Name Server），用来把域名转换成网络可以识别的 IP 地址。网络上唯一的地址标识是 IP 地址，但是人们很难记住目标网站的 IP 地址，有了域名之后，人们只需要输入方便记忆的域名，就能访问目标网站。虽然在浏览器中输入的是域名，但实际上是访问了目标网站的 IP 地址，以访问百度为例，其 DNS 解析如图 2.20 所示。它就像是互联网上的"电话号码本"，用户在浏览器中输入域名后，首先发给本地 DNS，如果本地 DNS 查不到，则向根 DNS 发出请求解析，如果还查不到，则继续向顶级 DNS 发出请求解析，再查不到，继续向二级 DNS 发出请求，依此类推，直到查询到所请求的域名，解析为目标网站的 IP，找到对应的网站，浏览网页。

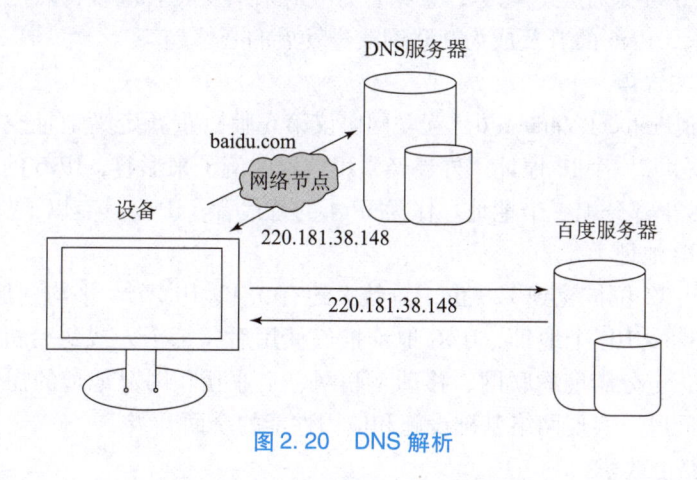

图 2.20　DNS 解析

在一个企业网络中，如果企业网络本身没有提供 DNS 服务，DNS 服务器的 IP 地址应当是 ISP 的 DNS 服务器。如果企业网络自己提供 DNS 服务，那么 DNS 服务器的 IP 地址就是内部 DNS 服务器的 IP 地址，在配置计算机时，必须要把这个项目配置正确。可设置的公共 DNS 服务器地址见表 2.5。

表 2.5 公共 DNS 服务器 IP 地址

名称	常见公共 DNS 服务器 IP 地址	
114DNS	114.114.114.114	114.114.115.115
AliDNS	223.5.5.5	223.6.6.6
BaiduDNS	180.76.76.76	
OpenerDNS	42.120.21.30	
OneDNS	117.50.11.11	52.80.66.66
GoogleDNS	8.8.8.8	8.8.4.4
OpenDNS	208.67.222.222	208.67.220.220
浙江电信 DNS	202.101.172.35	60.191.244.5
	61.153.81.75	61.153.177.196

2.2.5 IPv6 地址

随着 5G 时代的来临，移动互联网和物联网业务迅速发展，海量设备正连接入网，对 IP 地址产生更大需求，每个连接入网的设备都需要地址，需要属于自己的"门牌号"，这样信息才能进行有效传递，满足人与人、人与物以及物与物之间的信息交流。

众所周知，32 位的 IPv4 地址总数约 43 亿个，美国拥有全球 3/4 的 IPv4 地址，大约有 30 亿个，而人口最多的亚洲只有不到 4 亿个 IPv4 地址，存在严重分配不均的问题。具体到我国，占全球 20% 的互联网用户只拥有 5% 的 IP 地址，人均拥有 0.15 个，对比之下，美国的 IPv4 地址人均拥有量是 4 个。因此，我国 IP 地址紧缺的问题一直都极为突出。2019 年 11 月 26 日起，全球 IPv4 地址正式耗尽，意味着为应对未来发展大规模物联网、工业互联网对地址的爆发式需求，IPv6 的普及成为互联网演进发展的必然趋势。

1. IPv6 网络的优势

IPv6（Internet Protocol Version 6，互联网协议第 6 版）重新定义地址空间，采用 128 位地址长度，可以提供 2^{128} 个 IP 地址。外界经常用这样的例子来形容，IPv6 的地址数量多到能给地球上每一粒沙子都分配一个地址。作为 IPv4 的替代者，IPv6 具有以下优点：

（1）海量的 IP 地址

IP 地址空间从 32 位扩充到 128 位，总数大约有 3.4×10^{38} 个。平均到地球表面上来说，每平方米将获得 6.5×10^{23} 个地址，IPv6 地址推广使用后，每个人或每台机器均可以拥有 1 个或多个 IP 地址，充分满足物联网、移动互联网、工业互联网对地址的需求，从根本上解决 IP 地址短缺的问题，实现网络基础设施和应用性能的全面升级。

（2）提高了路由效率

报头格式大大简化，有效减少路由器或交换机对报头的处理开销，大大减小了路由器中路由表的长度，提高了路由器转发数据包的速度和转发效率。

（3）自动配置

IPv6 协议内置支持通过地址自动配置方式使主机自动发现网络并获取 IPv6 地址，大大提高了内部网络的可管理性。使用自动配置，用户设备（如移动电话、无线设备）可以即插即用而无须手工配置或使用专用服务器（如 DHCP Server）。本地链路上的路由器在路由器通告报文中发送网络相关信息（如本地链路的前缀、缺省路由等），主机收到后，会根据本地接口自身的接口标识符组合成主机地址，从而完成自动配置，方便快捷，使网络的管理更加方便和快捷，为工业互联网提供了基石。

（4）更高的安全性

IPv4 的最初设计并没有太多考虑安全性问题，它只具备最少的安全性选项，实际部署中多数节点都不支持。IPv6 具有更高的安全性，在使用 IPv6 网络时，用户可以对网络层的数据进行加密并对 IP 报文进行校验，增强虚拟专用网（VPN）的互操作性，把 IPSec 作为必备协议，保证了网络层端到端通信的完整性和机密性，支持端到端安全。

此外，IPv6 报文头简洁、灵活、效率更高，易于扩展；还增加了增强的组播（Multi-cast）支持以及对流的控制（Flow Control），这使网络上的多媒体应用有了长足发展的机会，为服务质量控制提供了良好的网络平台。IPv6 不仅是协议的升级、网络的改造，更是网络变革的契机，是打造更高质量的下一代互联网的好时机。

2. IPv6 地址体系

（1）IPv6 地址格式

IPv4 地址表示为点分十进制格式，32 位的地址分成 4 个 8 位分组，每个 8 位写成十进制，中间用点号分隔。而 IPv6 的 128 位地址则是以 16 位为一分组，每个 16 位分组写成 4 个十六进制数，中间用冒号分隔，称为冒号分十六进制格式。格式为 x：x：x：x：x：x：x：x。

下面是两个 IPv6 地址例子：

2001：0DB8：0000：0000：FEDC：BA98：7654：3210

21DA：00D3：0000：2F3B：02AA：00FF：FE28：9C5A

IPv6 可以将每 4 个十六进制数字中的前导零位去除做简化表示，但每个分组必须至少保留 1 位数字。如 21DA：00D3：0000：2F3B：02AA：00FF：FE28：9C5A 可简化成 21DA：D3：0：2F3B：2AA：FF：FE28：9C5A。

某些类型的地址中可能包含很长的零序列，为进一步简化表示法，IPv6 还可以将冒号十六进制格式中相邻的连续零位进行零压缩，用双冒号"::"表示。例如，链路本地地址 FE80：0：0：0：2AA：FF：FE9A：4CA2 可压缩成 FE80::2AA：FF：FE9A：4CA2；多点传送地址 FF02：0：0：0：0：0：0：2 压缩后，可表示为 FF02::2。

要想知道"::"究竟代表多少个"0"，可以做这样的计算：用 8 去减压缩后的分组数，再将结果乘以 16。例如，在地址 FF02::2 中，有两个分组（"FF02"分组和"2"分组），那么被压缩掉的"0"共有 (8－2)×16＝96 位。

值得注意的是，在一个特定的地址中，在任意一个冒号分十六进制格式中只能出现一个双冒号"::"，只能代表最长的连续的 0。否则，就无法知道每个"::"所代表的确切零位数了。

一个用 IPv6－prefix/prefix－length 格式的 IPv6 地址前缀可表示一个连续的地址空间。其中，IPv6－prefix 部分必须是在 RFC2373 正式定义的以冒号隔开的连续十六进制数。前缀的长度是一个十进制的数值，表示的是地址中具有固定值的位数部分或表示网络标识的位数部分，也就是前多少位是网络地址的前缀（网络标识）。例如，1080：6809：8086：6502::/64 是一个合法的 IPv6 前缀。与 IPv4 不同的是，在 IPv4 中普遍使用的被称为子网掩码的点分十进制网络前缀表示法在 IPv6 中已不再使用，IPv6 仅支持前缀长度表示法。

(2) IPv6 地址类型

所有类型的 IPv6 地址都被分配到接口，而不是节点。IPv6 地址是单个或一组接口的 128 位标识符，有三种类型：单播、组播和任意播地址。单播和组播地址与 IPv4 的地址非常类似，但 IPv6 中不再支持 IPv4 中的广播地址，而增加了一个任意播地址。

① 单播（Unicast）地址。

标识了一个单独的 IPv6 接口，发往单播地址的包被送给该地址标识的接口。一个节点可以具有多个 IPv6 网络接口，每个接口必须具有一个与之相关的单播地址，而它的任何一个单播地址都可以用作该节点的标识符。IPv6 单播地址是用连续的位掩码聚集的地址，类似 CIDR 的 IPv4 地址。IPv6 中的单播地址分配有多种形式，主要包括全部可聚集全球单播地址、站点本地地址、链路本地地址和其他一些特殊的单播地址。

- 可聚集全球单播地址

顾名思义，是可以在全球范围内进行路由转发的地址，格式前缀为 001，相当于 IPv4 公共地址。全球地址的设计有助于架构一个基于层次的路由基础设施。与目前 IPv4 所采用的平面及层次混合型路由机制不同，IPv6 支持更高效的层次寻址和路由机制。

- 链路本地地址

其格式前缀为 1111111010，用于同一链路的相邻节点间通信，如单条链路上没有路由器时主机间的通信。链路本地地址相当于当前在 Windows 下使用 169.254.0.0/16 前缀的 APIPA IPv4 地址，其有效域仅限于本地链路。链路本地地址可用于邻居发现，且总是自动配置的，包含链路本地地址的包永远也不会被 IPv6 路由器转发。它主要是由设备自动生成，在本地网络中使用。

- 站点本地地址

其格式前缀为 1111111011，相当于 IPv4 中的私用地址空间。例如企业专用 Intranet，如果没有连接到 IPv6 Internet 上，那么在企业站点内部可以使用站点本地地址，其有效域限于一个站点内部，站点本地地址不可被其他站点访问，同时，含此类地址的包也不会被路由器转发到站外。一个站点通常是位于同一地理位置的机构网络或子网。与链路本地地址不同的是，站点本地地址不是自动配置的，而必须使用无状态或全状态地址配置服务。

站点本地地址允许和 Internet 不相连的企业构造企业专用网络，而不需要申请一个全球地址空间的地址前缀。如果该企业日后要连入 Internet，它可以用它的子网 ID 和接口 ID 与一个全球前缀组合成一个全球地址。IPv6 自动进行重编号。

- 特殊的单播地址

主要包括不确定地址和回环地址，单播地址 0:0:0:0:0:0:0:0 称为不确定地址。它不能分配给任何节点。它的一个应用示例是初始化主机时，在主机未取得自己的地址以前，可在它发送的任何 IPv6 包的源地址字段放上不确定地址。不确定地址不能在 IPv6 包中用作目的地址，也不能用在 IPv6 路由头中。

单播地址 0:0:0:0:0:0:0:1 称为回环地址。节点用它来向自身发送 IPv6 包。它不能分配给任何物理接口。

② 任意播（AnyCast）地址。

一般属于不同节点的一组接口有一个标识符。发往任意播地址的包被送给该地址标识的、路由协议度量距离最近的一个接口上。目前，IPv6 任意播地址不能用作源地址，而只能作为目的地址；且不能指定给 IPv6 主机，只能指定给 IPv6 路由器。

③组播（MultiCast）地址。

多个接口（一般属于不同节点）的标识符。发往组播地址的包被送给该地址标识的所有接口上。地址开始为 11111111 的标识该地址为组播地址。

IPv6 中没有广播地址，它的功能正在被组播地址所代替。另外，在 IPv6 中，任何全"0"和全"1"的字段都是合法值，除非特殊地址被排除在外的。特别是前缀可以包含"0"值字段或以"0"为终结。一个单接口可以指定任何类型的多个 IPv6 地址（单播、任意播、组播）或范围。

如果在 IPv4 网络中，一台主机安装有一张网卡，那么典型的情况就是该主机有一个分配给这张网卡的 IPv4 地址。但 IPv6 则不同，一台 IPv6 主机可以有多个 IPv6 地址，即使该主机只有一个单接口。包括：

- 每个接口的链路本地地址。
- 每个接口的单播地址（可以是一个站点本地地址和一个或多个可聚集全球地址）。
- 环路（loopback）接口的环路地址（::1）。

通常典型的 IPv6 主机至少有两个地址：接收本地链路信息的链路本地地址和可路由的站点本地地址或全球地址。同时，每台主机还需要时刻保持收听以下点传送地址上的信息流：

- 节点本地范围内所有节点组播地址（FF01::1）。
- 链路本地范围内所有节点组播地址（FF02::1）。
- 请求节点组播地址（如果主机的某个接口加入请求节点组）。
- 组播组多点传送地址（如果主机的某个接口加入任何组播组）。

> **动一动**：查看本机 IPv6 地址信息。
>
> 查看本机相关 IPv6 地址信息的方法与查看 IPv4 地址相关信息一致，记录查看到的本机 IPv6 地址信息。

3. IPv6 的发展

随着下一代互联网规模部署的推进，让人们深刻地认识到，IPv6 已然成为包括新基建、教育专网在内的新兴基础数字设施建设最根本的"基石"。可以说，推进 IPv6 规模部署是互联网技术产业生态的一次全面升级，深刻影响着网络信息技术、产业、应用的创新和变革。

从全球发展来看，国家和行业的认可使 IPv6 的发展成为世界大趋势，各地区均要求互联网相关企业部署 IPv6，并从国家层面引导其发展，各企业也提前谋划布局。美国、日本、韩国、欧盟等在 IPv6 产业化方面起步较早，均出台政策鼓励其发展，在国家战略、研发等方面较为领先。

2021 年 10 月，下一代互联网国家工程中心——全球 IPv6 测试中心发布的《2021 全球 IPv6 支持度白皮书》显示，全球 IPv6 用户数量稳步提升，全球网站 IPv6 支持度上升为 19.4%，大型 CDN 和云服务商已基本支持 IPv6，IPv6 部署已是大势所趋。

未来几年，我国的 IPv6 规模化部署推进将迈入新的阶段，首先需要在千兆光网、新建 5G 网络、新增互联网骨干直联点和新型交换中心等同步部署 IPv6，提高物联网平台 IPv6 地址分配和连接统计能力，完善数据中心 IPv6 业务开通流程，提高按需扩容数据中心 IPv6 出口带宽能力，增强域名解析服务器 IPv6 解析能力；在终端设备方面，市场份额较大的移动终端厂商，自 2018 年起新发布的机型和系统已具备 IPv6 支持能力，三家基础电信企业已完成全部具备条件的存量家庭网关 IPv6 升级改造，需要进一步加快开展老旧家庭网关替换等工作。只有从终端、网络到网络应用等多环节的统筹协作，提供灵活多样的业务场景、智能可靠的网络承载、差异化的用户体验，才能从根本上激发和促进用户 IPv6 迁移升级，促进流量的提升。

议一议：雪人计划和 IPv6 给中国互联网带来什么利好？

- **知识拓展：雪人计划**

　　在互联网世界，每个地区、每台计算机都有属于自己的 IP 地址，为了使用上的方便和记忆上的方便，人们就使用域名来替代 IP。而域名服务器则记录了域名与 IP 地址之间的对应关系，当打开某一网站域名的时候，浏览器都要把域名转化为对应 IP 地址的请求，最后经过根服务器翻译引导，访问该域名所在的服务器。根服务器里存储了很多域名的解析，是互联网的"中枢神经"，理论上访问每个域名浏览器都要把域名转化为对对应 IP 地址的请求，最后经过根服务器引导，访问该域名所在的服务器。

　　根服务器是国际互联网最重要的战略基础设施，由于种种原因，现有互联网根服务器数量一直被限定为 13 个，美国一直保持着对互联网域名及根服务器的控制。如果美国不想让人访问某些域名，就可以屏蔽掉这些域名，使它们的 IP 地址无法解析出来，那么这些域名所指向的网站就相当于从互联网的世界中消失了。

　　2013 年，我国抓住 IPv4 向 IPv6 升级的历史机遇，由中国下一代互联网工程中心领衔发起，联合 WIDE 机构（现国际互联网 M 根运营者）、互联网域名工程中心（ZDNS）等共同创立"雪人计划"。"雪人计划"基于第六版互联网协议（IPv6）等全新技术框架，旨在打破现有国际互联网 13 个根服务器的数量限制，克服根服务器在拓展性、安全性等技术方面的缺陷，制定更完善的下一代互联网根服务器运营规则，为在全球部署下一代互联网根服务器做准备。

　　2017 年，"雪人计划"在美国、日本、印度、俄罗斯、德国、法国等全球 16 个国家完成 25 台 IPv6 根服务器架设，事实上，形成了 13 台原有根服务器加 25 台 IPv6 根服务器的新格局，为建立多边、民主、透明的国际互联网治理体系打下坚实基础。中国部署了其中的 4 台，由 1 台主根服务器和 3 台辅根服务器组成，打破了中国过去没有根服务器的困境。这是网络时代我们跨出的坚实一步，有利于中国的网络主权和信息安全。

　　"雪人计划"将有利于全球推进 IPv6 的部署；有利于增强根服务系统的安全性；有利于实现互联网的共管共治，把多边利益绑定在一起，避免互联网出现分裂的可能。国家相关部门预测：到 2025 年我国 IPv6 网络规模、用户规模、流量规模将位居世界第一位，网络、应用、终端将全面支持 IPv6，全面完成向下一代互联网平滑演进升级。众所周知，我们上网需要用到 DNS（域名解析）。

2.3 Internet

从网络通信的角度来看，Internet 是一个以 TCP/IP 网络协议连接各个国家、各个地区、各个机构的计算机网络的数据通信网。从信息资源的角度来看，Internet 是一个集各个部门、各个领域的各种信息资源为一体，供网上用户共享的信息资源网。Internet 从诞生至今，人们从陌生到熟悉，如今已经成为百姓们生活中不可或缺的一部分，在线教育蓬勃兴起，求学者不用到教室就能学到新知识；远程医疗跨越时空，即使地处偏远，坐在家里也能享受到先进的医疗服务；网上订票省时省心，景区门口，轻刷手机就能通过闸机，再也不用到售票处排长队。Internet 已经成为人们学习、工作、生活的新空间，它改变了我们的生活，也改变着我们的世界，网络空间有多大，精彩的世界就有多大。

2.3.1 Internet 简介

Internet 泛指互联网，根据音译，也被叫作因特网，它起源于 1969 年美国国防部下属的高级研究计划局所开发的军用实验网络——ARPAnet。最初只连接了位于不同地区的四台计算机。1980 年，用于异构网络互连的 TCP/IP 协议研制成功，使采用 TCP/IP 协议的计算机都可以接入 Internet，实现信息共享和相互通信，也为 Internet 的发展奠定了基础。

1985 年，美国国家科学基金会（National Science Foundation，NSF）提供巨资建造了全美五大超级计算中心，并在全国建立按地区划分的广域网，与超级计算中心相连，最后将各超级计算中心互连起来，即 NSFnet，它于 1990 年 6 月彻底取代 ARPAnet 成为互联网的主干网，并向全社会开放，使互联网进入以资源共享为中心的服务阶段。1991 年，欧洲核子物理实验室发明了用超文本链接网页的"万维网"（Word Wide Web，WWW），创造了全新的文献检索和查阅方法，使互联网成为一个巨大的信息库。同年，Internet 开始用于商业用途，商业机构也很快发现其在通信、资料检索、客户服务等方面的巨大潜力，于是，无数的企业纷纷涌入 Internet，带来了 Internet 发展史上的一个新的飞跃，同时，Internet 也为商业的发展提供了广阔的空间。

20 世纪 80 年代以来，由于 Internet 在美国获得迅速发展和巨大成功，全世界其他国家和地区，也都在 80 年代以后先后建立了各自的 Internet 骨干网，并与美国的 Internet 相联，形成了今天连接上百万个网络，拥有几亿个网络用户的庞大的国际互联网，使 Internet 真正成为全球性的网络。随着 Internet 规模的不断扩大，Internet 所提供的信息资源和服务也越来越丰富，所涉及的领域包括政治、军事、经济、新闻、广告、艺术等，成为一个集各个部门、各个领域的信息资源为一体的，供网络用户共享的信息资源网。尤其是 WWW 的出现，更使 Internet 成为全球最大的、开放的、由众多的网络相互连接而成的计算机互联网，最终发展演变成今天成熟的 Internet。Internet 的出现与发展，极大地推动了全球由工业化向信息化的转变，成了一个信息社会的缩影。

中国 Internet 的使用可以追溯到 1986 年，中国科学院等一些科研单位通过长途电话拨号到欧洲一些国家，进行国际联机数据库检索。1987 年 9 月，在北京计算机应用技术研究所内正式建成我国第一个 Internet 电子邮件节点，通过拨号 X.25 线路，连通了 Internet 的电子邮件系统，并于 1987 年 9 月 20 日通过 Internet 向全世界发出了我国第一封电子邮件"越过长城，通向世界"，揭开了中国 Internet 发展的序幕。

1993 年 3 月，由于核物理研究的需要，中国科学院高能物理研究所租用 AT&T 公司的国际卫星信道，建立的接入美国斯坦福线性加速器中心（SLAC）64K 专线正式开通，由于美国政府只允许这条专线进入美国能源网而不能连接到其他地方，这条第一根专线仅实现部分连入 Internet。1994 年 4 月，中国科学院计算机网络信息中心（CNIC，CAS）通过 64 Kb/s 国际线路连到美国，实现了与 Internet 的全功能连接，我国成为国际互联网大家庭中的第 77 个成员。1996 年 6 月，国务院信息化工作领导小组决定，大力发展中国互联网事业。自此，中国互联网开始进入大发展时期。2024 年是中国加入互联网大家庭的第 30 周年，回顾中国互联网的 30 年，是助力中国改革开放发展的 30 年，也是中国走向世界、改变世界、造福人类的 30 年。

30 年以来，人们对互联网从陌生到熟悉，电商、搜索、娱乐、影视、音乐、旅游、本地生活等各种互联网平台不断涌现，无数互联网公司快速崛起，中国互联网逐步走向繁荣。2001 年，阿里巴巴成立，标志着中国电子商务的开端。2003 年，百度成立，中国搜索引擎市场开始形成。2004 年，腾讯推出 QQ 空间，开创了中国社交网络的先河。2008 年，中国互联网迎来了一个重要节点，成为世界互联网网民最多的国家，中国互联网的国际化进程开始加速。同年，微博上线，成为中国社交媒体的重要平台。2010 年，中国互联网用户规模超过 4 亿，移动互联网开始崛起。2011 年，微信上线，成为中国最受欢迎的社交工具之一。2012 年，中国的手机网民第一次超过了 PC 网民，中国移动互联网时代全面开启。

2015 年，中国提出"互联网+"国家战略，为传统行业带来了新的商业模式和盈利增长点。传统互联网和移动互联网并驾齐驱，中国人口庞大的体量优势支撑着中国以令人瞩目的速度迈向全球舞台。2016 年，中国互联网经济规模超过 10 万亿元，成为全球第一。2018 年，中国互联网用户规模达到 8.29 亿，移动支付成为主流支付方式。同年，中国成为全球最大的电子商务市场，电商销售额超过 9.8 万亿元。2020 年，中国互联网经济规模达到 41.2 万亿元，成为全球最大的数字经济市场。同年，中国成功实现了 5G 商用，开启了互联网时代的新篇章。

近年来，人工智能和区块链等新兴技术逐渐试水互联网领域，未来，互联网将继续在各个领域引领着技术和社会的发展，中国将走向万物互连的智能生活时代。

议一议：互联网对人类社会发展有哪些积极影响？

> 200 多年前，蒸汽机的发明，带来了工业文明的曙光。
> 100 多年前，电动机的诞生，带来了继工业革命之后的第二次技术革命。
> 到了 20 世纪中期，又一项可以与蒸汽机、电动机相提并论的伟大发明降临在人类创造发明的舞台上，这个对人类社会产生巨大、深远而广泛影响的新事物，叫作互联网。那么，互联网对人类社会发展有哪些积极影响？

2.3.2 Internet 主要应用

互联网作为一种伟大的技术创新，深刻影响着世界经济、政治、文化的发展，主要应用有以下几个方面。

1. WWW

所谓 WWW，就是 Word Wide Web 的英文缩写，译为"万维网"或"全球信息网"，最早于 1989 年出现于欧洲的粒子物理实验室（CERN）。它并非某种特殊的计算机网络，而是一个大规模的、联机式的信息储藏所，英文简称为 Web。万维网是一个分布式的超媒体（hypermedia）系统，它是超文本（hypertext）系统的扩充。所谓超文本，是指包含指向其他文档的链接的文本（text）。也就是说，一个超文本由多个信息源链接成，而这些信息源可以分布在世界各地，并且数目也是不受限制的。利用一个链接可使用户找到远在异地的另一个文档，而这又可链接到其他的文档（依此类推）。这些文档可以位于世界上任何一个接在互联网上的超文本系统中。万维网用链接的方法能非常方便地从互联网上的一个站点访问另一个站点（也就是所谓的链接到另一个站点），从而主动地按需获取丰富的信息。

万维网把大量信息分布在整个互联网上，浏览万维网就是浏览存放在 WWW 服务器上的超文本文件——网页（Web 页），它们一般由超文本标记语言（HTML）编写而成，并在超文本传输协议（HTTP）支持下运行。一个网站通常包含许多网页，其中网站的第一个网页称为首页（主页），它主要体现该网站的特点和服务项目，起到目录的作用。WWW 中的每个网页都对应唯一的地址，用 URL 来表示。URL 即统一资源定位器（Uniform Resource Locator），是用于完整地描述 Internet 上网页和其他资源的地址的一种标识方法。简单地说，URL 就是 Web 地址，俗称"网址"。用户可以很方便地从网站中选取各种内容，也可以利用该网站中的超链接转到其他网站。

万维网的出现打破了信息传播的地域和时间限制，使人们可以在任何时间、任何地点获取和共享信息。这使信息的传递和交流更加快捷和方便，大大促进了社会的发展和进步。随着互联网技术的不断进步和创新，万维网将为社会的发展和进步带来更加广泛和深远的影响。

议一议：互联网、因特网、万维网三者的区别是什么？

2. 电子邮件与即时通信

互联网提供了高效的电子邮件和即时通信工具，使人们可以方便地进行跨地域和跨时区的沟通。通过电子邮件，我们可以随时与朋友、同事甚至陌生人保持联系，交流想法和信息。电子邮件是 Internet 上提供和使用最广泛的一种服务，它可以发送文本文件、图片、程序等。还可以传输多媒体文件（例如图像和声音等）、订阅电子杂志、参与学术讨论、发表电子新闻等。有了它，可以在短时间内将信件发给远方的朋友，其使用方便，传送快速，费用低廉。

电子邮件好比是邮局的信件，不过它的不同之处在于，电子邮件是通过 Internet 与其他用户进行联系的快速、简洁、高效、价廉的现代化通信手段。使用电子邮件服务首先要拥有一个完整的电子邮件地址，它由用户账号和电子邮件域名两部分组成，中间使用"@"把两部分相连。如 wzy2022@wzvtc.cn、cgl@126.com 等。用来收发电子邮件的软件工具很多，如 Foxmail、Outlook Express 等，在功能、界面等方面各有特点，但它们都有传送邮件、浏览信件、存储信件、转发信件等功能。

动一动：利用 Foxmail 收发电子邮件。

写下步骤：

即时通信工具，如微信、QQ 等，则让人们可以即时通话及发送文字、图片、文件，方便快捷地进行实时交流。以微信为例，它能够通过网络给好友发送文字消息、表情和图片等，还可以传送文件，与朋友视频聊天，沟通更方便。它可以通过查找微信号、查询 QQ 好友、查询通信录和共享微信号码加好友、扫一扫或雷达加朋友等多种方法添加好友。提供公众平台、朋友圈、消息推送等多种功能，可以将内容分享给好友，或者将用户看到的精彩内容分享到微信朋友圈。随着微信版本的更新，其功能也越来越完善，越来越强大，不管是个人还是企业，都能充分借助这个交流平台，享受它周到的用户服务。

3. 在线购物和支付

随着电子商务的兴起，互联网成为人们进行购物和支付的主要渠道。通过互联网，我们可以在任何时候、任何地点选择商品，进行价格比较，并在线完成购买。同时，各种在线支付工具的出现，如支付宝、微信支付等，使在线购物变得更加便捷和安全。以微信支付为例，它是集成在微信客户端的支付功能，于 2014 年 9 月 26 日推出，为中国最主要的移动支付平台之一。微信支付为各类企业以及小微商户提供专业的收款能力、运营能力、资金结算解决方案，以及安全保障。用户可以使用微信支付来购物、吃饭、旅游、就医、交水电费等。

议一议：对于中国有古代四大发明和新四大发明，你怎么看？

知识拓展：新四大发明

古代中国有四大发明：造纸术、印刷术、指南针和火药，这些发明在当时无一不是轰动世界的存在，推动了世界的近代化，但由于当时中国封建社会的腐败与落后，最终，让这些世纪发明变成他国改革、创新的奠基石，甚至变成了列强侵略我国的得力工具。这无疑是一次惨痛的教训，由此我们进行了漫长的反思与觉悟。

如今，21 世纪的到来，中国这头沉睡多年的雄狮终于睁开了眼睛，昂起了头。不知道大家是否还曾记得 2017 年马化腾在全国人民代表大会上提出的现代中国四大发明。面对国内外记者的上百个镜头，他无比自豪地在人大会议上告诉他们："我们有一个新的词，叫作中国的'新四大发明'，包括网购、移动支付、高铁、共享单车。"新四大发明促进了经济的发展，使我们的生活步入了快车道。

中国有古代四大发明和新四大发明，你知道吗？你想到了什么？

4. 在线教育和远程办公

互联网的发展推动了在线教育和远程办公的兴起。通过互联网，我们可以在家中或者任何地方接受高质量的在线教育，无须受限于时间和地点。同时，互联网还提供了远程办公的可能性，使人们可以通过网络进行协作、共享文件和信息，提高工作的效率和灵活性。

5. 娱乐媒体

通过视频共享网站、音乐流媒体平台和在线游戏等，人们可以享受各种各样的娱乐活动。无论是观看自己喜欢的电影、电视剧还是欣赏音乐，互联网都提供了便捷的途径。此外，互联网还为人们提供了丰富多样的游戏娱乐选择，从休闲益智类游戏到多人在线游戏，满足了不同人群的娱乐需求。

2.3.3 Internet 接入

用户要接入互联网，可通过某种通信线路连接到 ISP（Internet Service Provider），即 Internet 网络服务商，比如中国电信、中国移动、中国联通等，常见通信线路有普通电话线、有线电视电缆、光纤及无线网等，借助 ISP 与 Internet 的连接通道便可接入 Internet 了。

1. 普通电话线

利用普通电话线的接入技术主要有 PSTN、ISDN 及 ADSL 等，对于家庭用户或单位用户来说，不需要重新布线。PSTN（Public Switched Telephone Network，公用电话交换网），即"拨号接入"，它利用调制解调器，通过电话线接入互联网，用户在上网的同时，不能再接听电话，最高速率为 56 Kb/s，无法实现高速率要求的互联网络服务，并且费用较高，性价比最低。ISDN（Integrated Services Digital Network，综合业务数字网），又叫"一线通"。ISDN 电话线和一般家用电话最大的不同点在于它是"数字"的，而一般家用电话线则是"模拟"的。ISDN 提供了两个数字通道，称为 B 通道。每个 B 通道可以提供 64 Kb/s 的传输速率，分开使用时，使用者可以利用一个 B 通道连上网际网络，并同时使用另一个 B 通道打电话、收发传真等。ADSL（Asymmetric Digital Subscriber Line，非对称数字用户专线）是众多 DSL 技术中较为成熟的一种，其带宽较大、连接简单，它能够充分利用现有的普通电话线，在线路两端加装 ADSL 设备即可为用户提供高达 8 Mb/s 的高速下行速率，它可以与普通电话共存于一条电话线上，在一条普通电话线上接听、拨打电话的同时进行 ADSL 传输而又互不影响。

议一议：PSTN、ISDN、ADSL 三种互联网接入方式的区别是什么？

2. 有线电视电缆

有线电视电缆（Cable）接入，就是基于有线电视网（CATV）的接入技术。HFC（Hybrid Fiber Coax，混合光纤同轴电缆）是一种结合光纤与同轴电缆的宽带接入网，是有线电视和电话网结合的产物。从接入用户的角度看，HFC 是经过双向改造的有线电视网，由于有线电视网相当普及，已经有了庞大的基础设施，Cable 接入无须额外过多的布线工程，只需要在用户端增加设备即可访问网络，极大地便利了网络的普及。

3. 光纤接入

光纤是目前宽带网络中最理想的一种传输介质，具有通信容量大、质量高、损耗小、防电磁干扰、保密性强等优点。光纤接入的好处是每个用户可以独享独立的带宽，不会发生网络拥塞，同时，接入时无须中继即可达到 100 km 的接线距离。成熟的光纤接入一般采用无源光网络（Passive Optical Network，PON）技术。PON 技术是一种点对多点的光纤传输和接入技术，主要包括 EPON 和 GPON 两种主流技术。EPON 上、下行带宽均为 1.25 Gb/s；GPON 下行带宽为 2.5 Gb/s，上行带宽为 1.25 Gb/s。由于光纤接入方式的上传和下传都有很高的带宽，尤其适合开展远程教学、远程医疗、视频会议等对外信息发布量较大的网上应用。比如，居住在已经或便于进行综合布线的住宅、小区和写字楼的较集中的用户，有独享光纤需求的大企事业单位或集团用户。

根据光纤深入用户的程度的不同，有光纤到路边（FTTC）、光纤到大楼（FTTB）、光纤到小区（FTTP）、光纤到办公室（FTTO）、光纤到户（FTTH）、光纤到桌面（FTTD）等，统称 FTTx（Fiber To The x），即"光纤到 x"，其中，x 代表光纤线路的目的地，如图 2.21 所示。

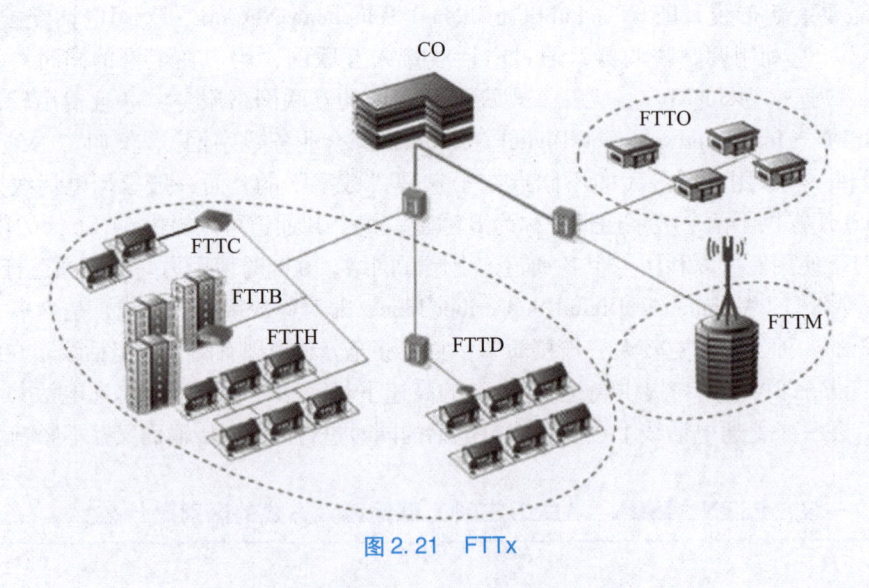

图 2.21 FTTx

目前，光纤到办公室（FTTO）、光纤到户（FTTH）已成为光纤通信的主要传输方法。FTTH 是指将光网络单元（ONU）安装在住家用户或企业用户处，是光接入系列中除 FTTD（光纤到桌面）外最靠近用户的光接入网应用类型。FTTH 的显著技术特点是不但提供更大的带宽，而且增强了网络对数据格式、速率、波长和协议的透明性，放宽了对环境条件和供电等方面的要求，简化了维护和安装。运营商只需要将光缆接到住宅楼道光纤配线箱，从光纤配线箱拉一条皮线光纤接入用户家中，用户家中配置一个 ONU，即大家俗称的光猫，再按照如图 2.22 所示进行连接，配合光猫，通过网线接入用户电脑上。

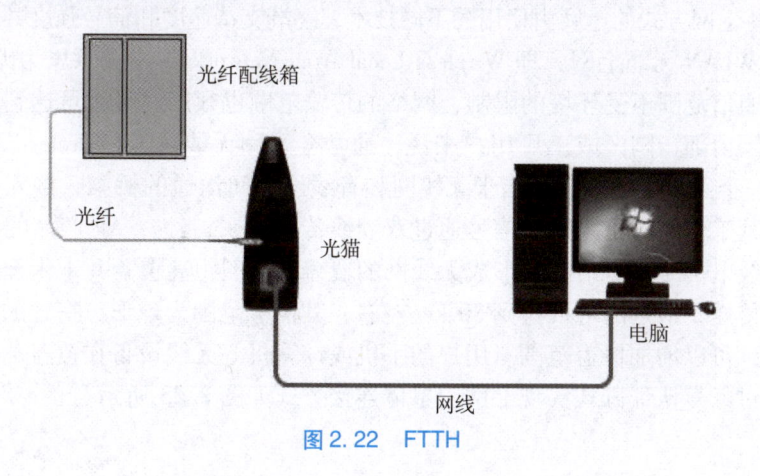

图 2.22　FTTH

议一议：电话线接入的宽带和光纤接入的宽带有什么不同？

4. 无线接入

无线接入是指使用无线连接的互联网登录方式，近年来，无线接入上网已经广泛应用在商务区、大学、机场及其他各类公共区域，其网络信号覆盖区域正在进一步扩大，受到广大商务人士的喜爱。

无线上网主要分两类，第一类是利用 2G、3G、4G、5G 实现无线上网，2G 是第 2 代无线通信技术，如移动联通的 GSM、电信的 CDMA，设计时以通信为主，上网速度较慢，一般不超过 50 Kb/s，如 GSM 系统的 GRPS。3G 是第 3 代无线通信技术，如联通的 WCDMA、电信的 CDMA2000 以及移动的 TD - SCDMA。4G 是第 4 代无线通信技术，设计以高速上网为主，能够以 100 Mb/s 的速度下载，上传的速度也能达到 20 Mb/s。5G 数据传输速率则可达 10 Gb/s，相较 4G 而言，不再是线状网络，将会更加立体化，接收的数据量承载容量会更大，并且会更加细化、精准，甚至针对每位用户都会有一条"专属网络"，满足每位用户的不同网络需求。5G 最大的优势在于速度和时延，5G 网络的理论峰值速度可达 20 Gb/s，但运营商现在所提供的 5G 网络都有最高速度限制，一般分为下行速率 300 Mb/s、500 Mb/s 及 1 Gb/s 三个级别。在这样的速度限制下，5G 网络相对于千兆宽带网络并没有显著优势。而对于绝大部分普通用户来说，日常的宽带网络正常时延已经可以满足普通用户的需求，因此，5G 低时延的优势体验并不明显，但在物联网、车联网和远程医疗等方面会有更大的发挥空间。利用2G、3G、4G、5G实现无线上网的具体方式主要包括手机单独上网、计算机等无线设备利用手机热点实现无线上网、计算机等无线设备通过安装无线上网卡实现无线上网等三种方式，这些上网方式的速度由使用的不同技术、终端支持速度和信号强度共同决定。

另一类是WLAN无线上网，即Wireless Local Area Networks，中文意思为无线局域网络，无线局域网的通信范围不受环境的限制，网络的传输范围也很广，最大可达到几十千米。对一幢大楼、校园内部、园区或工厂用户来说，通常会采用无线AP（Wireless Access Point）。无线AP就是一个无线交换机，相当于无线网和有线网之间沟通的桥梁，接入在有线交换机或路由器上，其工作原理是将网络信号通过双绞线传送过来，经过AP产品的编译，将电信号转换成为无线电信号发送出来，形成无线网的覆盖。典型距离覆盖几十米至上百米，也可以用于远距离传送，最远的可以达到30 km左右，其信号范围为球形，搭建的时候最好放到比较高的地方，可以增加覆盖范围。用户的手机或计算机等无线设备在覆盖范围检测WLAN信号，即可通过账号认证方式实现上网，整体连接方式如图2.23所示。

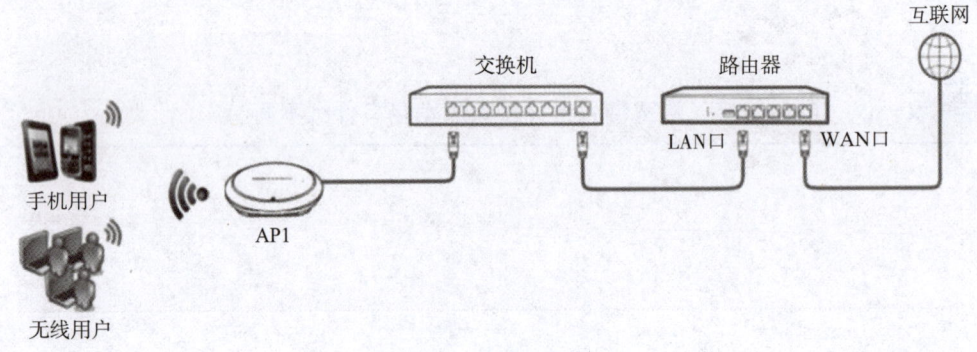

图2.23 无线AP接入

一般来说，大面积的公共区域无线信号覆盖一般采用无线AP，家庭小范围无线上网则用无线路由器，因为无线路由器价格比无线AP要低许多。因此，家庭用户为了提供多台电脑或手机、手提电脑同时接入Internet，光纤入户后，光猫再通过网线连接到无线路由器WAN接口上，电脑可连接到路由器中任意一个LAN接口上，由无线路由器发送Wi-Fi信号，手机、笔记本电脑即可通过无线接入，如图2.24所示。

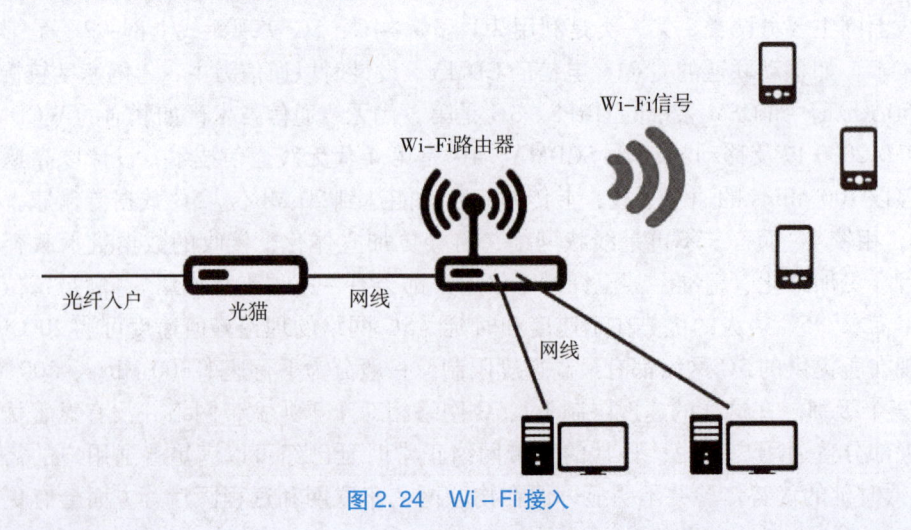

图2.24 Wi-Fi接入

所谓 Wi-Fi，即 Wireless Fidelity，中文意思为无线保真，Wi-Fi 技术与蓝牙技术相同，是短距离无线联网技术，由网线转变为无线电波来连接网络。Wi-Fi 的覆盖范围则可达 90 m 左右，比较适合手机、平板电脑等无线终端设备。从包含关系上来说，Wi-Fi 是 WLAN 的一个标准，Wi-Fi 包含于 WLAN 中，属于采用 WLAN 协议中的一项新技术，其优点就是传输速率快，Wi-Fi 6 即第六代无线网络技术，是 Wi-Fi 联盟创建于 IEEE 802.11 标准的无线局域网技术，它将允许与多达 8 个设备通信，最高速率可达 9.6 Gb/s。

议一议：您对 Wi-Fi 7 的未来持乐观态度吗？

- **知识拓展：Wi-Fi 7**

  Wi-Fi 技术自问世以来，为世界带来巨大的社会效益和经济效益，成为社会和经济发展的驱动力之一。Wi-Fi 技术在弥合全球农村和偏远地区的数字鸿沟方面也做出了突出贡献。

  随着 8K 视频、元宇宙、VR/AR、游戏等新兴应用的快速发展，人们对高速连接、低延时网络的需求愈发迫切，支持 Wi-Fi 7 的设备成为移动智能终端发展的新趋势。Wi-Fi 7 是 Wi-Fi 联盟的新兴无线标准，IEEE 定义为 802.11be，相比于目前已经熟悉的 Wi-Fi 6，信道带宽增加到 320 MHz，调制方式升级到 4KQAM，进一步扩展 Wi-Fi 的频率到 6 GHz，降低现有频率对 Wi-Fi 速率的干扰，将网络的吞吐率和时延全面大幅度提升。

  2022 年，中兴在 2022 年世界移动通信大会（MWC2022）上率先推出了全球首款 Wi-Fi 7 标准的 5G CPE 产品——MC888 Flagship，它集成了 5G 高速率和 Wi-Fi 7 高并发的技术，网络下载的峰值速率达到全球最高的 10 Gb/s，为电脑、IPTV、8K 视频流等提供了可靠的万兆连接，为用户带来更高、更快、更稳的连接体验。MC888 Flagship 主要面向运营商、行业伙伴及大众消费者。

  随着 Wi-Fi 技术不断创新，其持续提供各种解决方案以满足日益增长的用户需求，并随时随地保持用户的高质量连接。Wi-Fi 对全世界的社会和经济价值将不断增加。

随着无线技术的成熟和应用的推广，网络性能与服务质量不断改善，移动互联网用户呈线性增长趋势，移动数据则是以近乎指数式模式倍增，无线接入将进一步渗透校园、医疗、商贸、会展，或是酒店、无线城市等行业，并在布线困难、成本高昂的露天区域及野外勘测等场所发挥其优势。相信在未来，无线接入将以其高速传输能力和灵活性发挥更加重要的作用，不断变革的互联网接入技术也一定会让我们的生活变得日益美好。

动一动：配置无线路由器。

操作步骤：

1. 连接设备

首先选择所需要的硬件：无线路由器、笔记本电脑或手机、网线等。按图 2.25 所示连接相关设备。接通相关设备的电源，并开启计算机。检查路由器的 Power 灯、系统状态指示灯是否正常，查看 LAN 口和 WAN 口指示灯是否常亮，LAN 口灯亮表明路由器与 PC 或交换机的连接正常，WAN 口灯亮表明路由器 WAN 口的网线连接正常。如果指示灯显示不正常，则检查连接是否正确。

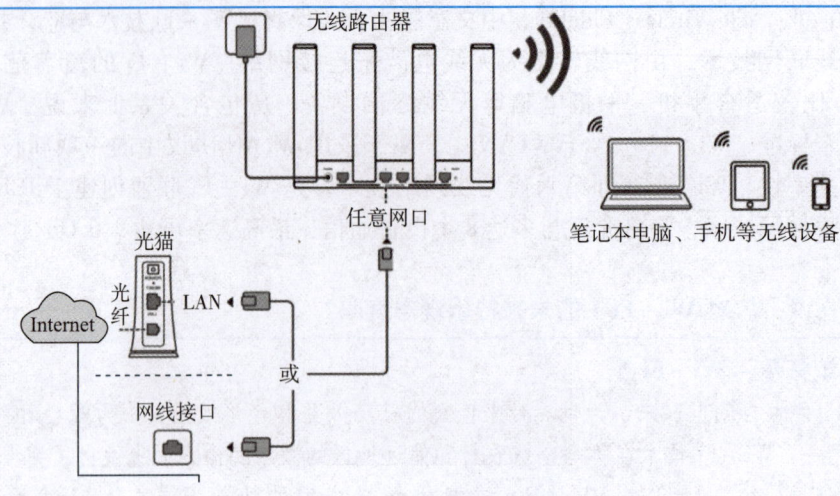

图2.25　连接无线路由器

2. 设置上网

（1）设置无线上网

手机或电脑连接无线路由器Wi-Fi，Wi-Fi的名称和初始密码一般在路由器底部铭牌上找到。第一次登录路由器或重置后登录路由器时，界面将自动显示设置向导页面，根据设置向导可实现上网，并设置无线供移动设备使用。

也可以打开浏览器，页面会自动跳转到管理界面，若未跳转，就在地址栏输入路由器的IP地址，然后该网页会要求输入用户名和密码登录。路由器的初始IP地址、用户名和密码可在设备说明书或设备底部获取。若忘记了管理员密码，可在登录页面上选择"忘记密码"，并根据提示恢复密码，也可将路由器恢复出厂设置，一旦将路由器恢复出厂设置，需要重新对路由器进行配置才能上网。

进行上网设置，如图2.26所示。设备可自动检测到上网方式，比如，检测到宽带拨号上网，需要输入运营商提供的宽带账号和密码。

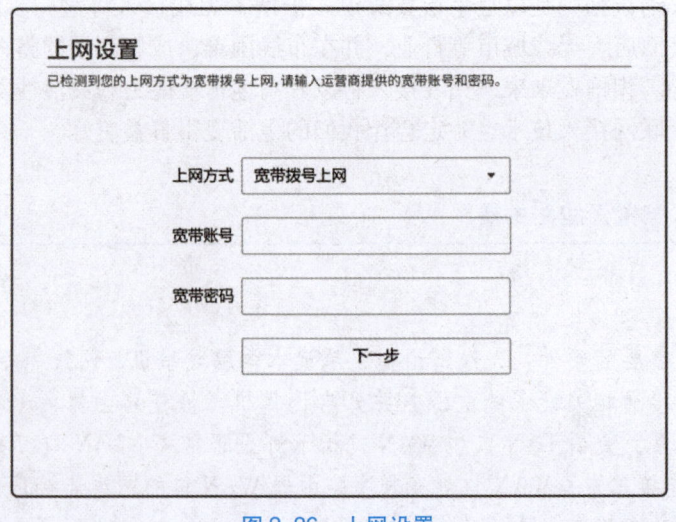

图2.26　上网设置

64

设置无线密码，如图 2.27 所示，即设置加入路由器无线网络的密码，建议设置一个高强度的无线密码。

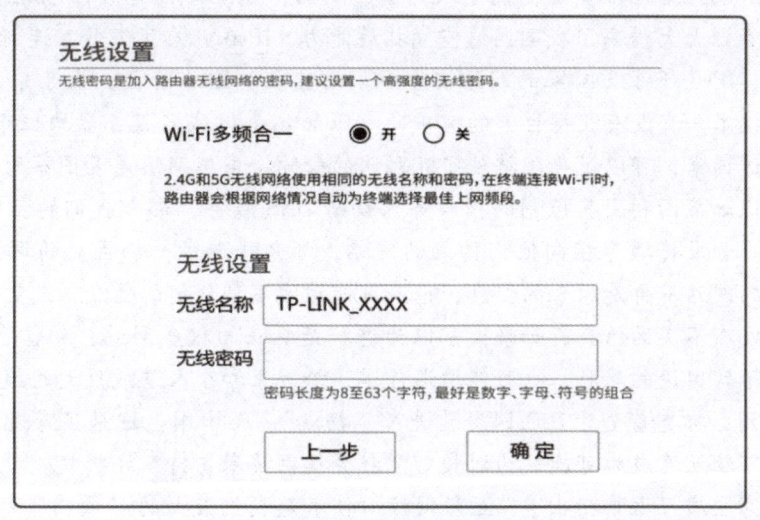

图 2.27　设置无线密码

（2）查看并连接到无线网络

对于电脑来说，单击通知区域中的无线网络图标。可在弹出的无线网络列表中单击要连接的网络，然后单击"连接"按钮，会要求输入密钥；输入密钥后，单击"确定"按钮，电脑即可连接到无线路由器上网。手机可选择"设置"→"WLAN"进入，然后在显示的可用 WLAN 列表中选择要连接的 Wi-Fi 接入点，输入相应密码即可上网。如要查看所有的网络连接状况，则在"设置"对话框中单击"网络和 Internet"选项，如图 2.28 所示。

图 2.28　网络状态

德育拓展　　IPv6 开启中国互联网新时代

在 IPv4 时代，美国作为互联网技术标准和规则的制定者，在 IPv4 地址、技术、产业、应用方面占据垄断地位。地址资源的紧缺成为除美国之外的国家发展互联网应用重要的瓶颈，IP地址资源的限制对我国这样的网络大国来讲，形势更为严峻，尤其是当前正高速发展的物联网，地址需求非常大，根据预测，2025年，物联网的连接数将超过270亿，迫切需要IPv6，以解决网络地址资源受制于人的尴尬局面，因此，推进IPv6势在必行。丰富的IPv6网络地址资源大大提高了我国网络空间拓展能力，IPv6开启了万物互连新时代。

除此之外，IPv6还涉及国家的网络安全和网络主权。IPv4阶段，由于中国互联网起步较晚，互联网技术一直没有获得巨大的突破，有限的几个根域名服务器均位于美国、日本、欧洲等这些发达国家，可以说美国掐住了互联网的命脉。虽然网络是无国界的，但是服务器是有国界的。假如某国利用其控制的根服务器切断DNS服务，那么我们的互联网将全面陷入半瘫痪状态。如果将域名指向他们伪装的网站，那么将造成一场巨大的网络灾难；到那时，网民打开的网站不再是原来的信息，很有可能访问不到任何的信息，或被修改到另一个隐匿的地址，发布不实的信息，如果大家以为这就是真正的权威网站，相信了里面的信息，那么可能造成不实舆论的泛滥，也可能遭遇诈骗，给国家和个人造成巨大的损失。

IPv6的启用，标志着全球互联网发展进入"拐点"，而中国也迎来了弯道超车的绝佳机会。它不仅使万物互连成为可能，为对接智慧社会提供技术支持，还将打破中国没有根服务器的困境。国家主席习近平指出："互联网核心技术是我们最大的'命门'，核心技术受制于人是我们最大的隐患。一个互联网企业即便规模再大、市值再高，如果核心元器件严重依赖外国，供应链的'命门'掌握在别人手里，那就好比在别人的墙基上砌房子，再大再漂亮也可能经不起风雨，甚至会不堪一击。我们要掌握我国互联网发展主动权，保障互联网安全、国家安全，就必须突破核心技术这个难题，争取在某些领域、某些方面实现'弯道超车'。"由下一代互联网国家工程中心牵头发起的"雪人计划"，于2016年在全球16个国家完成25台IPv6根服务器架设，其中1台主根和3台辅根部署在中国。拥有根服务器意味着中国在顶级域名上获得了解释权，改变了美国主导的根服务器治理体系，互联网基础设施更加安全；中国还就IPv6提出了100多个标准，迈出了中国网络自主化的第一步，中国的网络主权将进一步完善，中国在互联网领域核心关键技术受制于人的局面会得到根本性改变，开启了互联网变革新时代。

当前，基于IPv6的下一代互联网成为各国推动新科技产业革命和重塑国家竞争力的先导领域，它将有助于提升我国网络信息技术自主创新能力和产业高端发展水平，支撑物联网、工业互联网、云计算、大数据、人工智能等新兴领域快速发展，催生新技术新业态，促进传统产业的数字化、网络化、智能化转型，为实体经济发展打造新动能，拓展新空间。习近平总书记指出，"美欧等主要国家正在加紧布局下一代互联网，我们要加快实施步伐，争取在下一轮竞争中迎头赶上。我们必须按此要求，大力推进从IPv4向IPv6的迭代演进，为建设网络强国打下更为坚实的基础。"IPv6开启了中国网络强国新时代。

网络兴则国兴、网络智则国智、网络强则国强。北宋大儒张载胸怀博爱，提出了"为天地立心，为生民立命，为往圣继绝学，为万世开太平"的人生理想，将自己的爱国情怀和责任担当体现得淋漓尽致。在建设网络强国这个时代背景下，青年需牢记自身肩负的历史责任，不辜负国家的培养与期望，义不容辞地扛起时代赋予的重任，以民族复兴为己任，勇立潮头，不断学习知识、技能，提升自身素养；坚守底线，弘扬社会主义核心价值观；开拓进取，勇于创新，立志成为建设网络强国征途上的领跑者，以实际行动表现自己的爱国情怀。

辩一辩：IPv6 迁移是全身投入还是浅斟慢饮？

模块三

数字学习与生活

知识点

- 了解数字学习的概念和重要性。
- 了解网上购物、旅行预订、网上求职、在线调查、微信公众号及 H5 页面制作等数字化生活对我们生活的影响和作用。
- 熟悉 MOOC 及文献检索相关知识。

技能点

- 能够根据学习需求，利用互联网获取、加工、管理、评价、交流学习资源，开展自主数字化学习。
- 能够根据信息需求，选用和评判适合的解决方案和数字工具，解决生活、学习和工作中的实际问题。
- 能够较好地完成网上购物、求职、旅行预订、在线调研、制作 H5 页面等任务。

素质点

- 在日常数字化学习和生活实际中，提升学生的数字素养和技能。
- 通过在线个性化、互动式学习，培养自主学习能力、团队合作及交流能力。
- 通过应用合适的数字设备、平台和资源，强化自我规划和自我管理意识。

情境导入

在如今数字化快速发展的时代，互联网已经渗透到了生活的方方面面。无论是社交娱乐、学习工作还是日常生活，我们都需要依赖网络来完成许多事情。

从在线课程到电子图书，从学习强国到慕课平台，互联网让许多难以企及的传统学习资源变为可能。指尖上的"知识竞赛"、平板里的"百科全书"也让学习方式方法更加灵活多样。

日常生活中，可以求职和购物，可以轻松预订机票、酒店和各类旅游活动，让旅行变得更加便捷和高效。

平时工作中，可以开展在线调查和广告宣传。为商家企业活动推广而生的H5页面，不但能把产品信息很好地传播给消费者，还能及时反馈用户需求，使商家及时对产品做出调整，吸引消费者购买。

数字应用带来了高效、便利和个性化的体验，提升了工作、学习和生活的质量。

3.1 数字化学习

习近平总书记在党的二十大报告中就"办好人民满意的教育"作出重要部署时指出："推进教育数字化，建设全民终身学习的学习型社会、学习型大国。"教育数字化是指利用数字技术和网络平台，改变教育的内容、形式、方法和组织，提高教育质量和效率，实现教育的个性化、智能化和开放化，其核心是教与学的数字化，即"教师的教，学生的学"的数字化。

"教"的数字化首先体现在教育资源的数字化，即将传统的教育资源，如教材、教案等，转化为数字形式，方便教师和学生在线使用。这包括电子教科书、多媒体课件、在线课程等。其次是普及在线教育平台，为学生提供了一个全新的学习方式，学生可以通过这些平台随时随地学习，不再受时间和地点的限制；并且通过数字化手段，让教师可以更好地了解学生的学习情况，为他们提供更加个性化的学习方案，让学生可以根据自己的兴趣和需求选择适合自己的学习内容。最后，要利用数字化教学技术，如虚拟现实、增强现实、人工智能等，创造出更加生动、形象的学习环境，激发学生的学习兴趣和主动性，此外，还要实现数字化教育系统的自动化管理，提高教育行政管理部门的工作效率，使教育资源更加合理地分配。

"学"的数字化，即数字化学习，是指学习者在数字化学习环境中，利用数字化学习资源，以数字化方式进行学习的过程，不同于传统的学习方式，数字化学习具有三个要素：一是数字化的学习环境，是指利用计算机科技和互联网平台构建的在线学习系统，为学生提供学习资源和交流平台。它以数字化技术为基础，结合多媒体、网络和云计算等技术手段，打破了时间和空间的限制，为学生提供多样化、个性化和交互式的学习方式。数字化学习环境不仅包括硬件设备，如电脑、平板、智能手机等，还包括软件系统、教育资源和在线学习平台。二是数字化学习资源。数字化学习资源就是经过数字化处理的学习资源，包括文字、图像、声音、动画、课件和视频等。常见有在线教育平台、主题学习网站、电子图书、在线讨论、电子百科以及数据库等多种形式。数字化学习资源是数字化学习的关键，它可以通过教师开发、学生创作、市场购买以及网络下载等方式获取。三是数字化学习方式。利用数字化平台和数字化资源，教师、学生之间开展协商讨论、合作学习，并通过对信息资源的收集利用、探究知识、发现知识、创造知识以及展示知识的方式进行学习。数字化学习突破了时间和空间的限制，使学习更加灵活和个性化。

1. 在线教育平台

在线教育平台是数字化学习的核心组成部分，它为学习者提供了海量的资源和便利的条件，在平台上选择自己喜欢的学习资源，无论身处何地，只要有网络连接，就能接受教育。这种学习方式具有高度的灵活性和便捷性，使学习者可以根据自身的时间和进度进行学习。常见在线教育平台有：

（1）中国大学 MOOC（网址：https://www.icourse163.org）

中国大学 MOOC（慕课）是国内优质的中文 MOOC 学习平台，是由网易与高教社携手推出的在线教育平台，承接教育部国家精品开放课程任务，向大众提供中国知名高校的 MOOC 课程。在这里，每一个有意愿提升自己的人都可以免费获得更优质的高等教育。

MOOC 是 Massive Open Online Course（大规模在线开放课程）的缩写，是一种任何人都能免费注册使用的在线教育模式。MOOC 有一套类似线下课程的作业评估体系和考核方式。每门课程定期开课，整个学习过程包括多个环节：观看视频、参与讨论、提交作业，穿插课程的提问和终极考试。中国大学 MOOC 平台拥有包括"985"高校在内提供的优质课程，当用户完成课程学习后，可以获得讲师签名证书。

（2）慕课网（网址：https://www.imooc.com）

慕课网（IMOOC）是 IT 技能学习平台。慕课网（IMOOC）课程涉及 Java、前端、Python、大数据等 60 类主流技术语言，覆盖了面试就业、职业成长、自我提升等需求场景，帮助用户实现从技能提升到岗位提升的能力闭环。

（3）网易云课堂（网址：https://study.163.com）

网易云课堂，是一个专注职业技能提升的在线学习平台。其立足于实用性的要求，与多家教育培训机构和行业的专家、讲师建立合作，聚合了丰富的学习内容，包括课程、电子书、文章、短视频、音频等。需要注意的是，网易云课堂是一个知识付费平台，但是里面也有很多优质的免费课程。

（4）网易公开课（网址：https://open.163.com）

网易公开课上集合了 TED、国际名校公开课、中国大学视频公开课、可汗学院等一系列优质教学内容。用户可以在线免费观看来自哈佛大学等世界级名校的公开课课程，内容涵盖人文、社会、艺术、金融等领域。

（5）学堂在线（网址：https://www.xuetangx.com）

学堂在线是清华大学于 2013 年 10 月发起建立的慕课平台，为学习者提供来自清华大学、北京大学、复旦大学、中国科技大学，以及麻省理工学院、斯坦福大学、加州大学伯克利分校等国内外高校的超过 3 000 门优质课程，覆盖 13 大学科门类，涵盖计算机、经管创业、理学、工程、文学、历史、艺术等多个领域。

（6）超星尔雅（网址：http://erya.mooc.chaoxing.com）

超星也是一个非常不错的综合学习平台，课程内容被分为 6 大板块：综合素养、通用能力、成长基础、公共必修、创新创业、考研辅导，内容来自全国各大名校。

（7）国家智慧教育公共服务平台（网址：https://www.smartedu.cn）

国家智慧教育公共服务平台是国家教育公共服务的综合集成平台，2022 年 3 月上线运行。平台聚焦学生学习、教师教学、学校治理、赋能社会、教育创新等功能，是促进教育公平和质量提升、缩小数字鸿沟、推动教育服务共同富裕的有效支撑，是为构建网络化、数字化、个性化、终身化教育体系迈出的重要一步。

（8）学习强国平台（网址：https：//www.xuexi.cn）

学习强国平台是由中共中央宣传部组织建设、立足全体党员、面向全社会的优质平台，于2019年1月上线。由PC端、手机客户端两大终端组成，聚合了大量可免费阅读的期刊、古籍、歌曲、戏曲、电影、图书和公开课、慕课、课件音视频等资料，打造了一个创新性的学习生态，以满足广大党员干部和群众的互联网学习需求。

（9）哔哩哔哩（网址：https：//www.bilibili.com）

该网站于2009年6月26日创建，被粉丝们亲切地称为"B站"，是一个视频弹幕网站，是最受当代大学生喜欢的网站之一。B站上有较多其他网友上传分享的各类视频资源，其中就有丰富的学习视频教程。不管用户想要学习什么内容，在B站搜索关键词就可以找到一些优质的课程，比如Excel教程、PS教程、思维导图教程、职场提升相关教程、兴趣爱好课程等。

哔哩哔哩现为国内领先的年轻人文化社区，知识学习、科学分析是B站内容的主要特点之一，B站也因此成为很多用户的"学习App"。央视网在2019年4月17日就发了一篇文章《知道吗？这届年轻人爱上B站搞学习》，央视网写道，如今在B站学习已成为无法忽视的现象，它与它的用户共同创造了这种新式社交型学习平台。

动一动：列举自己喜欢的三门慕课课程及其网页链接地址，填写表3.1。

表3.1 慕课课程及其网页链接地址

慕课课程	网址	喜欢理由
1		
2		
3		

2. 电子图书

电子图书阅读是数字化学习的另一重要方式。电子书籍的存储和携带方便，可以随时随地进行阅读。此外，许多电子书籍还配备了互动功能，如高亮、笔记、搜索等，增强了阅读体验和学习效果。比如要阅读名家名作，可以直接搜索获取电子图书，获取电子图书的渠道很多，用户可以在公共图书馆或者高校图书馆查找电子图书资源，也可以在电子书网上购买电子书，比如在全球最大的网上书店亚马逊购买电子书，也可以在鸠摩搜索、世界数字图书馆、古登堡计划等网络免费资源中获取。

以高校图书馆中的超星汇雅电子书资源为例，登录后，在搜索框中查找书名或者在图书分类中查找，单击"PDF阅读"按钮即可在线阅读电子书，如图3.1所示。

动一动：图书检索。

- 利用图书馆检索系统检索下列图书的书号及馆藏地：《论语》《明朝那些事儿》。
- 结合自己的专业，选择合适的检索词，检索图书馆中所有包含你选择的检索词的图书。

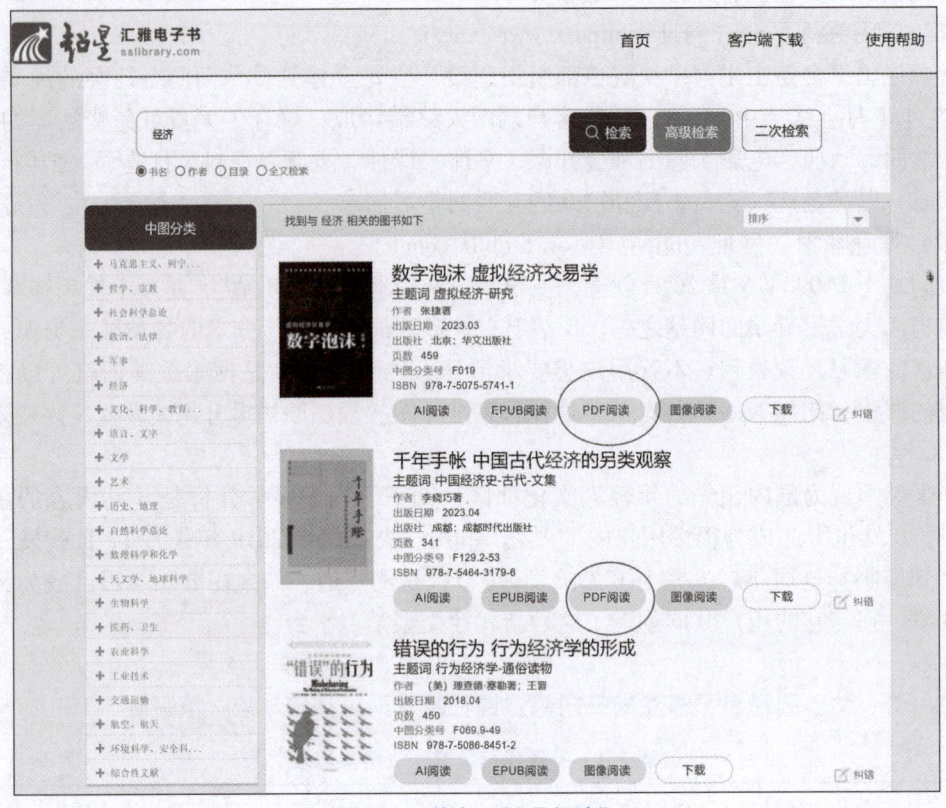

图 3.1　单击"PDF 阅读"

- 检索馆藏"巴金""王朔"的书。
- 在超星汇雅电子图书中查找自己喜欢的图书。

3. 网络资源搜索

网络资源搜索是数字化学习中获取信息的重要途径。通过搜索引擎或专业数据库，学生可以快速找到所需的学习资料，了解最新的学术动态和研究成果。此外，数字化资源还可以通过推荐系统进行智能推荐，使学习者能够更加便捷地获取所需的学习资源。需要注意的是，大数据技术使各大网络公司很容易地根据学习者搜索的关键词推荐相关内容，同时也会推荐很多广告或者虚假的信息。因此，网上学习要学会搜索，当海量的信息呈现在面前时，需要细细地筛选，寻找最可靠、自己最需要的信息，慎重阅读。

数字化学习为学习者提供了一个广阔的学习空间和崭新的学习手段，数字化学习资源的全球共享性使他们可以从书本上、从教师那里、从数字化的学习环境中获取大量的、丰富多彩的、即时有用的知识。各种信息媒体和网络都为学生提供了取之不尽、用之不竭的信息源泉。

数字化学习突破了时空的限制，既适应了教育普及化的要求，又满足了个性化学习的需要，数字化学习必将为具备创新精神与实践能力、适应信息时代知识经济要求的创新型人才的培养，为终身学习的实现，为人类知识的更新和全面发展开辟更广阔的前景。

议一议：为什么人需要终身学习？

> • 知识拓展：终身学习
>
> 　　你也许听过这样一些论述：未来十年，50%的人将会失业；未来十年，绝大部分的工作都会被人工智能代替；未来十年，你可能就成为被替代的一员……
>
> 　　如果你是一名在校大学生，你应该在保证学校所学已经掌握的前提下，拓展学习。网上可以搜索与专业课相关的任何知识，包括课件、知识分享等。
>
> 　　如果你是一位职场人士，你应该运用好互联网，学习职场相关的知识。工作中，只是工作，不充电，很容易被动出局，被淘汰掉。只有不断地学习，才是硬道理。
>
> 　　如果你是一位自由职业者，你应该安排更多的时间到互联网上去学习，有一技之长，是今后生活的底气和资本。
>
> 　　面对日新月异的社会发展，新情况、新问题层出不穷，知识更新的速度大大加快。关注自身成长，保持终身学习成为大多数职场人的共识。我们只有不断储备知识，不断完善自我，提升自身修养，才能在激烈的社会竞争中立于不败之地。伟大领袖毛主席曾说："活到老，学到老。"学习，是生活所必备，也是时代发展的需要，从更高层次来说，是一种乐趣、一种品位和享受，必须把学习从单纯的求知变为生活的方式，让终身学习成为一种生活习惯。

3.2 网上购物

1. 网上购物基本概念

　　自电子商务行业在中国兴起后，网购已成为消费者消费的重要渠道。近年来，我国网购用户及手机网购用户规模逐渐增加，网购市场的交易规模一直保持快速增长趋势。随着以国内大循环为主体、国内国际双循环的发展格局加快形成，网络零售不断培育消费市场新动能，通过助力消费"质""量"双升级，推动消费"双循环"。在国内消费循环方面，网络零售激活城乡消费循环；在国际国内双循环方面，跨境电商发挥稳定外贸作用。此外，网络直播成为"线上引流+实体消费"的数字经济新模式，实现蓬勃发展。直播电商成为广受用户喜爱的购物方式，66.2%的直播电商用户购买过直播商品。

　　网上购物起源于美国，指通过互联网检索商品信息，并通过电子订购单发出购物请求，然后填上私人支票账号或信用卡的号码，厂商通过邮购的方式发货，或是通过快递公司送货上门。国内的网上购物，一般付款方式为电子银行付款、支付宝付款、货到付款以及分期付款等。目前在国内一般理解为消费者通过购物平台获取商品信息进行信息比较挑选，通过电子订购单发出购物请求，然后填写详细地址与联系方式，通过货到付款或第三方支付等形式支付当前消费额，再由厂商以快递形式发货至消费者，最后由消费者确认付款并评价的交易过程。简单而言，网上购物就是指使用网络在购物交易平台上购买商品，包括有形商品和无形商品，即商品和服务。

2. 网上购物分类

　　网上购物发展迅速，近年来各种新型的购物方式和购物平台更是层出不穷。但万变不离其宗，根据交易双方的属性，一般可简单地将网上购物分为以下几类。

（1）B2B 网上购物

B2B（是 Business – to – Business 的缩写）是指企业与企业之间通过专用网络或 Internet 进行数据信息的交换、传递，开展交易活动的商业模式。B2B 网上购物是指企业和企业在 B2B 网络购物平台，例如阿里巴巴（1688.com）网站实现在线商品交易。

（2）B2C 网上购物

B2C（是 Business – to – Consumer 的缩写）是指企业与个人消费者之间通过专用网络或 Internet 进行数据信息的交换、传递，开展交易活动的商业模式。B2C 网上购物是指商家对个人的网上交易方式，其已经成为人们购物的主要方式之一，网民可以在网上购买到多种多样的便宜的商品，体验网购的乐趣和便捷性。比较典型的 B2C 网上购物平台有京东网（jd.com）、天猫网（tmall.com）和苏宁易购（suning.com）等。

（3）C2C 网上购物

C2C（是 Consumer to Consumer 的缩写）是指个人与个人之间通过互联网进行商品交易。例如一个消费者通过淘宝网（taobao.com）将一台旧电脑出售给另一个消费者，此种类型的交易称为 C2C 网上购物。

（4）O2O 网上购物

O2O（是 Online to Offline 的缩写）即在线离线/线上到线下，是指将线下的商务机会与互联网结合，让互联网成为线下交易的平台，这个概念最早来源于美国。O2O 的概念非常广泛，既可涉及线上，又可涉及线下，可以通称为 O2O。

网上购物之所以发展如此之快，与网上购物的特性是分不开的，网上购物相比传统线下购物拥有很多的优势。例如网上购物不需要租用或购买实体店面，也能免去日常的水电开销，无须高额的装修费用，一个客服能够同时接待许多的客人，所以在成本方面具有线下店铺难以比拟的优势；而且对于线上店铺，当商品上架后，会一直处于在线可售状态，除非商品被下架，消费者都可以在店铺中搜索查看商品，真正实现全年无休的服务。

议一议：网上购物相比传统购物有哪些优势？

3. 网上购物平台

网上购物平台有多种选择，适合不同类型的购物需求，以下是常见的网上购物平台。

（1）淘宝

淘宝是中国最大的网上购物平台之一，成立于 2003 年，是中国网上购物的代名词之一。

淘宝拥有数百万家店铺，用户可以在上面购买各种商品，包括服装、数码、家电、美妆、家居用品等。淘宝的物流体系也非常完善，可以为用户提供快捷、便利的配送服务。

（2）京东

京东商城是中国流量最高的 B2C 网上商城之一，成立于 1998 年，是一家综合性的购物平台。京东的商品种类也非常丰富，包括电子产品、家居用品、美妆、图书、食品等。此外，京东还提供海外购服务，用户可以通过京东购买来自全球的商品。

（3）天猫

天猫是中国知名的 B2C 购物平台之一，成立于 2011 年，是淘宝旗下的一个品牌。天猫的商品种类非常丰富，从服装、美妆、家电、食品到家居用品等，用户可以在上面购买到各种商品。

（4）拼多多

拼多多是一家以社交电商为主的平台，成立于 2015 年。拼多多采用拼团购物的方式，使用户通过发起和朋友、家人、邻居等的拼团，以更低的价格来拼团购买优质商品。这种通过沟通分享形成的社交理念，成为拼多多独特的新社交电商思维。

（5）抖音电商

抖音电商专注于成为用户发现并获得优价好物的选择平台。众多抖音创作者通过短视频、直播等丰富的内容形式，给用户提供更个性化、更生动、更效率的消费体验。同时，抖音电商积极引入优质合作伙伴，为商家变现提供多元的选择。

（6）亚马逊

亚马逊是美国最大的电商平台之一，成立于 1994 年，是一家综合性的购物平台。亚马逊的商品种类非常丰富，从图书、电子产品、家居用品、美妆到服装等，用户可以在上面购买到各种商品。此外，亚马逊还提供海外购服务，用户可通过亚马逊购买来自全球的商品。

议一议：你如何看待海外代购？

4. 网上购物

网上购物的一般流程包括以下 10 个步骤：挑选购物平台→注册平台买家账号→搜索、比较、挑选商品→协商交易事宜，例如商品数量、价格等→填写详细的收货地址和联系方式→在线支付，常见为支付宝、微信和网银支付→商家发货→买家收货验收→买家满意，则确认收货评价，商家收款→如果不满意，则买家可申请退换货或维权。在这个过程中，买家需要注意以下四个方面。

（1）为什么买

首先买家要分析自身真实需求，现在的网购平台会根据年龄和性别信息，判断你的身份。如果你在某一属性商品停留较长时间，购物平台会再次推荐相同属性的商品给你。网购平台还会根据消费记录、浏览记录、搜索关键词、输入法数据、地理位置、教育学习数据和联网在线时间等各种各样的数据标签把用户打造成数据的集合体，通过这些数据，网购平台在网络世界构造一个虚拟的个体，通过这个虚拟的个体，网购平台就能精准地了解你的需求，并快速把你需要的东西推送到你的面前。买家更应该分析自身真实需求，理性消费，避免"剁手"。然后根据性能参数、费用预算及爱好确定要购买的具体商品，并初步确定主关键词进行搜索。

（2）去哪儿买

也就是说，确定在哪个平台购物，一般情况下，在正规的购物平台进行网上购物是比较安全的，一定要到官方网站或 App 上进行购买，否则可能会进入钓鱼网站而被骗。为了买到高性价比商品，也可以通过慢慢买、比一比价网等平台，比较各大网购平台的同款报价，从而确定网购平台。

（3）怎么样买

主要包括三个环节：一是看，仔细看商品图片，分辨是商业照片还是店主自己拍的实物，而且还要注意图片上的水印和店铺名，因为很多店家都在盗用其他人制作的图片。二是问，可通过旺旺询问产品相关问题。三是查，查店主的信用记录，看其他买家对此款或相关产品的评价，查看商品的评价，要能区分商品的虚假好评，避免买到货不对板的商品。如果有中差评，要仔细看店主对该评价的解释。

（4）售后服务

仔细阅读平台和店铺的退换货、物流支付等售后条款，规避一些潜在的问题。

此外，网上购物应尽量在自己的电脑上进行购物，并注意杀毒软件和防火墙的开启保护及更新。在填写收件地址时，尽量隐藏个人信息，例如姓名可用王女士、黄先生或英文字母等来替代；邮箱避免用工作邮箱；可填代收站点，以避免泄露具体家庭地址。支付时，选择第三方支付平台担保支付方式，不建议用网银直接支付。同时，购物中，不要轻易单击链接或广告采购物品，更不要轻易相信低价广告，以免陷入低价陷阱。

议一议：《中华人民共和国电子商务法》的实施会带来哪些影响？

- **知识拓展**：《中华人民共和国电子商务法》

    网上购物是安全、快捷的购物方式。绝大多数网上商户遵纪守法，与客户进行诚信、合法的交易。以淘宝网为例，阿里巴巴集团为了让用户享受到更优质、安全、可信赖的商业环境和交易体验，推动线上线下一体化的协同治理，优化淘宝平台、天猫、聚划算等网站及客户端的生态体系，特制了淘宝规则。淘宝规则的法律基础是《中华人民共和国电子商务法》《中华人民共和国网络安全法》《中华人民共和国消费者权益保护法》《网络交易管理办法》等国家法律法规及相关规范性文件。这些法规规定了淘宝平台生态体系各方的法定权利义务，是淘宝平台规则制定、修订的法律基础。任何商家在入驻淘宝、天猫等之前，都需要仔细学习淘宝规则，避免因不懂规则而引起交易纠纷和带来的处罚。淘宝的规则频道网址为 https://rule.taobao.com，卖家可进入该频道学习。

为了保障电子商务各方主体的合法权益，规范电子商务行为，维护市场秩序，促进电子商务持续健康发展，2018年8月31日，十三届全国人大常委会第五次会议表决通过《中华人民共和国电子商务法》（简称《电子商务法》），自2019年1月1日起施行。《电子商务法》是政府调整企业和个人以数据电文为交易手段，通过信息网络所产生的，因交易形式所引起的各种商事交易关系，以及与这种商事交易关系密切相关的社会关系、政府管理关系的法律规范的总称。《电子商务法》的出台使电子商务交易更加规范健康，较好地制约平台和商家的行为，打击虚假交易，并且极大地保障了个人消费者的合法权益。

《电子商务法》让电子商务朝更秩序化、更有条理化的方向发展，对引导和规范电子商务活动有着非常积极的意义，尤其对防不胜防的网上交易风险能起到非常直接的遏制效果，有利于网络购物的良性循环，不仅促进电子商务行业加强自律，遵纪守法，还使消费者增强了法律意识和维权意识。

3.3 旅行预订

常见的旅行方式有三种：随团旅游、自助旅行和自驾车旅行。随团旅游是一种传统旅行方式，自助旅行和自驾车旅行目前比较受欢迎，因为行程、目的地、方向等都可以根据自己的喜好来规划，相对更舒服。近几年，国内在线旅游预订用户规模持续增长，随着旅行预订细分行业的发展，国内旅游产品供给形式不断丰富，同时数字化赋能旅游业变革创新，进一步推动了行业高质量发展。

议一议：为什么说旅游可以造就人的优美灵魂？

- **知识拓展：人文素养**

人文素养是建立在对一定人文知识拥有和内化的基础上形成一定的学识和修养，反映一个人的人格、气质、情感、世界观、人生观、价值观等方面的个性品质。它是一个人外在精神风貌和内在精神气质的综合表现，也是一个现代人文明程度的综合体现。人文素养的内容包括哲学素养、文学素养、史学素养、艺术素养等方面。人文素养是核心素养的重要组成部分，是一个人的内在素质和修养，在个人持续发展和社会竞争优势方面具有不可忽视的作用。

在人们无限热衷旅游的今天，借助旅游活动途径，培育人文素养可以说是一个最佳最有效途径。

毕淑敏曾说，旅行是一种学习，它让你用一双婴儿的眼睛去看世界，去看不同的社会，让你变得更宽容，让你理解不同的价值观，让你更好地懂得去爱、去珍惜。

三毛说过，背起行囊，做一个旅者，穿梭于各个城市，领略各族人民不同的风采，历经沧桑，尝尽人间百味，也是一种人生姿态。

> 旅游使我们尽享自然之美与人文之美，会净化人的灵魂，陶冶人的性情，开阔视野，培育良好的人文素养。人文素养在大学生的成长中起着非常重要的作用，能够启迪人的智慧、开发人的潜能、调动人的精神、激扬人的意志、规范人的行为，以及维护人的健康、控制社会稳定、协调人际关系等。

在线旅行预订为人们自助旅行、自驾车旅行提供了便利，一份详细、完整的旅行规划可以让行程变得更加丰富、轻松、安全，规划要根据自己的爱好、经济承受能力和时间来选择旅游景点，关键是用最少的时间，花费最少的钱，获取最多的旅游信息，获得更满意的旅游效果。旅行规划主要包括以下几个环节。

1. 确定旅行地点

旅行前，可以去看看网上别人分享的攻略，一方面可以了解当地的人文环境，另一方面保证行程的安全和顺利。旅行攻略类 App 有很多，如穷游和马蜂窝，功能较全，集中了大量网友的分享游记和精品攻略，基本上能覆盖旅游途中的方方面面。通过查看网上攻略，搜索景区官网，从而确定旅行地点。

2. 预定往返交通

确定了旅行的具体地点后，就需要根据旅行时间安排预定往返交通，预订机票或者火车票，并初步计划旅行当地的交通，如地铁、公交等信息。

（1）预订机票

飞机已经是一个比较普遍的出行工具，特别是对于国内长途旅游和出境旅游，飞机更是一个重要交通工具。用户可以根据自己出发地和目的地城市的航班信息，通过航空公司官方网站、拨打全球销售热线、官方手机客户端和当地航司营业部预订各航空公司国内机票，如中国航空、东方航空、南方航空、海南航空、深圳航空、四川航空等航空公司。通过官网预定的优点如下：

- 航空公司官网能查到各大航空公司会员日的促销价格。
- 航空公司官网预订支持退票、改签，退改签手续更快捷。
- 航空公司往往有自己的航空常旅客计划，若是经常从某一航空官网上预订机票，可以积累航空里程，达到一定量后，可兑换免费机票或者优惠券。

当然，通过官网预定也有劣势，如只能查询单一航空公司票价，无法确定最优票价，用户往往需要关注多家航空公司官网，每个航空公司都一一查询比价，过程比较烦琐、耗时费力。因为消息不及时，容易错过各大航空公司的机票大促活动。此外，航空公司官网除了预订机票，其他的如包车、导游等相关旅行服务可能还不够完善。以南方航空为例，官网机票预定如图 3.2 所示。

> 动一动：注册一个航空公司官网的会员账户，查询你所在城市出发的航班信息。
>
> 写下步骤：

模块三　数字学习与生活

图 3.2　南方航空官网机票预定界面

除了航空公司官网以外，现在越来越多人也会选择在 OTA 平台买票，如携程、飞猪、去哪儿、天巡、穷游、途牛、艺龙等 OTA 平台。所谓 OTA，全称为 Online Travel Agency，中文译为"在线旅行社"或者"旅游电子商务"，是伴随着互联网时代的到来，新兴起的一种线上旅行行业。和传统的线下旅行社不同，其将销售模式放在线上。OTA 是旅游电子商务行业的专业词语，指旅游消费者通过网络向旅游服务提供商预定旅游产品或服务，并通过网上支付或者线下付费，即各旅游主体可以通过网络进行产品营销或产品销售。也可以理解为，OTA 是在线酒店、旅游、票务等预订系统平台统称。

由于 OTA 网站能够将所有机票产品整合，用户只需要注册一个账户，即可预定 OTA 网站上所有在售航司的机票，进行比价，便利而实惠，极大地提高了选择效率。而且，OTA 平台在做大促活动或者选择组合套餐的时候，价格可能比单独预订机票和酒店低。以携程 App 为例，用户登录后，最快只需要 7 秒就能够完成一张机票的预订，极大地缩短了订票时间，如图 3.3 所示。

79

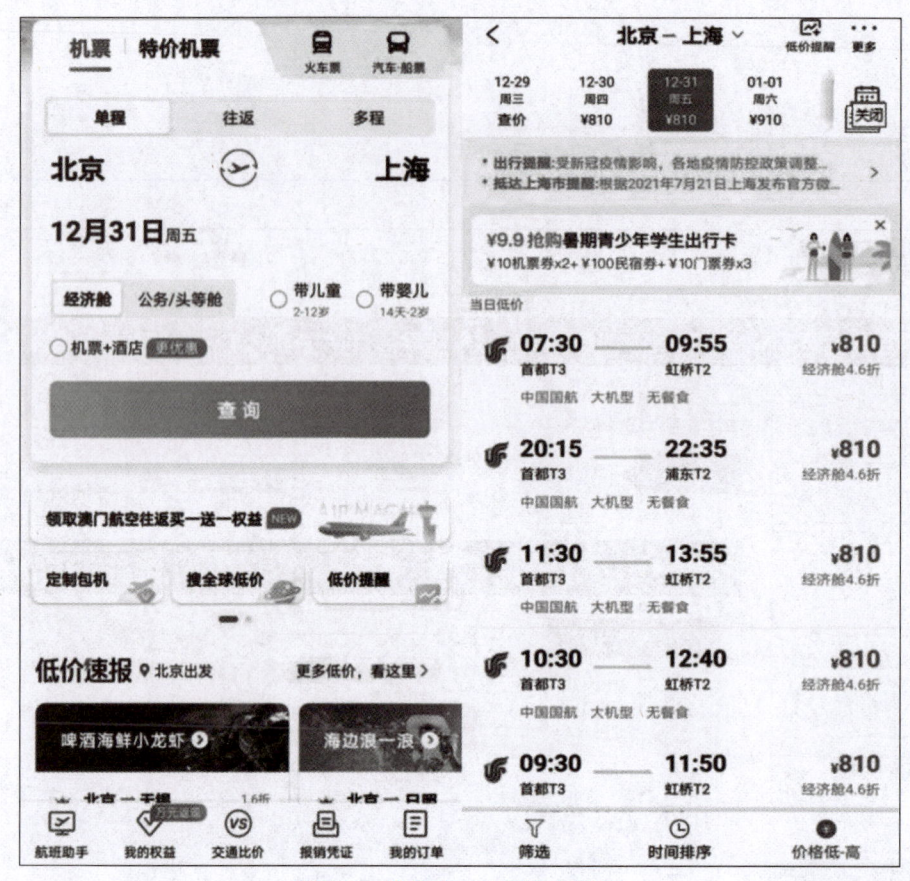

图 3.3　携程 App 机票预定界面

(2) 预定火车票

中国铁路客户服务中心（12306.cn，以下简称 12306 网站）是铁路服务客户的重要窗口。12306 网站提供旅客列车时刻表、余票、票价、正晚点、规章制度等客运信息查询，用户可以办理网络购票、网络改签、候补购票、变更到站、网络退票等业务。

2020 年 7 月 1 日，12306 官方支付宝小程序已正式上线，用户可以购买火车票或退改签，或上支付宝搜"12306"一键购票。和预订机票一样，除了 12306 官网，用户也可以在 OTA 平台买票，如携程、飞猪、去哪儿、穷游、途牛、艺龙等 OTA 平台。

3. 预定酒店

随着互联网+旅游的发展，现在的酒店线上订单占比都非常高，很少有人直接到前台问价订房了，基本都会在网上提前预订。

在预定酒店过程中，用户最关心的是酒店的价格。酒店价格长期实行动态定价，其定价是酒店、OTA、供应商等长期博弈的结果，不同渠道按照自身情况会有差异，因此酒店价格可能不同。用户可以通过酒店官网或者 OTA 平台进行预定。

各大酒店集团都有属于自己的会员忠诚计划。用户注册成为酒店集团的会员，加入这些会员计划的主要好处是可以累积积分和房晚（SNP），使用积分可以兑换免费住宿或者优惠券，升级到较高的会员等级可以获得免费早餐、升级房型、延时退房、使用行政酒廊等待遇。但对大多数普通用户来说，官方渠道的价格可能略高于其他网上平台。

中国国内连锁酒店龙头有锦江酒店、华住酒店集团、首旅如家酒店集团等。以华住集团为例，华住会是华住酒店会员俱乐部，也是一个酒店预订平台。

OTA 平台网站一般会根据一定的规则将所有酒店进行默认排序，是根据用户的预订量、用户对酒店的综合评分，以及网站对酒店的考核综合量化标准而排列的。排在前的都是用户选择比较多，而且综合评价比较高的酒店。也可以根据自身要求，选择价格低的或是能接受的价格段，或是根据酒店星级排序进行筛选。目前，价格相对较低的是大型 OTA 平台，因为其流量较大，议价权较高。不过，各平台的价格一般不会差距过大，否则会违反酒店业内维护定价公平合理的条目，也会侵害消费者权益。

随着用户群体从 PC 端向智能手机的大量转移，以及旅游用户预订习惯的转变，移动互连时代下的在线旅游市场除极大地改善了用户的消费体验之外，移动互连在 OTA 模式中占据了重要位置。以携程和飞猪为例，在酒店预订过程中需要考虑的因素主要以下几个方面：

①查看价格。根据旅行预算，查找价格符合预算和心理预期的酒店。
②查看评价。通过 OTA 平台酒店入住用户的图文点评，决定是否入住。
③查看硬件设施。房间设施是否齐全，房间是否舒适卫生。
④查看交通情况。通过地图查看地理位置，是否位于商业中心地段，周边交通是否便利，离自己的目的地是否距离合适。
⑤查看购物就餐。以休闲娱乐为主的旅行，需要查看酒店是否在大型商场和美食街附近，是否方便购物和就餐。

根据价格、星级、地理位置、综合评价等条件筛选好酒店后，还可以通过平台提供的酒店电话，咨询酒店住宿相关政策，如是否有免费停车，是否有免费的机场接送服务，是否包含早餐。另外，家庭出游的，可以询问加床是不是收费等。对比各种条件之后，最终选择价格和便利条件都能接受的酒店，如图 3.4 所示。

4. 预定景点门票

如果在网上预约景点门票，可以使用微信公众号、官网及支付宝等多种方式。通过关注景点微信服务号，可在服务号的导航栏中进行网上预约。也可以在支付宝"市民中心"里的"更多服务"中进行预约。或者在浏览器中搜索景点官方网站，在官网中进行预约。以故宫为例，均需要提前通过其网络售票网站或微信故宫博物院观众服务号实名预约门票，在暑期和黄金周等旅游高峰时段，更是"一票难求"。

议一议：你曾经使用过哪家 OTA 平台预订酒店？感知如何？

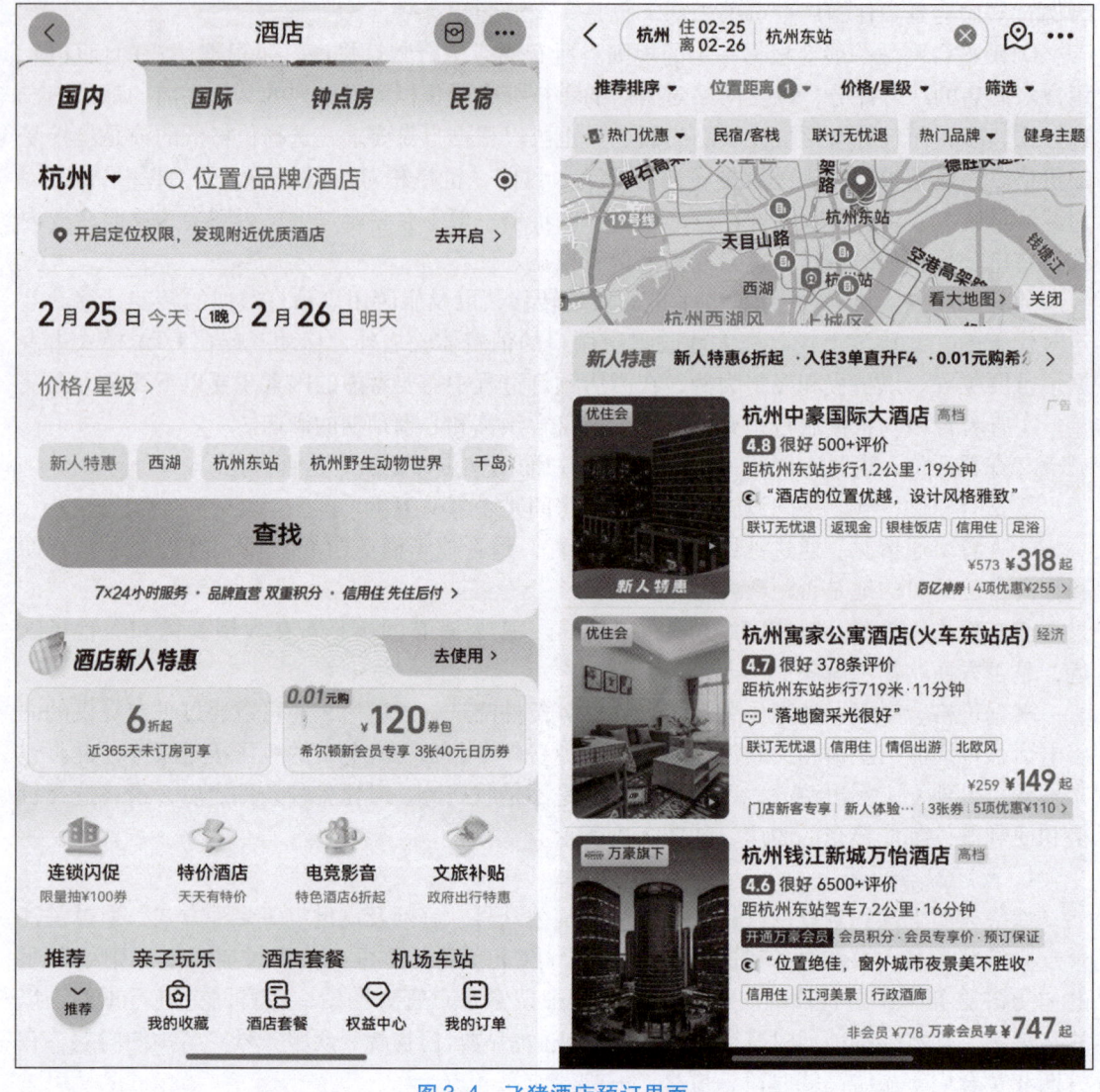

图3.4　飞猪酒店预订界面

5. 行程规划

在预定好往返交通和住宿后，可以开始规划行程。做好旅行规划，可以让时间更紧凑，步伐更从容。一份完整的旅行计划可以让行程变得丰富而轻松，既提高了旅行质量，也能节省时间和金钱。通常可以通过手机或电脑制作行程表，比如手机端工具有穷游行程助手、步步出行助手、出发吧等，都是操作简单易行的行程规划软件。在电脑上，也可以利用穷游行程助手网页版、Excel的表格功能等来制作行程表。在制作行程表时，可以参考知名旅行社成熟的团队路线，将他们已经设定好的路线作为参考，在此基础上进行自己的行程规划。

在制作行程表的时候，可以根据个人偏好和习惯精确到每日行程、上午下午或者每小时行程。最简单的行程表，可以是只列出每天计划游览的景点，到时候根据具体情况决定这些景点的游览顺序。这样简单式的行程表，好处是方便根据到达目的地后的具体情况进行调整。也可以制作具体的行程表，把行程表安排精确到每小时。如果出行前获得的信息准确，攻略做到位，可以节省在旅途中的大量时间和精力，如图3.5所示。

旅行行程规划表

目的地：海南三亚　　　　　　　　　　　　　　　　　旅行日期：202X.1.1—202X.1.3

序号	日期	时间	行程安排				备注
			交通	景点	吃饭	住宿	
Day1	202X.1.1	8:00		亚龙湾		XX酒店	门票XX元
				热带天堂森林公园			门票XX元
Day2	202X.1.2			蜈支洲岛			门票XX元
				第一市场	海鲜大排档		吃饭XX元
Day3	202X.1.3			海棠湾			门票XX元
				免税店			门票XX元

图3.5　旅行行程规划表

📝 **动一动**：制作一个旅行计划表。

> 暑假到了，你准备和另外3位同学结伴游玩3天。出发地为温州，目的地为杭州，请制作一个旅行计划表。
> ①预订旅行线路、交通工具、投宿酒店、景点门票等。
> ②了解旅游地的人文、饮食、娱乐、气候等。
> ③预算旅游费用。

3.4　网上求职

网上求职作为一种特殊的择业形式，其不仅可以为天南地北的求职者带来平等的表现机会，也可以有效降低用人单位的招聘成本，进而促使网上求职获得越来越多的求职者和用人单位的青睐。

想要通过互联网找到一份适合自己的工作，其实也是有一定的方法和技巧的。首先必须要了解求职的流程，在网上找工作也是一样的，在通过网络进行投递简历或者进行其他操作时，流程必须要掌握清楚，才能够让自己的求职进程顺利开展。

其次选择适合自己的网上招聘平台，比如智联招聘、前程无忧、BOSS 直聘或者是用人单位官网等。通过网上找工作的时候，一定要找到一些靠谱的招聘网站来获取相关的招聘信息，同时在上面填写清楚自己的个人简历，这样才能够尽量保证个人信息的安全，以及避免造成更大的损失。

最后就是登录招聘网站或者用人单位的相关网站投递个人简历。网上求职不建议无目的地盲目求职，在投递之前，需要结合自身的专业能力、兴趣爱好、个人特长做好信息的筛选，例如公司行业、职业类型、工作经验、薪资等信息，合理选择用人单位，精准确定招聘信息，尽可能避免在同一单位同时投多个岗位的情况。有些用人单位并不会使用人才网站这一系统，而是让求职者通过他们留下的邮箱投递个人简历。也可以通过网站上留下的联系方式，直接与用人单位进行沟通联系。

网上求职还可以直接参加在线招聘，相对于线下招聘来说，网上招聘人数更多，受时间的限制影响，留给每位求职者的时间都相对有限，因此，在应聘过程中，尽可能用简明扼要的语句凸显自身的个人特点和优势；此外，求职者在提问时，也应尽可能简明扼要，精准询问自己最想知道的问题，并在征询用人单位同意以后留下联系信息，为后续面试做准备。

动一动：在线设计并投递个人简历。

步骤如下：

①输入网上招聘平台网址：https://www.51job.com/。

②在公司搜索框中输入"电子商务"，并且工作地点添加为"温州"，如图 3.6 所示。

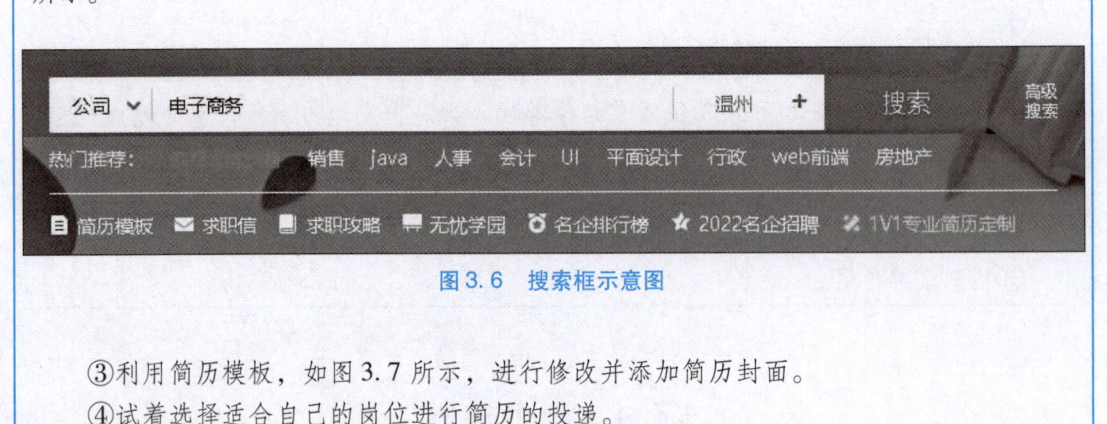

图 3.6 搜索框示意图

③利用简历模板，如图 3.7 所示，进行修改并添加简历封面。

④试着选择适合自己的岗位进行简历的投递。

图 3.7　简历模板图

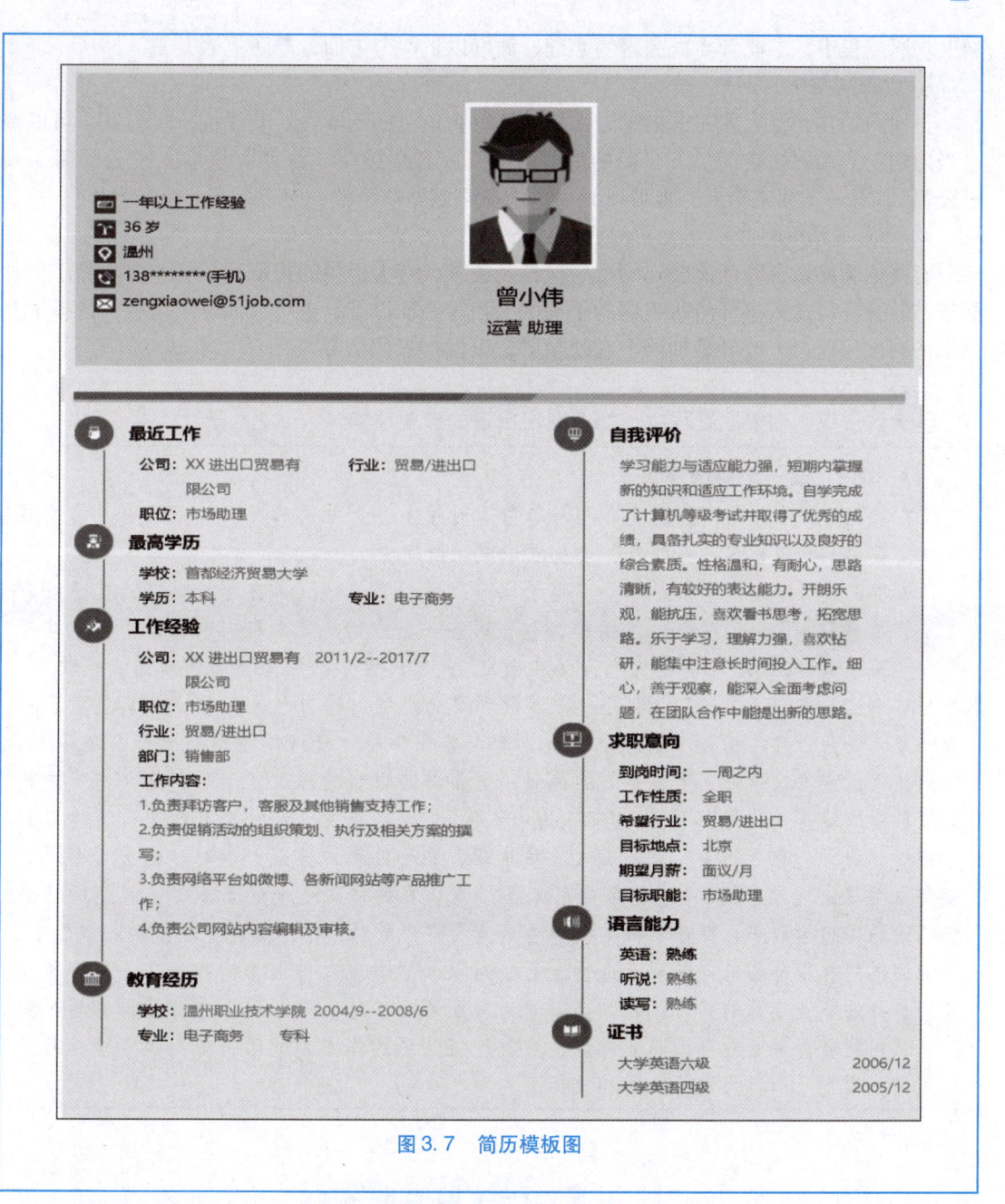

相对传统招聘方式来说，网上招聘方式对于用人单位和求职者均存在一定的优劣势。对于用人单位来说，网上招聘方式可以有效提高员工招聘效率，降低招聘成本，扩大招聘范围，使用人单位有更大的选择空间；但同时，网上招聘存在无法深入了解求职者的劣势，易因为了解过少而导致岗位不符合求职者实际情况的现象。对于求职者来说，网上求职同样可以提高求职效率，并且可以扩大求职范围，增加求职者的选择空间。

由于网上招聘信息繁乱复杂，并且现有的求职网站均存在一定的不完善情况，再加上相关网络监管不健全，不利于求职者深入了解用人单位的实际情况，极易被不法分子钻空子，通过看似丰厚的福利待遇诱惑求职者应聘，或者以岗前培训为由，收取培训费用。因此，在网上求职过程中，求职者要提高警惕心理，做好以下两个方面，严防上当受骗。

1. 找正规的招聘网站

正规网站在刊登人才需求信息时，已验证招聘单位的真实性。若要进一步验证，可以登录当地的工商局网站查询一下企业的注册情况，或者直接在"百度"里输入"公司名 + 骗子公司"，看一下搜索结果，也可以到一些求职论坛发帖请教，应该会有一个结果。

2. 全面了解招聘信息

有些招聘网站会降低该公司的入职门槛及要求，夸大提供的报酬及福利。学生除了参加学校、教育部门、人事部门所组织的正规网上招聘活动以外，也可以向学长请教，选择适合自己的网上招聘会，或者参加网上在线招聘，以增加求职机会。

> **议一议**：在求职过程中，如何突出自己的敬业精神？

> • **知识拓展：敬业精神**
>
> 在求职过程中，尽可能避免在同一单位同时投多个岗位的情况，避免给用人单位留下爱岗敬业精神较差等不良印象，影响求职成功概率。
>
> 中华民族历来有"敬业乐群""忠于职守"的优良传统。早在春秋时期，孔子就留下了"执事敬""修己以敬"等话语，主张人在一生中始终要勤奋、刻苦，为事业尽心尽力；荀子也说，"凡百事之成也，必在敬之"；宋代大学问家朱熹曾解释道，"敬业"就是"专心致志以事其业"，即用一种恭敬严肃的态度对待自己的工作，认真负责，一心一意，任劳任怨，精益求精。爱岗敬业是人类社会最为普遍的奉献精神，看似平凡，实则伟大，它不仅是个人生存发展的需要，更是社会进步的保证。千百年来，中华民族爱岗敬业的优秀人物层出不穷：鲁班在生产实践中得到启发，经过反复研究、试验发明了刨子、曲尺、墨斗等工具，是工人立足本职、钻研创新的典范；李时珍遍尝百草、呕心沥血而写成《本草纲目》，是科学家工作严谨认真的体现……时至今日，我们的社会仍不断涌现忠于职守、精益求精的敬业者。他们将自身对工作的热爱和激情融入事业中，他们的思想和精神均值得求职者进行学习，所以求职者应以他们为榜样，在不断完善和落实自身的职业生涯的同时，还需要以爱岗敬业者为参考，不断纠正自身错误的思想观念，认识到爱岗敬业对自己职业发展、自我价值实现的作用，进而将爱岗敬业精神转变为习惯，用自己的行为进行阐述和执行。

3.5 在线调查问卷

调查问卷，是社会调查研究活动中用来收集资料的一种重要方式。纸质时代，公司往往会使用传统的调查方式：编辑问卷，打印调查表，雇用员工来分发和回收。然而这种做法不仅浪费资源，而且分析与统计结果麻烦，成本比较高。互联网时代，在线问卷调查可以轻松解决这些问题。与线下调查问卷相比，在线调查问卷节省了时间，用户也更容易参与调查。

一般来说，在线调查问卷是使用专业的问卷平台，利用平台所提供的功能来创建或生成问卷，然后将问卷的网页链接或二维码分享给需要调查的群体，可下载二维码和链接分享到微信、QQ 等通信工具，等待他们完成问卷调查。问卷调查结束后，管理端后台自动生成问卷调查结果，省去汇总的麻烦。常见的问卷平台有问卷星、调查派等。

1. 调查问卷平台

（1）调查派（http://www.diaochapai.com/）

简单好用的在线调查系统，提供永久免费，适用于基础调查的大众版，以及具有更强功能、更高安全性，适用于企业、院校、政府机构的专业版。其具有灵活的使用和升级方式，便于更好地安排日常调查工作。

（2）问卷网（https://www.wenjuan.com/）

问卷网是专业、易用的问卷调查系统，提供免费的问卷创建、发布、管理、收集及分析服务。

（3）ASKING（https://asking.wenjoy.com）

ASKING是目前唯一完全针对移动平台设计的线上问卷服务，内建超过上百种问卷模板，可以直接在手机、平板上更简单地制作各式问卷，通过个人的社交网络，如微信、QQ、电子邮件、短信、二维码等，一键发送问卷给好友，不仅增加移动性，更可随时随地查看即时问卷回复结果，通过智能云智慧分析系统，即时将调查结果以精美图表呈现，而且作答者不需要下载App即可在手机、平板或是电脑回答问卷。

（4）问卷星（http://www.wjx.cn/）

长沙冉星信息科技有限公司旗下问卷星，是国内最早也是目前最大的在线问卷调查、考试和投票平台，自2006年上线至今，用户累计发布了超过3 422万份问卷，累计回收超过23.72亿份答卷，问卷星平台不限题目数，不限答卷数；支持分类统计与交叉分析，免费下载报告和原始答卷，完美支持手机填写、微信群发。

（5）调查宝（http://www.diaoyanbao.com/）

调查宝是国内领先的全免费在线调查系统，可以为用户提供方便、快捷的调查问卷、市场调查、满意度调查、调查报告等解决方案，快速、有效地独立开展在线调查和网络调查。

2. 调查问卷制作

问卷星是一个专业的在线问卷调查、考试、测评、投票平台，专注于为用户提供功能强大、人性化的在线设计问卷、采集数据、自定义报表、调查结果分析等系列服务。问卷星使用流程一般包括以下几个步骤。

（1）在线设计问卷

以问卷星平台为例，问卷星提供了所见即所得的设计问卷界面，支持49种题型以及信息栏和分页栏，并可以给选项设置分数（可用于考试、测评问卷），可以设置关联逻辑、引用逻辑、跳转逻辑，同时还提供了千万份量级专业问卷模板。可以注册登录问卷星，创建调查问卷。问卷星提供了四种创建调查问卷的服务：自主创建问卷、引用他人问卷、导入文本、录入服务。

①自主创建问卷。

在调查名称框里面输入想要创建的调查项目标题，单击"立即创建"按钮，然后开始编辑问卷，如图3.8所示。

②引用他人问卷。

单击使用其他用户公开的问卷，问卷星平台提供了多种模板分类，也可在搜索框中搜索其他用户公开的问卷，以他人问卷为模板进行编辑修改并发布，如图3.9所示。

图 3.8　输入调查项目名称

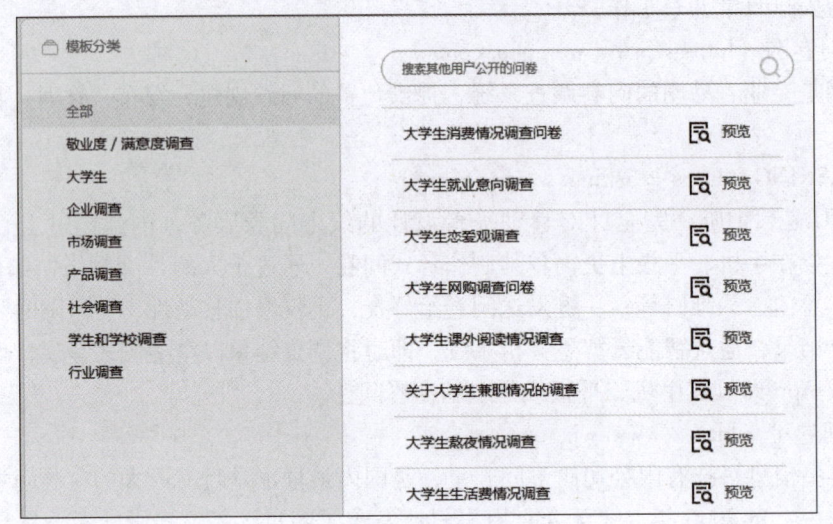

图 3.9　问卷模板

③导入文本。

根据问卷星平台的文本格式要求将已准备好的问卷文档复制到导入文本入口，如图 3.10 所示。

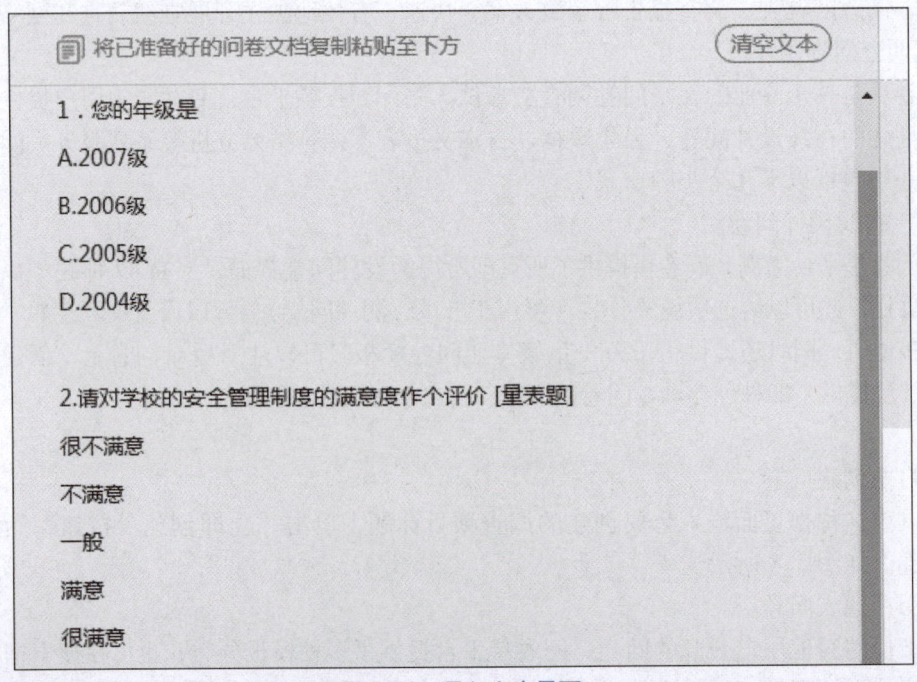

图 3.10　导入文本界面

(2) 编辑问卷

选好创建方式后，进入编辑问卷页面。

①设置问卷标题、问候语。

首先，在标题下方，单击添加问卷说明按钮，在问卷说明部分填写问候语及填表说明，如图 3.11 所示。

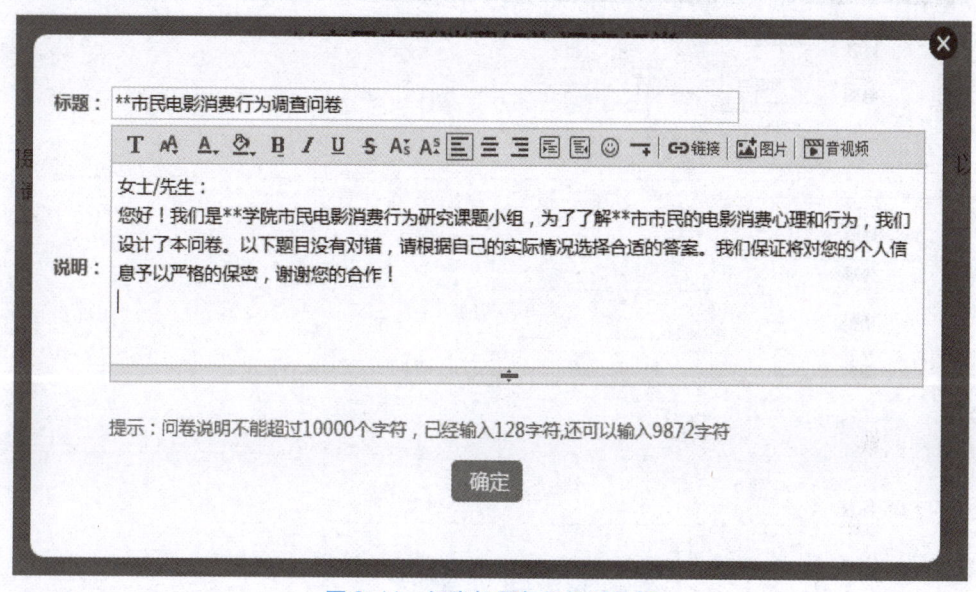

图 3.11 问卷标题与问候语编辑

②题目录入与设置。

问卷星平台提供了单选、多选、填空、矩阵、排序、下拉框、多级下拉等多种题型，设计者可根据自己的需求选择相应的题目类型、外观和逻辑。也可单击具体题目，在弹出的页面中进行题目设置，如图 3.12 所示。

图 3.12 问卷星题目类型

填空题型有单项填空、多项填空和矩阵填空三种类型。单项填空多应用于开放性题型；多项填空可以用于收集被调查者的背景信息；矩阵填空可以从多个角度了解被调查者对问题的看法与建议，如图 3.13 所示。

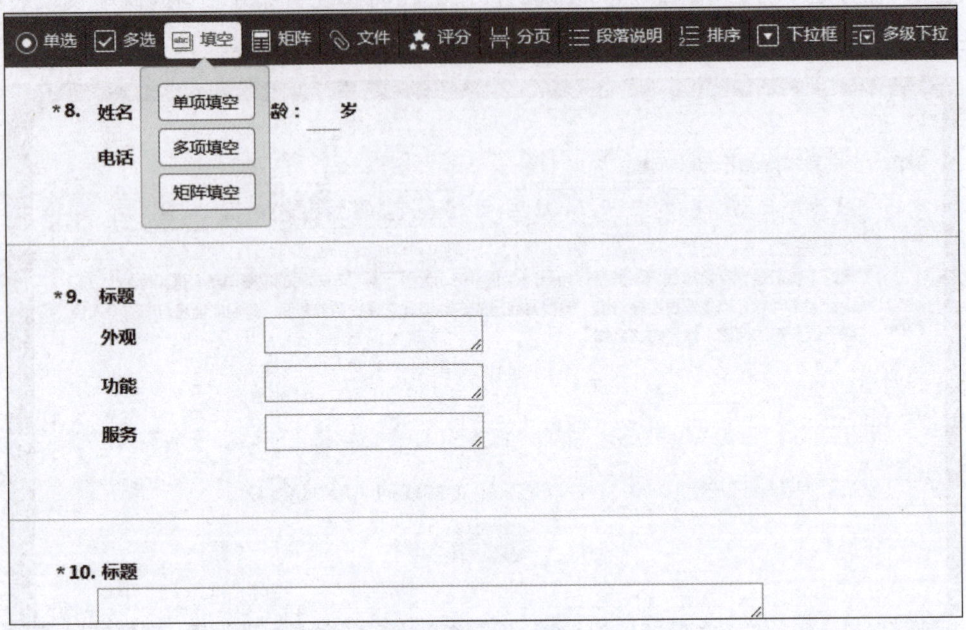

图 3.13　填空题型

矩阵题非常适合态度测量，如评比量表和语义差别量表，如图 3.14 所示。

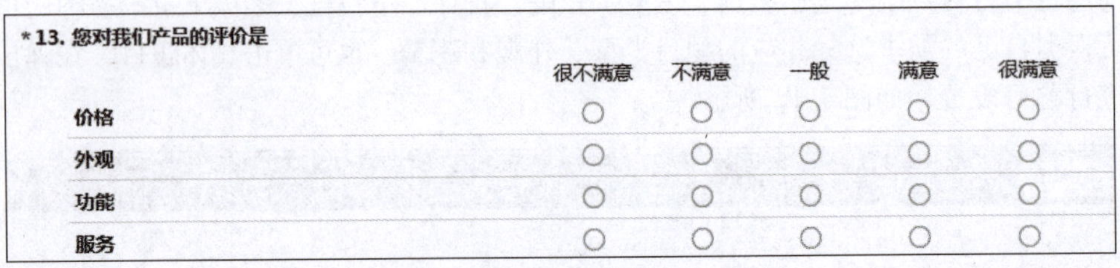

图 3.14　矩阵题型

排序题应用于顺位量表，如图 3.15 所示。

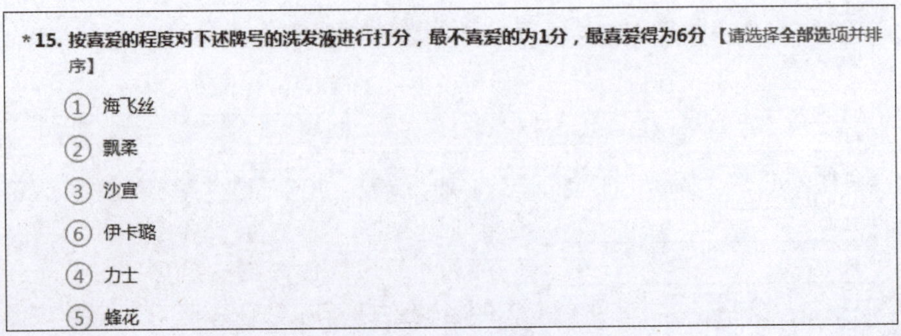

图 3.15　排序题型

③题目逻辑。

设置题目关联，是指后面的题目关联到前面题目的指定选项，只有选择前面题目的指定选项，后面的题目才会出现。通过关联逻辑可以设置在问卷打开时不显示某些题目，只有在选中关联的选项后才会显示。例如，问卷的第 3 题"请问您不去影院观影的原因是什么"依赖于第 2 题的"从来不去电影院观看电影"这个选项，只有选中"从来不去电影院观看电影"这个选项，第 3 题才会出现，如图 3.16 所示。

图 3.16　关联逻辑

④问卷设置。

在编辑完所有的问题后，可预览问卷，查看问卷的整体编排，随后进入问卷设置。可开启时间设置，控制问卷开始与结束的时间；可通过权限设置，控制回收问卷的上限、同一设备只能作答 1 次及限制 IP 等；还可以对问卷内容与结果进行设置，设置是否允许搜索引擎检索问卷内容及是否公开调查结果，如图 3.17 所示。

为了提高客户的参与度，可以通过发放参与调查红包和奖品的形式来刺激客户，如图 3.18 所示。

（3）发布问卷

问卷编辑完成后，可以直接发布并设置相关属性，例如问卷分类、说明、公开级别、访问密码等。通过微信、短信、QQ、微博、邮件等方式将问卷星生成的二维码与问卷的网页链接发给填写者填写，问卷星会自动对结果进行统计分析。

（4）分析统计

调查完成后，可以通过柱状图、饼状图、圆环图、条形图等查看统计图表，查看答卷详情，分析答卷来源的时间段、地区和网站。此外，可以创建自定义报表，即通过设置一系列筛选条件，不仅可以根据答案来做交叉分析和分类统计（例如统计年龄在 20~30 岁之间女性受访者的调查数据），还可以根据填写问卷所用时间、来源地区和网站等筛选出符合条件的答卷集合。同时，可以下载统计图表到 Word 文件进行保存、打印，在线 SPSS 分析或者下载原始数据到 Excel，导入 SPSS 等调查分析软件做进一步的分析。

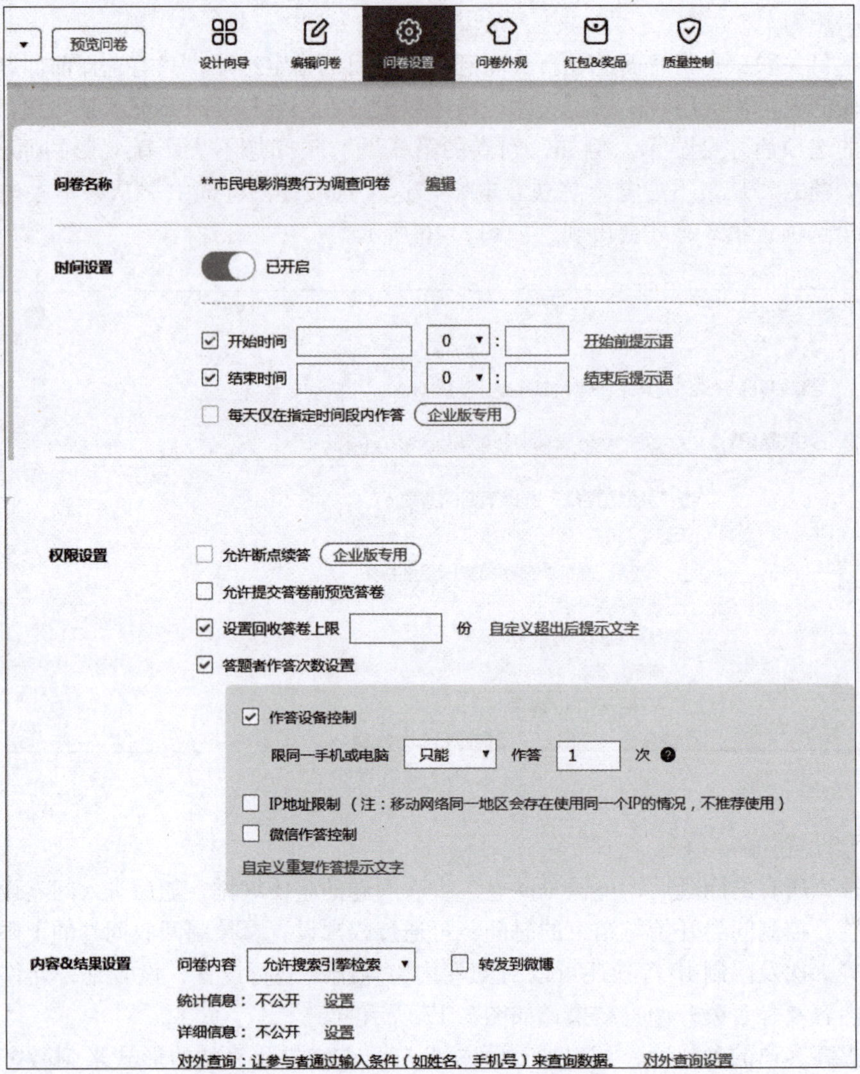

图 3.17　问卷设置

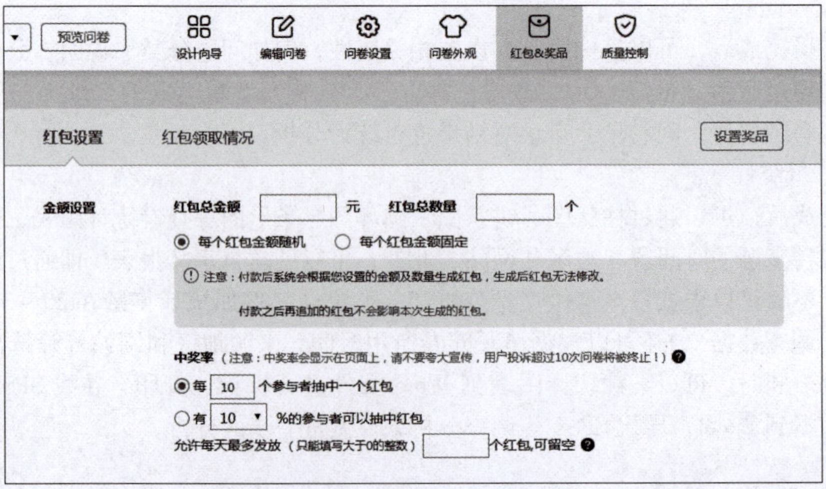

图 3.18　调查奖品设置

✎ 动一动：利用"问卷星"等网络问卷设计平台，设计并发布一份线上调查问卷。

①利用模板或从空白创建设计新问卷：大学生数字素养现状调查。
②问卷确认无误后发布，并通过微信邀请10名以上同学填写问卷。
③在"统计＆分析"中查看默认报告，分别查看选题结果的表格、饼状、圆环、柱状等显示形式，并下载报告。

3.6 微信公众号

微信公众号是开发者或商家在微信公众平台上申请的应用账号，是一种主流的线上线下微信互动营销方式。通过公众号，用户可在微信平台上实现与特定群体的文字、图片、语音、视频的全方位沟通、互动。目前，微信公众平台支持 PC、移动互联网网页登录，以及 PC 客户端、移动 App 登录，并且可以绑定私人账号进行信息群发。

微信公众平台作为手机新媒体的主要形式，凭借推送的消息并融合声、图、动画等各种元素，能弥合时间、空间、内容、渠道以及传送或接收主体之间的缝隙，实现"一对多"的精准传播，通过分享、转发等功能实现信息的复制与再传播功能，越来越受到大众的青睐。迎合当代年轻人对信息的需求，将微信公众平台应用于移动电子商务已是必然的趋势，加之低成本的运营、精准的传播和高质量的互动社交、时间灵活、选择自由多样化，在"互联网+"教育、购物、餐饮、旅游、生活、出行、娱乐等具有明显的优势，如图 3.19 所示。

图 3.19 微信公众平台生态

1. 微信公众号的分类

（1）服务号

为企业和组织提供更强大的业务服务与用户管理能力，主要偏向服务类交互，提供绑定信息、服务交互。该账号必须有营业执照方可注册，适用的人群有媒体、企业、政府或其他组织。服务号1个月（按自然月）内可发送4条群发消息。

（2）订阅号

为媒体和个人提供一种新的信息传播方式，主要功能是在微信侧给用户传达资讯，例如提供新闻信息或娱乐趣事。该账号适用的人群有个人、媒体、企业、政府或其他组织。与服务号不同的是群发次数，订阅号1天内可群发1条消息。

（3）企业号

企业号，顾名思义，就是企业专用的账号，这类账号的作用主体是企业自治或是行业合作、沟通等，可以帮助企业更好地进行内部、外部的资源管理，通过微信平台快速地加强企业的信息同步以及协同效率，强化企业对员工的管理以及对线上业务的交接。

动一动：注册个人微信公众号。

步骤如下：

①打开微信公众平台官网：https://mp.weixin.qq.com/，单击"立即注册"按钮，如图3.20所示。

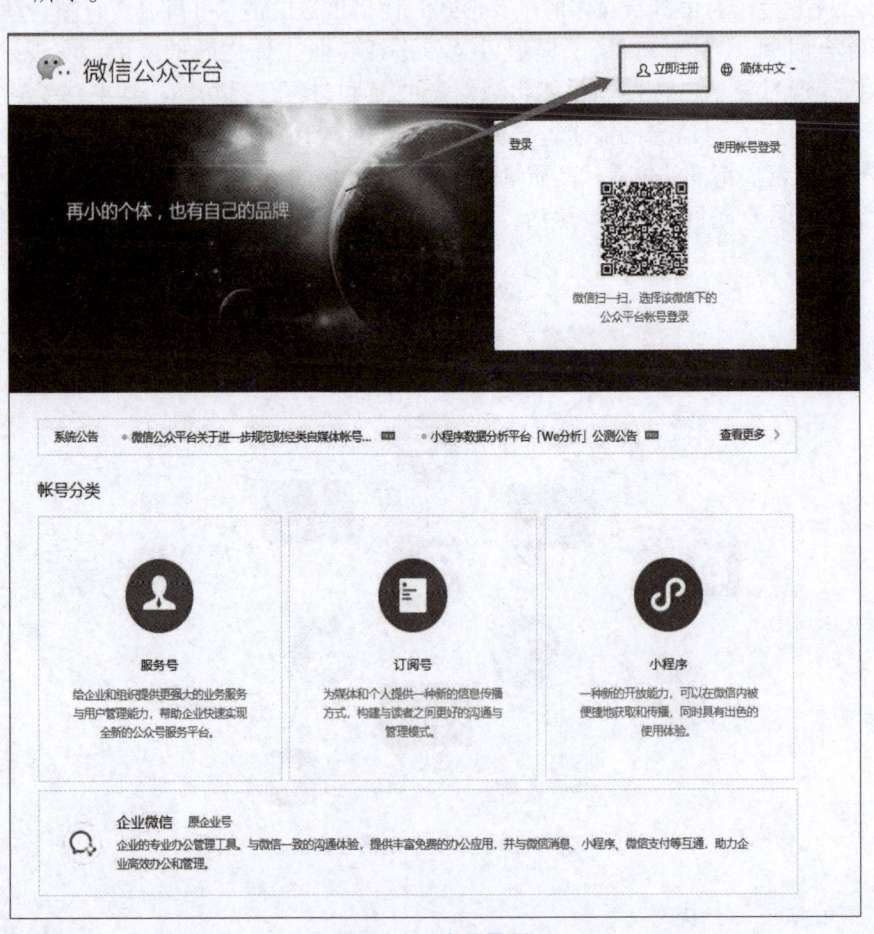

图3.20 注册界面

②选择账号类型，如图3.21所示。

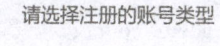

请选择注册的账号类型

公众号
具有信息发布与传播的能力
适合个人及媒体注册

服务号
具有用户管理与提供业务服务的能力
适合企业及组织注册

小程序
具有出色的体验，可以被便捷地获取与传播
适合有服务内容的企业和组织注册

企业微信
原企业号
对内让工作协同高效，对外连接12亿微信用户
适合企业及组织注册

图 3.21　账号类型

③填写邮箱，登录您的邮箱，查看激活邮件，填写邮箱验证码激活，如图3.22所示。

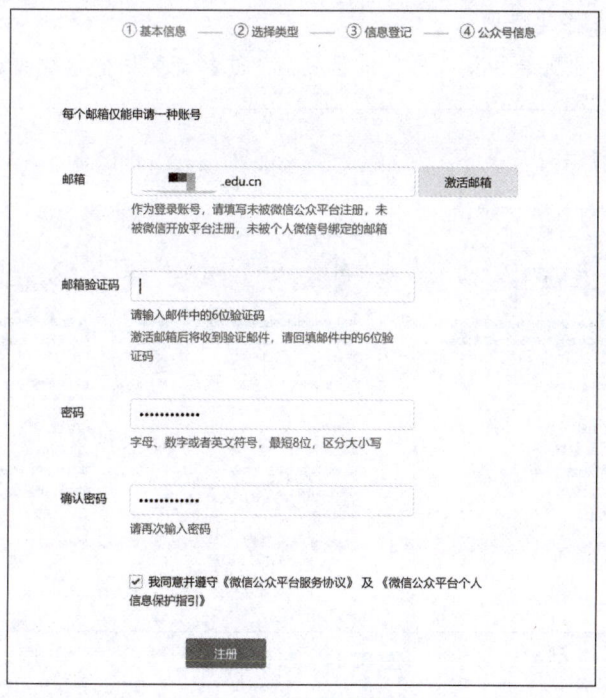

① 基本信息 —— ② 选择类型 —— ③ 信息登记 —— ④ 公众号信息

每个邮箱仅能申请一种账号

邮箱　　　▢▢▢▢.edu.cn　　　激活邮箱
作为登录账号，请填写未被微信公众平台注册、未被微信开放平台注册、未被个人微信绑定的邮箱

邮箱验证码　▢
请输入邮件中的6位验证码
激活邮箱后将收到验证邮件，请回填邮件中的6位验证码

密码　　　●●●●●●●●●●●
字母、数字或者英文符号，最短8位，区分大小写

确认密码　●●●●●●●●●●●
请再次输入密码

☑ 我同意并遵守《微信公众平台服务协议》及《微信公众平台个人信息保护指引》

注册

图 3.22　验证码激活

若未收到如图3.23所示邮件,则邮件可能被邮箱系统视为垃圾邮件,可将微信团队邮箱设置为白名单后重新发送邮件,操作方法:登录邮箱,单击"设置"→"反垃圾/黑名单",添加白名单(weixinteam@tencent.com);若已经设置,可更换浏览器/网络环境重新发送,或者使用其他邮箱激活。

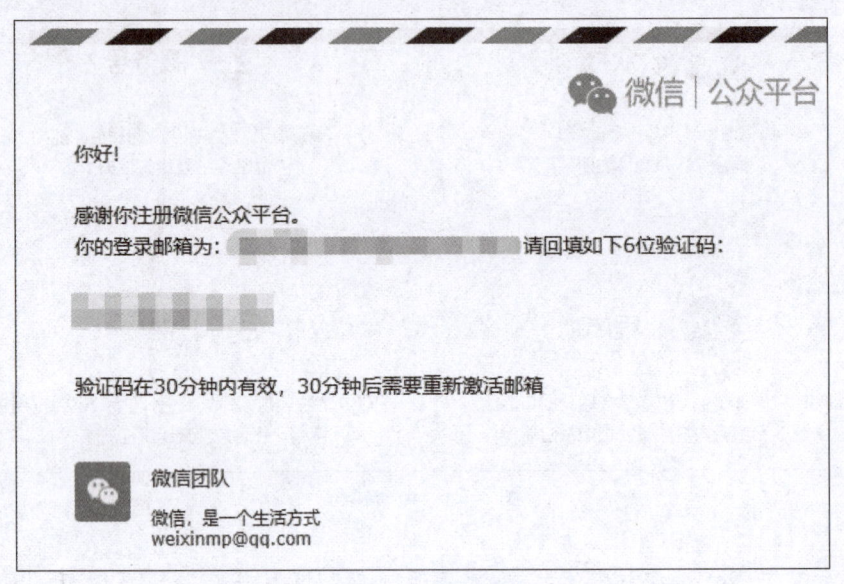

图3.23 回复邮件

④选择类型,选择注册地。
⑤了解订阅号、服务号和企业微信的区别后,选择想要的账号类型,如图3.24所示。

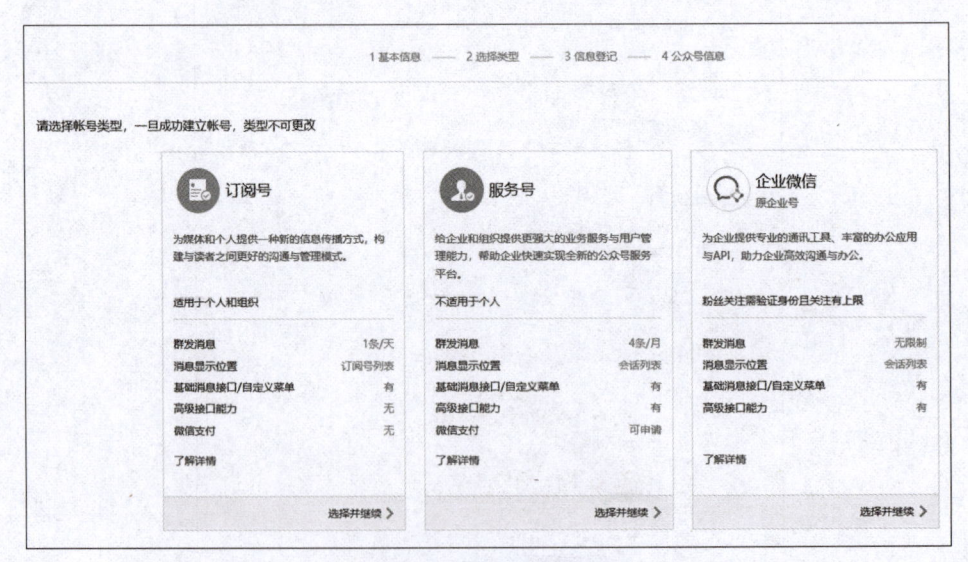

图3.24 账号类型

⑥进行信息登记，选择个人类型之后，填写身份证信息，如图3.25所示。

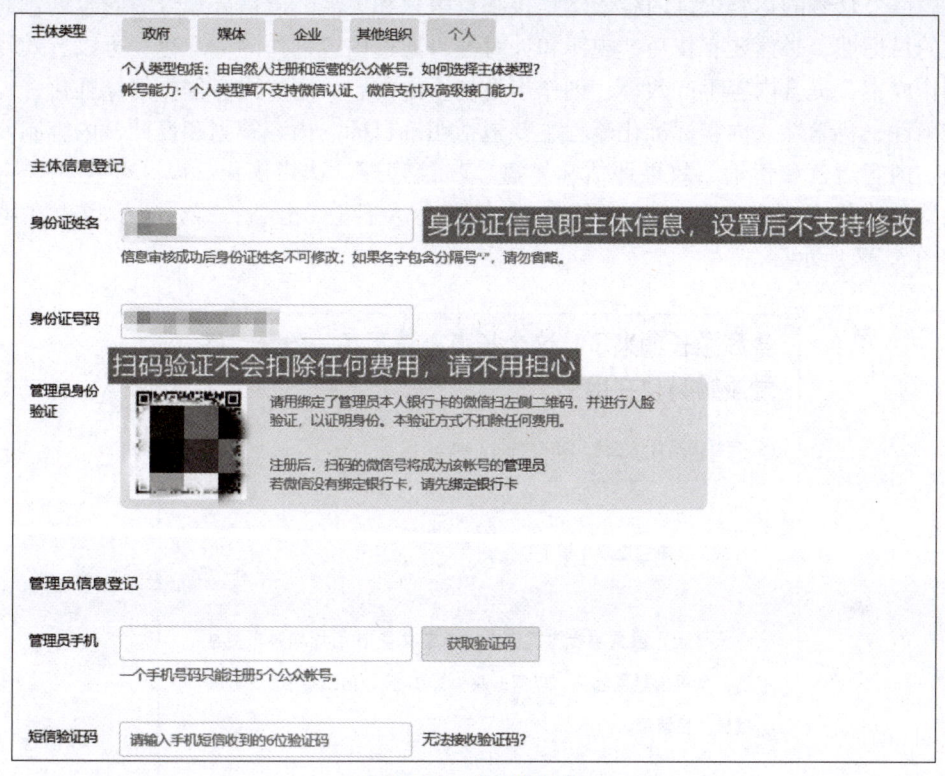

图3.25 身份证信息

⑦填写账号信息，包括公众号名称、功能介绍，选择运营地区，如图3.26所示。

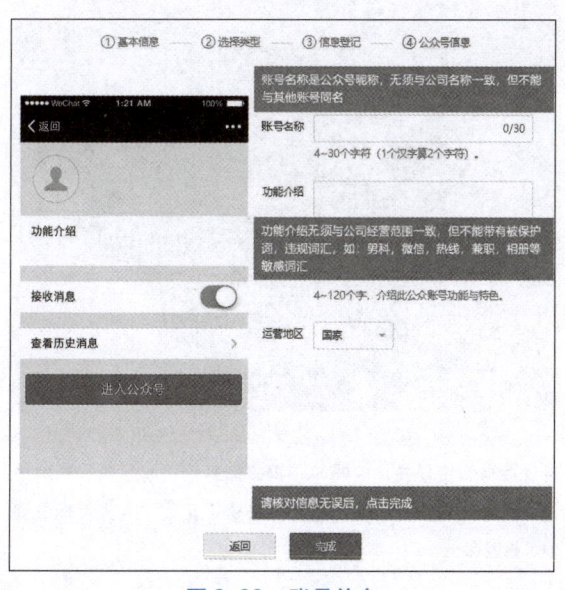

图3.26 账号信息

注册成功后，即可开始使用公众号了。

2. 内容制作

在微信公众号的运营中，内容依然是核心竞争力和灵魂。微信公众号的内容创作通常具有强烈的目标性，必然要有技巧、规律和针对性，通过内容创作的标准化，可以有效降低内容的创作成本，提升内容生产效率，创作出更优质的内容。通过内容创作的标准化，力求内容的准确性、科学性。内容标准化流程主要包括明确目标、内容策划和设计、内容制作、内容审核、内容运营和营销、效果评估和复盘、归档管理、迭代优化。以"年糕妈妈育儿生活"公众号中推文《身高猛长期来了！这个长高办法不花一分钱，谷爱凌妈妈也在用》为例，如图3.27所示。

图 3.27 推文

(1) 明确目标

内容即营销，通过结合热点，制作优质精品的内容，营销相关业务和产品，这个过程是双向的。可以先明确目标，再策划相关主题的内容；也可以结合热点事件写出精品内容，再思考可以营销哪些业务。推文《身高猛长期来了！这个长高办法不花一分钱，谷爱凌妈妈也在用》就是结合了谷爱凌摘取奥运会金牌这个热点事件进行内容营销，高效吸引粉丝。

(2) 内容策划和设计

结合可以营销的业务，从热度、受众、影响力、传播力、效率等维度来呈现内容，并通过融入传播学和互联网人性分析，促进内容的传播。年糕妈妈育儿生活作为一个育儿类型的公众号，营销业务主要为分享各种育儿知识、小儿推拿知识。

(3) 智慧爸爸、智慧妈妈养成记等知识为主

推文《身高猛长期来了！这个长高办法不花一分钱，谷爱凌妈妈也在用》利用北京冬奥会健儿阳光、健康的形象和永不放弃的精神，从热度、影响力、传播力这三个维度来呈现内容。

(4) 明确内容的整体框架

收集相关的资料，整理整体框架。《身高猛长期来了！这个长高办法不花一分钱，谷爱凌妈妈也在用》推文框架如下。

第一步：揭晓答案。不花一分钱，人人都能做到的方法是睡觉。

第二步：提供支撑"睡觉是长高秘诀"的依据。通过展示冬奥运健儿的访谈资料，总结得出长时间、连续的睡眠对孩子身体发育、智力、情商都有非常积极的影响。

第三步：增加推文的真实性。从医学角度讲解睡眠对智力、生长的影响，加强推文的科学性。睡眠能激活海马体，影响孩子的专注力和情绪管理能力，与身高息息相关的生长激素也跟睡眠时间有密切关系。

第四步：分享个人的实战经验。睡眠是孩子智商和情商发展的能量之源，想要孩子长高，让他们睡好、睡够时间是最重要的。年糕妈妈分享她的育儿方法，保证睡眠总时长，提高睡眠质量，制订一个良好的睡眠秩序。

(5) 痛点分析和需求分析

分析目标用户迫切想看到的内容。"年糕妈妈育儿生活"公众号的用户群体以 25~40 岁的中国女性为主，这类人群大部分初为人母，对如何养育小孩以及如何教育小孩各类相关问题都有着很强烈的求知欲望。

议一议：查阅有关年糕妈妈育儿生活公众号案例，谈谈如何看待微信平台。

- **知识拓展：年糕妈妈育儿生活公众号**

年糕妈妈本名李丹阳，简称糕妈，毕业于浙江大学医学院，获医学硕士学位，儿子小名叫年糕，便自称年糕妈妈。因医学专业毕业，加之悉心学习育儿知识，又乐于分享自己所学，糕妈逐渐成了身边妈妈群体中的育儿专家，也正是在诸位年轻妈妈朋友们的鼓励下，糕妈开设了自己的育儿公众号。

在公众号成立之初，只是小打小闹，"玩票"性质浓厚，内容多集中在分享自己关心的育儿知识，发布文章的频率为每周3篇，每篇文章的阅读量为 6 000~7 000。但在短短 1 年时间里，凭借讲科学、接地气的朴实语言，年糕妈妈公众号文章的篇均阅读量

就已达到 10 万多，收获了数百万粉丝的关注，公众号发文频率也顺应粉丝呼吁提升至每天 1 篇。在两年时间里，年糕妈妈已经发布了近 500 百篇文章，其中，最"畅销"文章的阅读量达到了惊人的 200 万多。

随着公众号粉丝的日益壮大，为了能帮助到更多的妈妈解决带娃过程中遇到的种类繁多的问题，年糕妈妈开始全情投入，除了带娃之外，精力基本上都用来做微信。靠谱的育儿知识加上靠谱的母婴用品，"年糕妈妈"从最开始的一个公众号上线，在微信生态里逐步搭建起了复合的图文传播矩阵，一步一个脚印的糕妈也从一位全职妈妈成长为微信育儿专家，展现了一个真实的"新女性"形象，她所走的道路也为职场和全职妈妈们带来了一种新的可能。

3.7 H5 页面制作

1. H5 简介

H5 即 HTML5，是指第 5 代 HTML，是 Hyper Text Markup Language 5 的缩写，也指用 H5 语言制作的一切数字产品。它是互联网的下一代标准，是构建以及呈现互联网内容的一种语言方式，被认为是互联网的核心技术之一。随着移动互联网技术的兴起和智能手机的普及，HTML5 技术在移动端的应用日益广泛，其特点表现在以下几个方面。

（1）H5 具有良好的跨平台性

开发者只需要开发一个版本，就可以兼容 PC 端和移动端、Windows 和 Linux、Android 和 iOS，从而极大地节省开发和运维的成本。

（2）H5 无须下载安装

用户不需要下载 App，可以从微信、QQ、浏览器等入口直接打开 H5 页面，为 H5 页面的推广提供了更多便利。基于 H5 开发的轻应用比本地 App 拥有更短的启动时间、更快的联网速度，并且无须下载，不必占用存储空间，特别适合手机等移动媒体。这种轻量级、机动灵活的网页技术也易于更新，为用户带来更多更新的视听感受。

（3）H5 支持富媒体

H5 无须依赖第三方浏览器插件即可创建高级图形、版式、动画以及过渡效果，H5 页面包括文字、图片、音乐、视频、链接等多种形式，其丰富的控件、灵活的动画特效、强大的交互应用和数据分析功能，使其能高速、低价地实现信息传播，非常适合通过手机来展示、分享。

2. H5 展示形式

H5 的展示形式非常多样，可总结为五种，分别为展示型、互动型、场景型、游戏型、测试型等。展示型 H5 是最常见的 H5，制作难度低，人人可以参与制作。在一些 H5 制作平台上，只需上传图片，就可以套用模板生成一个 H5。图的形式千变万化，可以是照片、插画、GIF 等。展示型是通过滑动来展示内容，起到类似幻灯片的传播效果，展示的内容相对简单，页面互动效果也相对简单。常见的互动方式为由底部向上滑动进入下一页，通过这样不断地翻页来展示页面要表达的内容，即文字和图片。展示型 H5 常用到的场景有活动宣传、出游照片合集等。

互动型 H5 和展示型 H5 类似，都是展示内容，只不过形式不同：展示型的页面互动体验较差，侧重于直接展示内容，而互动型则通过互动体验将要表达的内容展示出来，侧重于互动体验。用户通过在屏幕上各个方向的滑动、单击、拖曳等动作，完成一定的 H5 设置，才能顺利进行 H5 的演示。常见的互动形式有手机摇一摇、将手机水平放置和倾斜放置、通过手机麦克风与 H5 互动等。

场景型 H5 融入了一些互动型 H5 的成分，在比重上，场景型 H5 更着重 H5 展现形式的场景化，通过互动能进入一定的场景当中，将要传达的信息植入场景，从而使用户更容易接受一些强硬的广告信息。其主要形式是，以第一人称的视角打开 H5，进而跟随页面提示，一步步随着剧情探索下去。常用的模拟场景有手机来电、微信朋友圈等。

游戏型 H5 与前面三种 H5 展示形式类似，但也有所不同，最突出的一点是：展现内容本质上一个游戏。无论是通过屏幕互动还是手机感应器，其目的都是完成游戏。H5 游戏因为操作简单、竞技性强，一度风靡朋友圈。常见的游戏型 H5 有围住神经猫、2048、别踩白块等。

测试型 H5 最显著的特点就是基于测试标准，通过 H5 对网友进行测试对比。其在互动形式上比较简单。其主要的形式有上传照片测试颜值、测运势、测人格等，其共同特点是对受众进行一个分值、等级等显性且有明显差异的排名。

议一议：H5 页面和 App、小程序的区别。

3. H5 页面制作工具

H5 页面灵活性高、开发成本低、制作周期短的特性使其成为当下网络营销的不二利器。对于一般公司和普通人来说，可以利用一些免费、实用的 H5 制作工具来制作属于自己的 H5 场景。常见的 H5 制作工具有易企秀、MAKA、凡客微传单、iH5 等。

（1）易企秀

易企秀是一款针对移动互联网营销的在线 H5 场景制作工具，有 iOS、安卓移动客户端，在手机上也可创建场景应用，动态模板丰富，可以简单、轻松制作基于 HTML5 的精美手机幻灯片页面。用户可以零代码快速制作一个炫酷的 H5 场景，一键发布，自助开展 H5 营销，满足企业活动邀约、品牌宣传、引流吸粉、数据收集、电商促销、人才招聘等营销需求。

（2）MAKA

MAKA 是一个创意设计工具和内容营销平台，其海量模板被 3 000 万以上的中小企业用户所创作和分享。MAKA 模板适用于门店经营、商家促销、招生培训、人力行政等多种营销场景。

(3) 凡科微传单

凡科微传单是凡科公司旗下的一款产品，是一个免费的 H5 制作软件，其提供多种多样的 H5 模板，免开发，帮助用户快速制作 H5 页面，免费为企业提供邀请函、招聘招生、产品促销、品牌宣传等 H5 模板，助力企业玩转 H5 营销。

(4) iH5

iH5 是专业的 H5 页面制作工具与创作服务平台，是国内自主研发的 HTML5 可视化编辑器和提供 H5 网页制作的多媒体交互工具。iH5 上多媒体页面的编辑、发布完全基于云端，包含教学培训、数字创意内容制作等一系列产品和服务。

4. H5 页面制作

早期的 H5 页面制作成本非常高昂，现如今得益于第三方 H5 页面制作平台的出现，制作变得越来越简单。在进行具体的页面制作之前，一定要先明确制作的目的，是品牌传播还是产品宣传，或者是活动推广等，基于制作目的和需求，确定合适的展现形式。接下来可以确定页面的设计风格和原型，着手制作 H5 页面。由于视觉设计的要求高、耗时长，有许多公司会采用第三方平台提供的便捷模板进行再加工。下面以凡科微传单为例，详细介绍 H5 页面的制作方法。

(1) 选择合适的模板

凡科微传单提供非常多的模板，按照节日热点、使用场景、趣味功能、行业分类等进行划分，方便用户快速选取。用户可以结合营销需求和预算选择合适的模板，其界面如图 3.28 所示。

图 3.28　模板界面

(2) 编辑页面

选定模板后，进入编辑页面，可以先浏览模板页面，增加或者删除相关页面，如图 3.29 所示。

图 3.29　编辑页面

（3）添加图文

在做好页面规划之后，就可以进行页面设计，包括添加图片、文字等。利用顶部的工具栏，可以添加文字、图片等素材，页面右部的工具栏主要用于完成字体、图片等素材的设置和编辑，如图 3.30 所示。

图 3.30　图文编辑

（4）添加动画

完成文字、图片等素材的添加之后，需要对该素材或者页面进行动画设计，让静态的页面动起来。选中需要设计动画的素材，在页面右部单击"动画"选项卡，设置动画效果。凡科微传单包含打印、淡入、旋转等常用动画效果，如图 3.31 所示。

（5）添加音乐

完成页面元素的动画设计之后，可以为 H5 页面添加背景音乐。背景音乐的选择要符合 H5 页面主题，平台提供了相关素材，也可以添加"MP3"格式的本地音乐，非会员用户可上传不超过 20 MB 的文件，如图 3.32 所示。

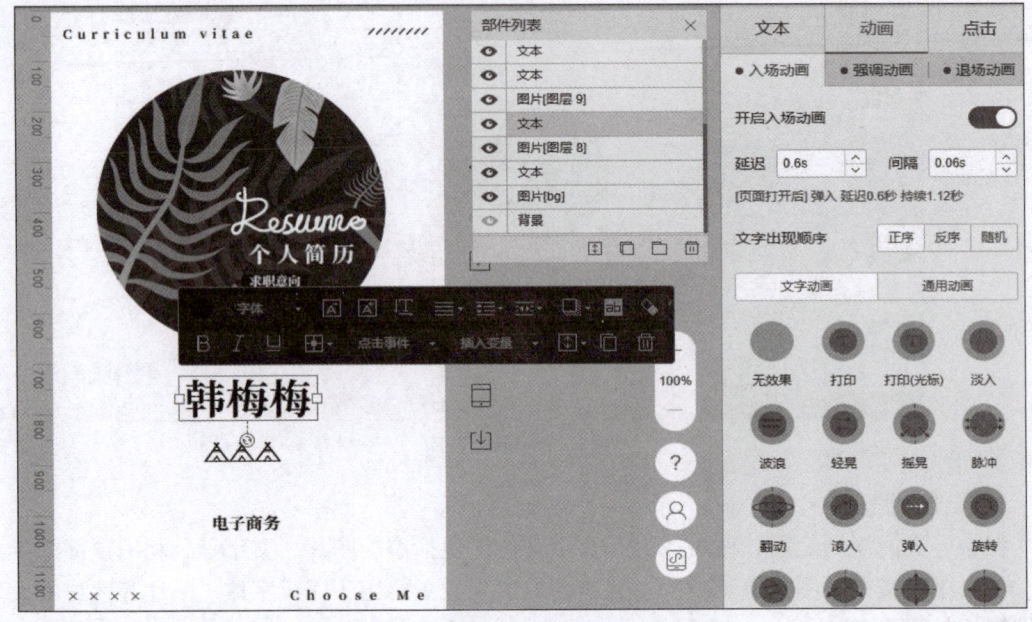

图 3.31 添加动画

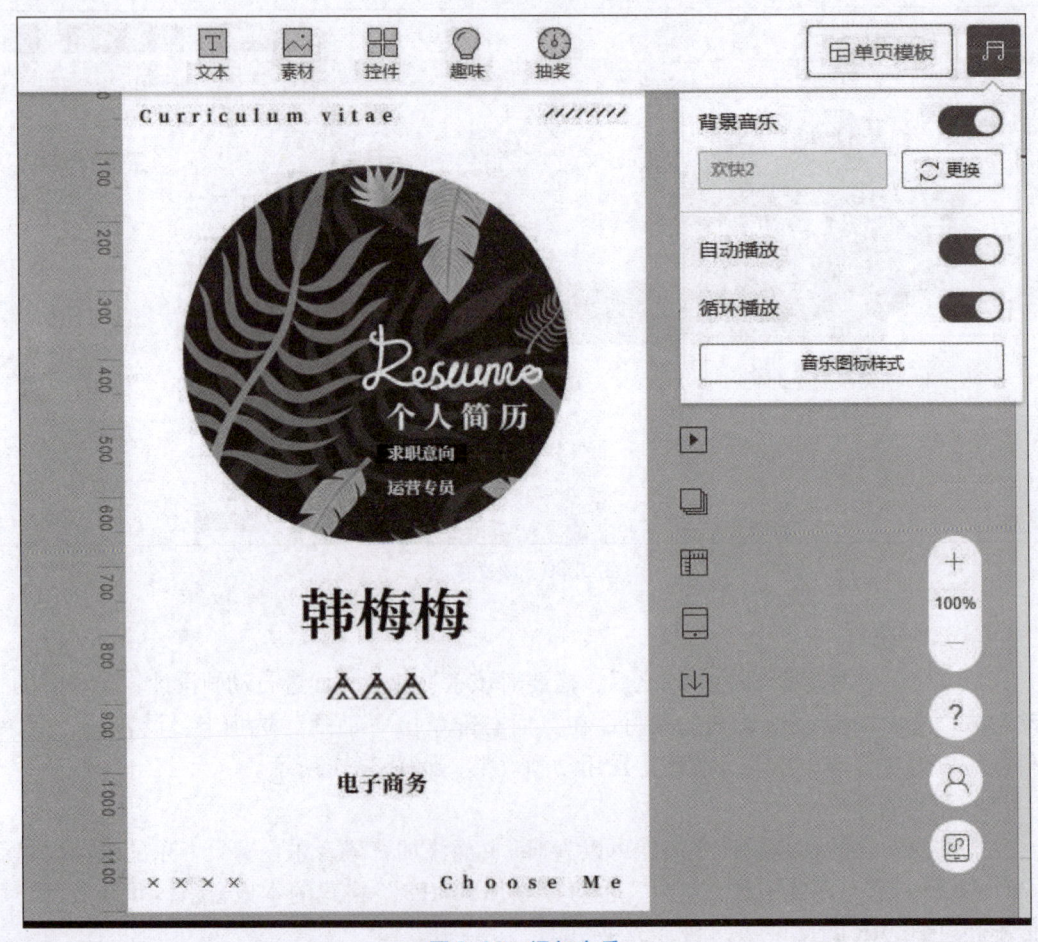

图 3.32 添加音乐

（6）保存预览

制作完成后，单击页面右上角的"保存"按钮，然后单击"预览和设置"按钮，对当前的 H5 页面进行预览，还可以在预览界面的右部设置分享样式，包括分享标题、分享描述、封面图、页面标题等。完成所有设置之后，可以单击预览页面下部的"分享作品"按钮，如图 3.33 所示。

图 3.33　保存预览

（7）数据收集

在分享 H5 页面之后，可以进入后台，了解页面的访问次数、人数等数据，为下一步营销活动奠定基础。

> **动一动**：请制作一份个人展示型 H5 页面。

> 制作的 H5 页面要求包含以下内容：
> ①文字：如姓名、爱好、特长、奋斗目标等。
> ②图片：如个人生活照、班级合照等。
> ③音乐：积极向上，体现大学生精神面貌的配乐。

5. H5 制作注意事项

在制作 H5 页面过程中，除了对页面主题和视觉交互进行把控外，还要做好细节的处理，为用户提供更好的体验。以下两点是 H5 页面制作过程中的注意事项。

（1）页面适配

由于市场上手机种类繁多，型号不同，手机屏幕的大小和类型也会有所不同，因此，在制作 H5 页面时，要提前考虑好页面布局，尽量让内容都处于中心位置，不会在实际观看时被边界挡住，而且要保证不同终端的界面自适应，兼顾市面上的主流手机，除了常规尺寸的屏幕，也需要考虑全面屏、带虚拟键盘的屏幕等特殊情况。在凡科微传单中，可以通过手机适配设置，灵活地解决这个问题，如图 3.34 所示，单击按钮导航栏中倒数第二个按钮"手机适配"，打开全面屏、短屏的开关，并设置参考线。开启"手机适配"后，可以在画板上直观地看到不同尺寸手机的显示效果。

图3.34 设置页面适配

(2) 文字使用

在 H5 页面制作中，文字不宜过多。一是因为 H5 页面本身就是按照手机屏幕的大小来制作的，承载不了太多文字；二是因为多数用户往往没耐心仔细浏览一大段文字。当在 H5 页面中加入文字元素时，一定要注意字体的运用，突出重点。

3.8 快速构建网站

网站（Website）是指在因特网上，根据一定的规则，使用 HTML 等工具制作的用于展示特定内容的相关网页的集合。人们可以通过网站来发布自己想要公开的资讯，或者利用网站来提供相关的网络服务，也可以通过网页浏览器来访问网站，获取自己需要的资讯或者享受网络服务。

1. 网站类型

随着互联网的普及，网站在各行各业的作用日益凸显，企业纷纷建立自己的网站进行宣传、产品资讯发布、招聘等。以提供网络资讯为盈利手段的公司，则在网站上提供人们生活中各个方面的资讯，如时事新闻、旅游、娱乐、经济等。常见的网站类型主要包括门户型、企业网站型、在线社区型等。

门户型网站是指通向某类综合性互联网信息资源，并提供有关信息服务的应用系统。综合性门户网站以新闻信息、娱乐资讯为主，地方生活门户以本地资讯为主，一般包括本地资讯、同城网购、分类信息等频道。著名的新浪、网易、人民网等都属于门户类网站。

企业网站型是企业在互联网上进行网络营销和形象宣传的平台，相当于企业的网络名片，利用网站来进行宣传、产品资讯发布、招聘等。企业网站包括多媒体广告、产品展示和电子商务等类型。多媒体广告类主要面向客户或者企业产品（服务）的消费群体，以宣传企业的核心品牌形象或者主要产品（服务）为主，类似平面广告、企业宣传片。产品展示类主要是一类宣传信息产品的网站，注重展示网站产品的详细信息、功能优势、产品服务、产品用途等，以直接有效的方式展示产品，从而增加用户的体验感。电子商务类主要面向供应商、客户或者企业产品（服务）的消费群体，以提供某种直属于企业业务范围的服务或交易，如网上银行、在线商城等。

在线社区型网站是业内人士、专家学者和普通大众针对某些话题进行讨论、解答和发表看法的场所，如知乎、天涯。

议一议：试列举常用的3个不同类型网站，并说明其提供的主要服务或内容。

2. 网站设计

网站的重要性日益凸显，企业在进行网站开发之前，必须要进行网站设计，一个网站设计得好不好，很大程度上会影响用户体验。好的网站设计能够事半功倍，吸引更多的用户单击、浏览，从而实现用户转化。网站设计要注意以下几个方面。

（1）网站定位

无论是做个人网站还是企业网站，最重要的基础工作就是确定好网站的定位，确定网站的目标和用户。其次，根据网站定位，确定网站的设计风格，鲜明一致的设计风格可以突出公司品牌文化和格调，所有页面的设计都要保证色调统一，从而给用户留下深刻的印象，也可以适当添加一些辅助颜色，给人以视觉上的愉悦感，增加用户好感度。

（2）网站功能

网站的功能关系着网站是否能够满足用户需求，所以，在网站设计过程中，一定要重视网页的功能设计，结合实际情况和用户的需求做好前期建设规划，给用户带来更好的使用体验。

（3）网站导航

用户浏览网站，是想获取他想得到的信息。如何方便快速地让用户查看到想要的信息，也是网站设计过程中很关键的一步。网站导航是网站的导向标，能够引导用户找到有效信息，达到用户使用的最终目的。所以，在设计版面时，要将导航放在最显眼的位置，让用户能够在第一时间熟悉网站的布局和整体框架，快速找到有效信息，提升实用度。

（4）网页内容

网站建设的支撑是网站的页面内容，合理而丰富的网站内容能够达到企业文化宣传的目的，也能够满足不同用户的需求。在设计内容时是，注意突出主要信息。结合企业的营销目标，目标客户最感兴趣的及最强大的销售信息放在最重要的位置。

（5）网站优化

在建站的时候不需要设计太多的页面，主页内容也不用太多，否则会降低打开速度，同时，还要注意的是，尽量使用比较少的动画效果。网站设计过程中也要考虑到网站后期的优化，SEO 优化是最有效，也是成本最低的优化营销方式。

3. 建站步骤

完成网站设计之后，需要将设计方案付诸实践，也就是做好网站的开发。网站开发可以采用程序自助部署，主要付出人力成本，对代码编写能力要求较高；也可以通过第三方企业定制开发网站，主要是付出经济成本；还有一种方式就是采用模板建站，利用平台提供的建站模板进行编辑，相对经济实惠，对技术要求低，常用的平台有阿里云速成美站、凡科建站等。要搭建一个企业网站，需要完成以下 5 个步骤。

（1）域名购买

通过阿里云、新网互联等平台购买域名，网站域名越短越好、易于记忆。选择域名时，建议与内容主题一致，这样更容易记忆，用户的信任度也会更高。

（2）服务器搭建

可以选择物理服务器和云服务器，现在大多数企业选择性价比更高的云服务器。国内可供选择的云服务器品牌有阿里云、华为云等。

（3）网站开发

结合网站的需求和定位，策划网站整体框架，也可以请专业人士进行网站设计。完成网站的整体设计之后，再进行网站的开发，开发的模块分为前端开发和后台开发，一般需要专业的团队完成。

（4）网站备案

登录工业和信息化部网站，单击 ICP 报备流程，提交信息。

（5）网站上线

完成网站搭建之后，上线网站，并制订进一步推广计划。

议一议：如何做好网站创新？

> • **知识拓展：网站创新**
>
> 　　一个好的企业网站不仅能为企业在互联网上发布和收集信息提供平台，也能帮助企业传递企业文化和企业形象、促进品牌宣传、提高服务质量，塑造贴近消费者的品牌形象，搭建企业与消费者之间沟通的桥梁。
>
> 　　当前，互联网上很大一部分企业网站缺乏设计思想，没有个性，并没有体现企业文化，颇具设计思想、富于企业文化信息、令人流连忘返、过目难忘、能够起到营销作用的网站更是凤毛麟角。随着互联网的发展，人们的鉴赏力也越来越高，对网站的设计也越来越在意，用户想看到的网站并不是信息的简单罗列，否则就会很容易被淹没在浩如烟海的互联网之中。
>
> 　　因此，在网站建设与优化过程中，需要秉承创新意识，不断探索新技术、新风格，更新或增添网站内容、功能，甚至为了让网站更好地为企业服务，对网站进行重新规划设计，使企业网站能更加符合自己的需要。
>
> 　　现在的社会是一个讲究创新，杜绝平庸的社会，构建网站也是如此，需要融入更多的创新意识，从创新开始，而不要沿用老套的网站制作方法。让网民们能够在看到网站时有种眼前一亮的感觉，从而乐意花时间来对企业网站进行详细浏览和具体关注。
>
> 　　创新是一个国家和民族发展的不竭动力，它不仅是网站设计美工的职业素质，更是每个人职业发展的必备素养。

4. 凡科建站

　　凡科建站是一站式网站建设系统和建站平台，有 3 000 套以上的网站模板免费提供使用，能够满足免费网站建设、网站制作、定制网站等需求，一次建设能同步完成"电脑 + 手机 + 微信"的网站，为用户提供优质便捷的网站建站服务。下面以凡科建站为例，介绍快速搭建网站的方法。

（1）选择合适的模板

　　凡科建站提供各式各样的网站模板，用户可以根据需求选择合适的模板。如果不喜欢直接套用模板，也可以选择建立"空白模板"。

（2）模块编辑

　　结合企业的相关信息，在固定模板上进行修改，包括网站标题、导航栏、首页各模块、图片及文字等。

（3）新增模块

　　此处以图片模块为例，单击页面左部工具栏，选中"模块－新增模块"，找到并添加图片模块，添加图片，设置图片特效。

（4）保存网站

　　完成所有网站素材的设置和内容编辑后，即可单击页面右上角的"保存"按钮，完成网站建设并保存。如果有其他特色功能需求，如第三方平台登录、会员权限设置等，可以在网站管理后台进行设计。

动一动：利用凡科建站为所在学校制作门户网站。

写下步骤：

德育拓展　　　　　勇担让互联网更好造福人类的责任

互联网在我国的普及和发展，为我国改革开放插上了翱翔的翅膀，尽管我国目前还不是网络强国，在互联网关键技术方面和发达国家相比也有一定差距，但我国的"七个全球第一""五个无处不在"足以使我国成为一个在国际社会举足轻重的网络大国。"七个全球第一"即网络规模全球第一、网民数量全球第一、智能手机用户全球第一、网络社交参与人数全球第一、网购人数全球第一、电子商务交易额全球第一、移动支付数额全球第一。"五个无处不在"即无处不在的网络、无处不在的软件、无处不在的计算、无处不在的数据以及无处不在的"互联网+"，让我们置身网络中。

伴随"互联网+"时代的来临，移动互联网、云计算、大数据、物联网等与现代制造业及现代服务业的结合越来越紧密，电子商务、工业互联网、互联网金融、动漫视频、网络游戏等新兴产业发展势头迅猛，重大创新成果不断涌现，催生了大批新产业、新业态和新模式，如高铁网络、电子商务、移动支付、共享经济等引领世界潮流，互联网迎来了更加强劲的发展动能和更加广阔的发展空间，已成为我国创新发展的探路者、先行军和主战场。中共中央总书记、国家主席习近平指出，互联网发展给各行各业创新带来历史机遇。要充分发挥企业利用互联网转变发展方式的积极性，支持和鼓励企业开展技术创新、服务创新、商业模式创新，进行创业探索。鼓励企业更好服务社会，服务人民。要用好互联网带来的重大机遇，深入实施创新驱动发展战略。

当前，各行各业正通过互联网开展技术创新、服务创新、模式创新以及创业探索，不断延伸互联网运用范畴，拓展互联网服务空间，大力发展数字经济，释放数字红利，让互联网成为促进变革创新、实现互利互惠的合作共赢之网。运用好互联网是根本，互联网应用的创新正推进我国从"网络大国"向"网络强国"的转变。

从互联网、移动互连、互联网+一路走来，人们认识到数字技术已经开始引领时代的步伐，全球经济数字化转型不断加速，全民数字素养与技能日益成为国际竞争力和软实力的关键指标。数字素养主要指充分利用互联网的技能。有数字素养的人能够在数字生活实践中反思数字技术对人的认知与行为的影响，能够在网上找到可靠和准确的信息，并对这些信息的使用负责。让自己掌握信息获取和遨游数字世界的主动权，而不是被碎片信息所淹没，甚至沉溺于数字娱乐而不能自拔。能够让数字娱乐和虚拟生活成为现实生活的补充，进而借助虚拟生活来改善现实生活的质量，让数字技术服务于现实所需。只有正确应对数字化时代带来的挑战，才能让人们成为数字化时代的主人，而不是被数字和算法驱使。

习近平总书记多次强调"网络空间是亿万民众共同的精神家园。网络空间天朗气清、生态良好，符合人民利益。网络空间乌烟瘴气、生态恶化，不符合人民利益。"为了让网络空间既充满活力又安全清朗，国家需要加强网络空间治理，加强网络内容建设，做强网上正面宣传，培育积极健康、向上向善的网络文化，整治网络谣言、网络色情等网络乱象；实施"全国网络诚信宣传日""中国好网民工程"等活动，培养具备数字意识和社会责任感的数字公民，实现全民数字素养与技能有效提升。

互联网给各行各业创新带来历史机遇，有力地推动着社会的发展进步，互联网正成为实现中华民族伟大复兴的强大助力。当代大学生应当及时汲取这个时代给予我们的发展力量，倒逼自身不断发展完善，提升数字素养与技能，更好地运用互联网，让互联网更好地造福人类，这也是时代赋予我们的责任担当。

辩一辩：是生活影响互联网，还是互联网影响生活？

模块四

数字办公与协作

知识点
- 了解数字化办公的概念。
- 了解云协作的特点和应用场景。
- 熟悉常见云文档协作软件。

技能点
- 能够熟练使用钉钉、腾讯会议等常见数字工具。
- 能够有效应用 WPS 云文档协作。

素质点
- 培养学生合作意识和团队精神,提高学生的沟通和协作能力。
- 培养学生的创新思维和问题解决能力。
- 培养学生具有良好的职业道德。

情境导入

> 工作中,写一份部门工作周报,需要把这份文档用微信、QQ 发给部门同事,各自编辑填写好,再发回来给你汇总。你是如何处理的?
> 外出没带电脑,领导却急需文件时,你会怎么办?

4.1 数字办公

数字化办公是指在工作、商务或者其他组织中,使用数字技术和工具来处理信息,完成任务和交流沟通的一种方式。数字化办公已经成为当今时代的工作趋势,也是许多组织和企业提高工作效率、降低成本和提高竞争力的重要手段。那么,什么是办公数字化?办公数字化可以理解为将传统的办公方式、流程和文化转化为数字化工具和流程的过程。通过数字化办公，可以实现更高效、更便捷、更灵活的工作方式，提高工作效率，减少沟通成本和时间。

数字化办公可以通过多种方式实现。首先，可以使用各种数字化工具和软件，如电子邮件、即时通信、云存储、在线会议等，来处理和共享信息。其次，数字化办公可以通过信息系统来实现，例如企业资源计划（ERP）、客户关系管理（CRM）和人力资源管理（HRM）等系统。这些系统可以帮助企业更好地管理资源和流程，提高工作效率和质量。此外，数字化办公还可以通过建立数字化协作的工作文化，鼓励员工分享信息、相互协作，共同提升工作效率。

数字化办公是数字化转型的基础，为企业和个人提供更加智能、便捷的工作方式和生活方式。对于企业而言，数字化办公带来了管理模式的变革，从传统的人工操作转换为电子化操作。工作更多地依赖信息与数据，使企业管理更精细化、智能化。数字化办公在生产管理上，不仅有效地提高了劳动力的效率，还大大降低了管理成本。通过数字化技术，可以实现全员实时动态了解信息，随时掌握企业发展动向。这种智能化的管理提高了企业的竞争力和协调性，进一步推动了企业管理信息化的发展。对于个人而言，数字化办公极大地提高了工作效率，让工作人员更加便捷地进行办公，可以有效地减少文件的流转和存储时间，通过文档共享、信息化办公等方式，使工作更加迅速高效。并且数字操作也增加了随时随地就能完成工作的可能性，极大地降低了时间和空间的限制。因此，数字化办公是不可忽视的趋势和发展方向。随着国内市场的竞争加强，越来越多的互联网大厂加入数字化办公的队伍，如腾讯、阿里巴巴、字节跳动和华为等。

1. 腾讯

（1）微信

微信作为一个跨平台的通信工具，其移动化属性能够实现即时通信和实时的碎片化沟通，能够零距离与全球任何一个持有移动终端、PC 终端的人进行沟通。对于企业来说，这一属性使微信在营销、企业管理、品牌传播上能够发挥巨大作用。因此微信也被作为办公工具被企业用户广泛使用。

（2）企业微信

企业微信是腾讯微信团队打造的企业通信与办公工具，具有与微信一致的沟通体验、丰富的 OA 应用及连接微信的能力，可以实现企业内部员工之间的即时通信和信息共享，同时支持文件传输、日程安排、在线会议等功能，可帮助企业以连接为基础，实现智慧管理、智慧生态、智慧服务。使用文档和表格，可以个人创作或与同事共同编辑。使用统一存储的磁盘，文件修改实时同步，让同事间共享文件更简单。

企业微信独有的连接微信的能力，支持与微信消息互通、连接小程序和企业支付，能帮助企业高效连接外部，实现高质效服务。员工可使用企业微信与客户的微信互发消息，以统一、专业的对外形象提供服务，同时，客户关系将沉淀在企业侧，不因员工的离职而流失。

此外，企微为企业提供了丰富的第三方应用，开放了超过 200 个 API 支持企业接入自有应用，帮助企业实现办公应用的统一集成与管理，方便员工移动化使用。在安全方面，企业微信拥有包括 SOC2Type1 报告、ISO/IEC 27018 公有云个人隐私保护认证在内的多项国际权威安全认证，专业保障企业数据安全。

（3）腾讯文档

腾讯文档是文档协作办公产品代表，提供会议纪要、日报、项目管理信息表等各类

Word/Excel 模板，支持多类型设备，随时随地满足办公需求，轻松提升工作效率。用户还可自主设置查看及编辑权限，更有腾讯文件传输与存储技术保障，为文档安全上双保险。

（4）腾讯会议

腾讯会议是基于互联网的视频会议平台，参会人员可以通过音频和视频进行交流与互动。网络研讨会则更多地侧重于知识传授和培训，主讲人和嘉宾通常进行演讲或分享，参会人员可以通过聆听和提问进行学习。腾讯会议灵活实现人与会议室交叉互连，打破跨企业、跨区域沟通壁垒，随时随地高效开会，提升协作效率。

腾讯会议提供了多种功能和工具，如屏幕共享、白板分享、聊天功能等，支持会议中的实时交流和互动。网络研讨会通常会提供更多的功能，如问答、聊天、连麦等，以便参会人员的学习和互动，让会议协作更高效。目前，腾讯会议已广泛服务于政务、金融、教育、医疗等行业和中小企业在线办公。

腾讯会议支持手机、电脑、小程序灵活入会，与微信无缝衔接，轻松实现一键预约、发起、加入会议，多终端设备同步会议议程；全面的会议管控能力，协助主持人有序管理、开展会议；会议中一键开启录制，视频自动加密存储到专用云空间。通过开放 API 及对接硬件视频会议系统，协助企业扩展协作场景，打造会议闭环。

动一动：利用腾讯会议线上答辩。

①在 PC 端或手机端下载软件并注册登录。

②创建会议并邀请参会人员。以 PC 端为例，单击"预定会议"，设置会议参数（包含会议开始时间、结束时间、入会密码、上传文档等）。会议参数设定完毕后，单击"预定"按钮，将会议 ID、会议密码发送给参加此次视频答辩人员，如图 4.1 所示。

③测试麦克风、摄像头、屏幕共享、管理成员等功能。提前设置好虚拟背景、美颜，呈现出更好的形象，打造专注的答辩环境。可通过"管理成员"功能将答辩主席设为"联席主持人"。

④向参会人发送会议邀请，开启"等候室"。如果有人进入等候室，主持人会收到提醒，同时，在"管理成员"界面会多出一个"等候中"选项卡。为了防止不相关的人误入，在预定会议时，还可以设置会议密码。

⑤答辩正式开启前开启"云录制"，在桌面端单击"录制"旁的"三角"按钮，勾选"同时开启录制转写"，方便会后整理点评与存档，如图 4.2 所示。

图 4.1 预定会议

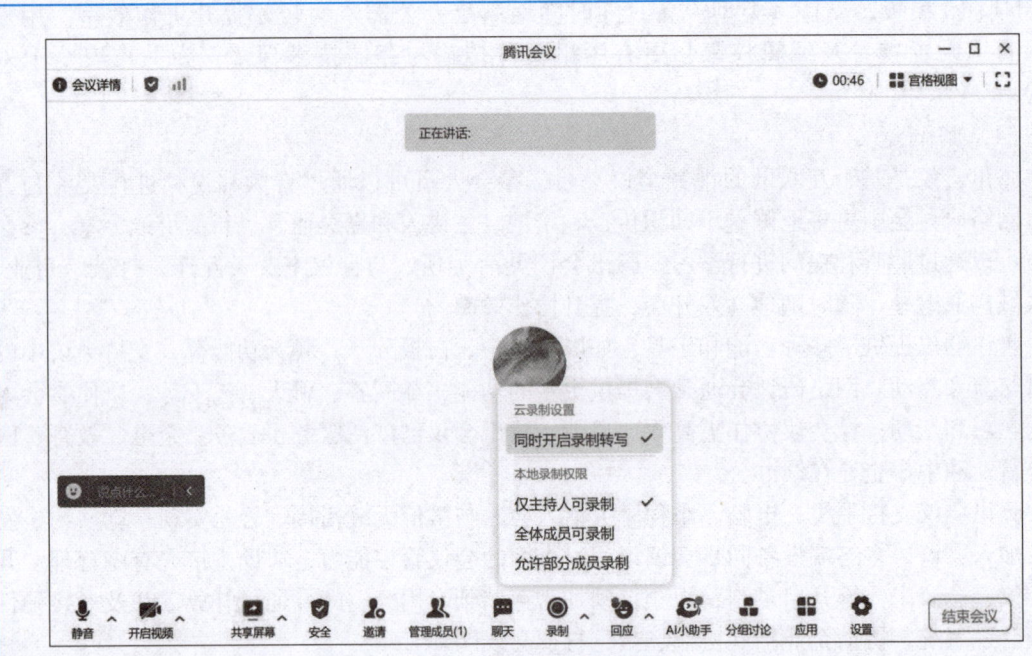

图 4.2　同时开启录制转写

⑥在 PC 端单击"应用"→"计时器",如图 4.3 所示,即可开启计时,帮助管理答辩时间。当答辩人即将超时,可以通过"聊天"私聊提醒;下一位开启答辩时,可单击"重启计时"按钮,即可重新开始计时。

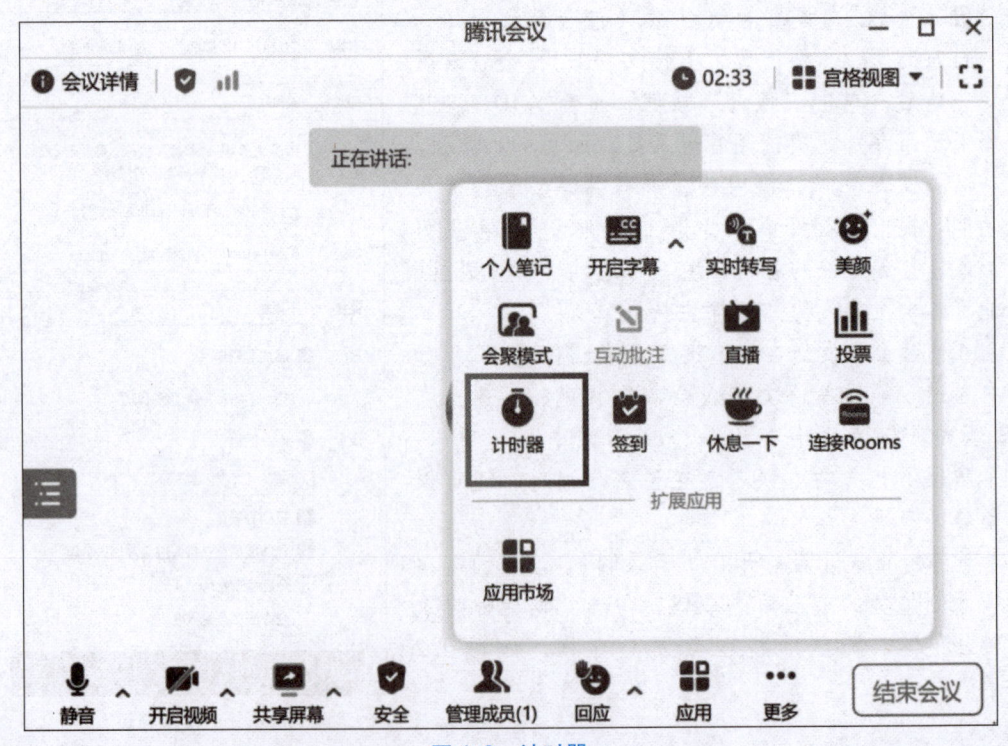

图 4.3　计时器

⑦答辩人事先在 PC 端设置音视频、虚拟背景等，若收到的邀请信息为链接形式，则可以单击邀请链接，验证身份后即可直接进入会议；也可以通过会议号加入会议。

⑧在共享屏幕时，选择"共享窗口"，打开答辩 PPT 或文档，应避免系统消息弹出而干扰答辩，若需要播放视频或音频文件，选择"同时共享电脑声音"，可启用"人像画中画"共享屏幕内容叠加人像，使答辩更有临场感。共享屏幕后，屏幕共享菜单将会在 3 s 后进入沉浸模式，自动隐藏在顶部，将鼠标放在桌面上方即可将其唤出。

⑨会议中，主持人可以通过"管理成员"功能对会场纪律进行控制，比如，全体静音、成员进入时播放提示音等，联席主持人可协助主持人管理会议，对成员进行静音、解除静音等操作。

（5）腾讯微云

腾讯微云是腾讯精心打造的一项智能云服务产品，提供文件上传下载服务，无须使用 U 盘，可以让照片、文档、音乐、视频等文件存到云端，文件不再占用本地磁盘空间。而对于企业来说，腾讯微云更是一款云端办公产品，减少了文件传达的流程以及大量的沟通成本，并节省了纸张的耗费，为企业减少了大量时间花费、人力成本以及办公费用。此外，微云作为与微软 Office 移动端应用合作的云存储应用，支持 Web 端多人协同在线编辑，多端即时同步，即 PC、手机多端同步管理；稳定可靠的文件存储系统，支持多端查看、下载分享、管理便捷，同时还支持多种格式文件在线预览。

除了在线编辑之外，强大的 OCR 文本识别功能也是微云的一大特色。智能扫描除了可以识别文本、名片之外，还可以将文稿轻松秒变 JPG 或 PDF，而且微云的共享组（支持移动端和 Web 端）也在不断进行升级优化，已支持与微信、QQ 好友共享文件。

（6）QQ 邮箱

QQ 邮箱是一款提供安全、稳定、快速、便捷电子邮件服务的邮箱产品，已为超过 1 亿的邮箱用户提供免费和增值邮箱服务。QQ 邮件服务以高速电信骨干网为强大后盾，拥有独立的境外邮件出口链路，免受境内外网络瓶颈影响，全球传信。采用高容错性的内部服务器架构，确保任何故障都不影响用户的使用，随时随地稳定登录邮箱，收发邮件通畅无阻。

2. 阿里

（1）钉钉

钉钉（DingTalk）是阿里巴巴集团打造的企业级智能移动办公平台，为现代企业和组织提供了全新的工作、分享和协作方式，是数字经济时代的企业组织协同办公和应用开发平台，是新生产力工具。钉钉将 IM 即时沟通、钉钉文档、钉闪会、钉盘、Teambition、OA 审批、智能人事、钉工牌、工作台深度整合，打造简单、高效、安全、智能的数字化未来工作方式，助力企业的组织数字化和业务数字化，实现企业管理"人、财、物、事、产、供、销、存"的全链路数字化。

钉钉现已支持 Android、iPhone、Mac、Windows、Linux 客户端，可以使用手机号注册钉钉账号，使用钉钉强大的文档、日历等功能，有效管理个人时间，搭建个人知识库，还可以在钉钉上和家人及朋友聊天沟通。

> **动一动**：钉钉之新员工操作。
>
> ①注册全新个人账号。手机端钉钉（以安卓系统为例）可在应用中心搜索"钉钉"进行下载，并根据提示完成安装。启动钉钉，在引导页单击"注册账号"按钮，打开后可直接输入姓名、手机号、密码，并勾选协议，然后根据提示完成注册。
>
> ②登录钉钉并设置个人信息。单击头像，单击"设置"→"我的信息"，填写相关信息。
>
> ③设置工作状态。单击"添加工作状态"。
>
> ④跟同事打招呼，在通信录中可查看同事信息并开始聊天。
>
> ⑤创建群聊，单击右上角"+"，发起群聊。
>
> ⑥上下班考勤打卡，进入手机端钉钉，单击"工作台"→"考勤打卡"，进行上/下班打卡。

（2）Teambition

Teambition 是阿里打造的一款简单好用的项目协同管理工具，深度融合钉钉，提供项目管理、任务协同等一站式协作体验，含任务、文档、文件、统计、甘特图等丰富应用，适合产品、研发、设计、市场、运营、销售、HR 等各类团队，让企业协同化繁为简。

此外，Teambition 具备不限速度、超大容量、非常安全的网盘功能；随手可记的待办提醒功能；在 Teambition 中，可用"项目"做全局规划，追踪进展，让一切井然有序；其树状目录的文档结构，还支持多人协同编辑，排版也是细节满满；Teambition 还支持在线创建日程、日周等多种视图，帮助有序管理时间，提高企业办公效率。

（3）阿里云盘

阿里云盘是阿里云团队打造的智能云存储产品，其特点为速度快、不打扰、够安全、易于分享，用户可以在这里存储、管理和探索内容，尽情打造丰富的数字世界。

阿里云盘功能包括大容量存储空间、5G 速度上传下载、企业级数据安全防护、在线预览能力、智能备份相册、AI 分类、轻松找图、分享。此外，对于企业办公来说，可以用到的功能包括不限于笔记（to do list）、传图识字（票据、笔记、表格识别）、边看边记（观看学习视频做笔记）、订阅（找办公素材及资源）以及工作文件备份。

3. 字节跳动

主要指飞书，它是先进企业协作与管理平台，"无缝打通"即时沟通、日历、音视频会议、在线文档、云盘、工作台、OKR 等功能，为企业提供全方位协作解决方案，成就组织和个人，帮助企业组织实现全面升级。除了一站式的无缝协作体验，飞书还集合了各大开放应用，彻底告别零散的多套系统和割裂的办公体验。飞书自开发的系列产品包括：

①飞书会议，供企业高效开会使用，会前预约会议时间、会中默读共享文档并实时评论协同、会后音视频内容智能转写为笔记。

②飞书云文档，可提供全员协作的文档编辑环境，通过知识库沉淀、全局搜索，可将散落各处的知识带到你面前。

③飞书项目，专为百人以上产研团队打造，是企业项目管理的便捷工具，沉淀项目标准流程。

④飞书 People 系列产品，飞书 OKR、飞书人事、飞书绩效、飞书招聘等应用可全面助

力人才建设。

⑤企业财法系列产品，企业可选择使用飞书合同和飞书报销。飞书合同让企业合同实现全生命周期管理，飞书报销提供员工报销全流程智能解决方案。除了上述几个飞书的应用外，还有更多涉及飞书 Office、飞书人力和业务工具板块的应用。

4. 华为

（1）WeLink

华为云 WeLink，通过融合消息、会议、邮件、知识、能力开放等，来打造企业数字化办公协作平台，帮助企业实现团队、知识、业务、设备的全面连接。和钉钉、企业微信等综合型 OA 软件相似，华为 WeLink 具备如流程审批、考勤打卡、差旅、即时通信、会议、音视频、云空间、小程序等功能。

华为云 WeLink 源自华为数字化转型实践，具备安全可靠、智能高效和开放共赢的三大核心优势，为企业开启数字化办公智能新体验，助力实现数字化转型。可以实现 AnyTime、AnyWhere、AnyDevice、AnyBody 的全场景智能办公，用户可随时随地通过各类终端设备（手机、电脑、Pad、电子白板等）实现协作办公。

（2）华为云桌面

华为云桌面聚焦政企办公场景，通过完善的部署模式、全方位的安全保障、高清流畅的体验、繁荣的云上办公生态，为客户提供便捷高效、安全可靠、优质体验的云桌面解决方案，满足政企客户日常办公、安全办公、高性能设计等需求，在中国市场连续 7 年排名第一。

华为云桌面服务，支持云桌面的快速创建、部署和集中运维管理。免除大量的硬件部署投入，云桌面可按需申请，轻松使用，助力打造更灵活、更安全、更低维护成本、更高服务效率的 IT 办公系统。

（3）华为云会议

华为云会议聚焦企业会议场景，提供高清、稳定、安全、易用的全场景端云协同的会议解决方案，通过混合部署方案，融合专网和云会议优势，更匹配大型政企需求。

华为云会议同时支持手机、电脑、平板、华为视讯终端、智慧大屏、第三方会议终端等各类终端接入，满足员工桌面办公、移动办公、智能会议室、开放区等全场景智能协作。

数字化办公是未来办公的新趋势，可以实现办公无纸化、提高办公效率、减少纸张的使用、提高信息安全性等优势。随着人工智能技术的不断发展，数字化办公将更加智能化。例如，人工智能可以实现文件的自动分类和检索。企业应该积极采用数字化办公的方式，实现办公的智能化、安全可靠、便捷灵活。

议一议：数字化办公的利与弊。

> 数字化办公的出现让我们的工作变得更加高效、便捷，但同样也带来了一定的负面影响。数字化办公的优点主要体现在以下几个方面。
>
> 首先是时间利用更加高效。数字化工具可以将手动执行的操作自动化，从而让时间成本降低，节省时间。其次是工作更加便捷。数字化工具可以让我们在任何时间、任何地点都能够进行工作，不再受到时间和空间的限制。比如远程会议系统、云存储服务等。最后是工作质量得到提高。数字化工具可以帮助我们更好地管理信息，从而避免信息遗

漏和错误。比如邮件客户端、文档管理系统等。

数字化办公的缺点则主要表现在以下几个方面：一是过于依赖数字化工具。一旦数字化工具出现问题，可能会导致工作受到影响甚至无法正常进行。比如电脑死机、云存储服务闪退等。二是工作节奏过快。数字化工具让我们在短时间内完成了更多的工作，但若长期高强度工作，可能会导致身体和心理的负面影响。三是信息安全面临挑战。数字化工具增加了信息的传输渠道，如果数据的安全性无法保证，有可能会导致信息泄露、网络攻击等问题。

总之，数字化办公可以让我们的工作更加高效、便捷，但同时也需要我们有一个平衡发展的态度。

4.2 云文档协作

云文档，顾名思义，是将文档存储在云端的一种办公方式。用户可以通过网络随时随地访问和编辑文档，实现跨地域、跨部门、跨团队的协同办公。

1. 云文档的优势

云文档是一种基于云计算技术的在线文档服务。它可以让用户创建、编辑和共享各种类型的文档，如文字文档、电子表格、演示文稿等。它通过云端技术，实现了团队成员之间的碎片化的、即时的信息交流，使团队成员在任何时间、任何地点都能够共同编辑、评论和讨论文档，极大地提高了工作效率和团队合作能力。与传统的桌面文档编辑软件相比，云文档具有许多优势：

①灵活性和便捷性，云文档可以在任何有互联网连接的设备上访问和编辑，无论是在办公室、家里还是在路上，都不再受限于特定的电脑或操作系统。

②实时协作，云文档允许多个用户同时编辑同一份文档，成员之间的编辑操作会实时同步，避免了不同版本的文档冲突和混乱，这对于团队合作和远程工作非常有帮助，提高了工作效率。

③版本控制与自动保存，云文档会自动保存修改，并可以轻松查看、比较和恢复历史版本的文档，无须担心误删或丢失内容，避免因文件版本不同而产生的冲突。

④数据安全，云文档通常会使用加密技术保护数据，并可以根据需要设置文档的访问和编辑权限，确保只有授权用户才能访问和编辑，保护文档的安全性。

2. 云文档的应用场景

云文档可以应用于各种工作场景，主要包括：

①团队合作，团队成员可以共同编辑文档，以便更好地协作和沟通。

②远程办公，通过云文档，可以在不同地点的员工之间共享和访问文档，实现远程办公。

③项目管理，通过云文档，可以创建和更新项目计划、任务列表、进度报告等，方便团队管理和跟踪。

④客户交流，通过云文档，可以与客户共享报告、合同和其他文件，保持高效的合作和沟通。

3. 常见云文档工具

当前市场上有许多云文档协作工具可供选择，常用的工具有 Google Docs、Microsoft Office 365、腾讯文档、石墨文档、百度网盘和 WPS 云协作等。Google Docs 提供丰富的文档编辑和协作功能，支持实时协同编辑和评论；Microsoft Office 365 集成了 Word、Excel、PowerPoint 等办公软件，可以在云端进行文档协作；腾讯文档融合了文档进行编辑和在线聊天功能，方便团队成员进行实时沟通和协作，支持实时同步和多人协作，具备丰富的模板资源，方便用户快速创建文档。石墨文档是一款轻便、简洁的在线协作文档工具，PC 端和移动端全覆盖，支持多人同时对文档进行编辑和评论，完成协作撰稿、方案讨论、会议记录和资料共享等工作。百度网盘是一款成熟的云存储产品，提供了稳定的云端存储服务，支持多种格式文件的预览和编辑。

WPS 云协作是金山 WPS Office 套件的一部分，其核心功能主要表现在以下四个方面：

①文档编辑与共享。WPS 云协作支持多人同时编辑同一份文档，实现实时协同作业。用户可以将文档分享给其他成员，实现文档的共享与协作。WPS 云协作支持文档版本的记录与控制，保证多人编辑过程中的数据一致性。在日常办公中，用户可以通过 WPS 云协作实现文件的快速共享和编辑，提高工作效率。

②实时多人协作。在 WPS 云协作中，多人可以同时对同一份文档进行编辑，实时更新其他成员的编辑内容。支持在文档中添加评论和讨论，方便成员间的交流和沟通。当有其他成员编辑或修改文档时，系统会实时提醒相关成员，保证协作的及时性。当团队需要合作完成一个项目时，WPS 云协作提供了精细的权限管理功能，可以根据用户的角色、部门等设置不同的权限，实现角色的精细化管理。WPS 云协作还提供了多种数据安全保障措施，如数据加密、权限控制、操作日志等，确保数据的安全性和可靠性。

③文件同步与备份。WPS 云协作会自动同步本地文件到云端，保证数据的实时更新与备份。WPS 云协作提供了版本控制功能，用户可以追踪文档的每一次修改，包括修改时间、修改内容等，方便用户回溯和比较不同版本的文档。WPS 云协作保存了所有文档的历史版本，用户可以通过历史记录查看文档的修改过程，同时可以恢复到任何一个历史版本。

④跨设备访问与编辑。WPS 云协作可以将文件存储在云端，可以实现文档在计算机、平板电脑、智能手机等多种不同终端间方便地传输、编辑。即使在没有网络的情况下，用户也可以对文档进行编辑，联网后会自动同步到云端，方便用户在外出或旅途中随时随地编辑和查看文档。

WPS 云协作还可以与企业其他系统进行集成，如 OA、CRM、ERP 等，实现数据的互通和共享，提高工作效率。支持自定义插件和扩展功能，用户可以根据自己的需求定制开发一些功能，满足企业的特殊需求。

随着云计算技术的不断进步，WPS 云协作将能够提供更高效、更稳定、更安全的服务。5G 技术的应用将使 WPS 云协作的速度更快，传输更稳定，为团队协作带来更好的体验。

4. WPS 云文档使用

在现代工作环境中，团队协作已经成为一种常见的工作模式。为了方便团队成员间的协作与合作，越来越多的企业和个人开始使用 WPS 云文档来实现实时协作、文档共享以及版本控制等功能。

(1) 登录与设置

在开始使用 WPS 云文档之前，需要先登录 WPS 账号，进入首页。在首页"全局设置"→"设置"处开启"文档云同步"，即可将文件自动备份到云文件中，如图 4.4 所示。

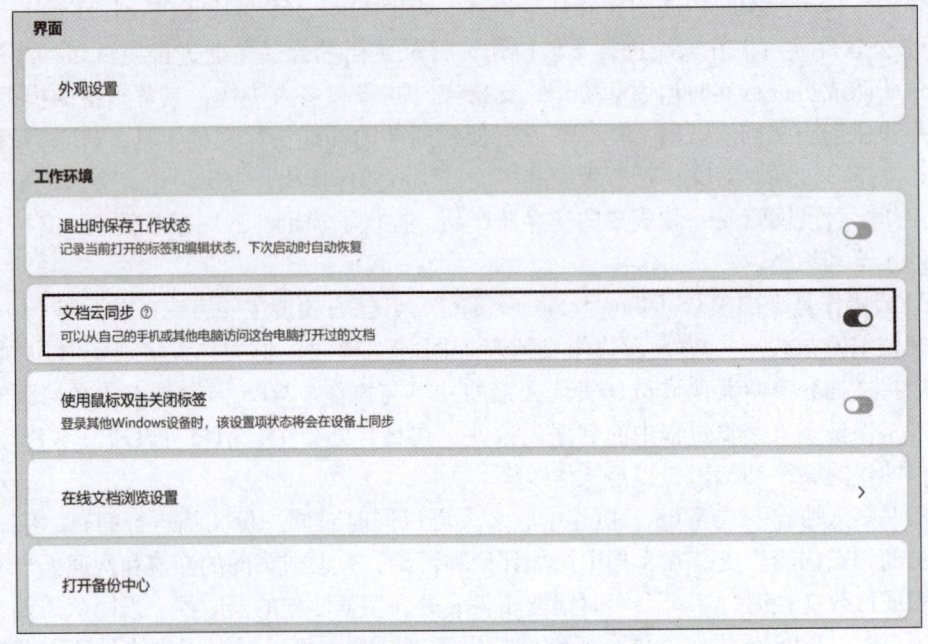

图 4.4　开启"文档云同步"

(2) 新建文档

在 WPS 首页，单击"我的云文档"进入云空间。选择"新建"→"文字"，即可新建一个空白文字文稿，输入文件名，双击就可以打开并编辑自己的文档了，如图 4.5 所示。

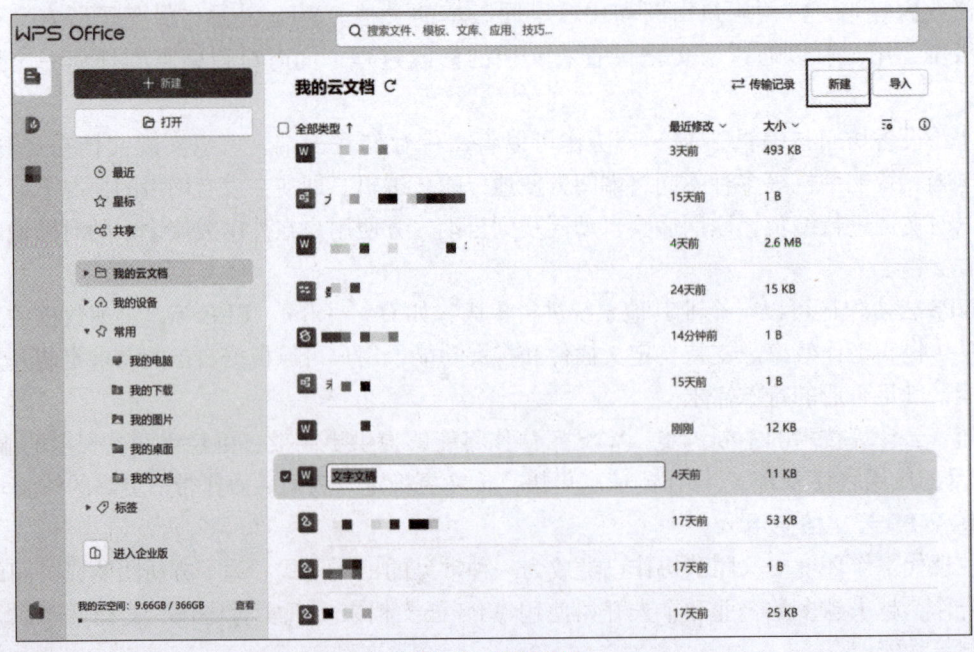

图 4.5　新建文档

或者单击"新建"→"文件夹",命名后打开,单击"上传文件"或者"上传文件夹"按钮,即可把本地文件或文件夹上传到云空间,如图4.6所示。

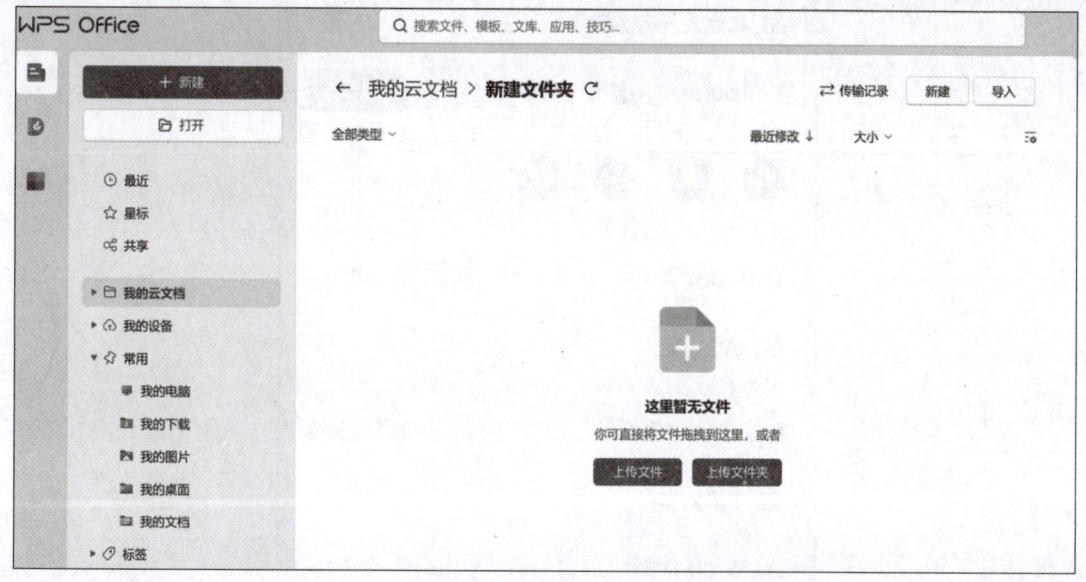

图4.6 新建文件夹

(3)在线协作

除了个人使用之外,WPS 云文档支持多人在线协作编辑。在打开的文档页面右上角单击"分享"按钮,开启"和他人一起编辑",如图4.7所示,即可切换进入协作模式。

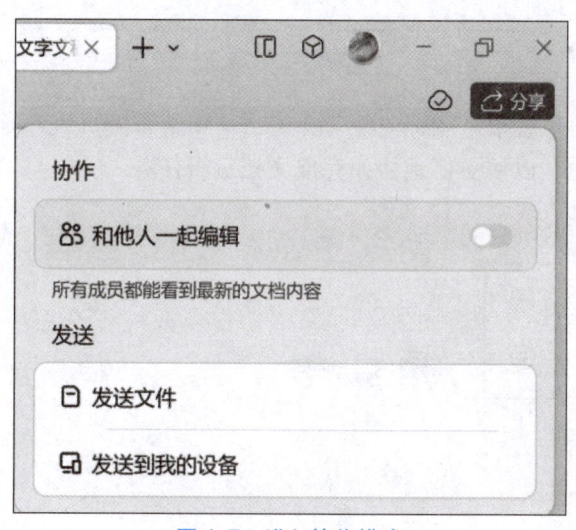

图4.7 进入协作模式

在协作模式下,可以复制链接发送给其他用户,也可以通过小程序发送给微信用户,还可以通过二维码分享等,如图4.8所示。协作者接收到邀请后,单击打开链接,或者扫二维码,随时随地在 PC、手机、平板等多种设备上进入协同文档页面。在多人编辑的过程中,所有人的修改都将实时同步到云端,方便团队协作。

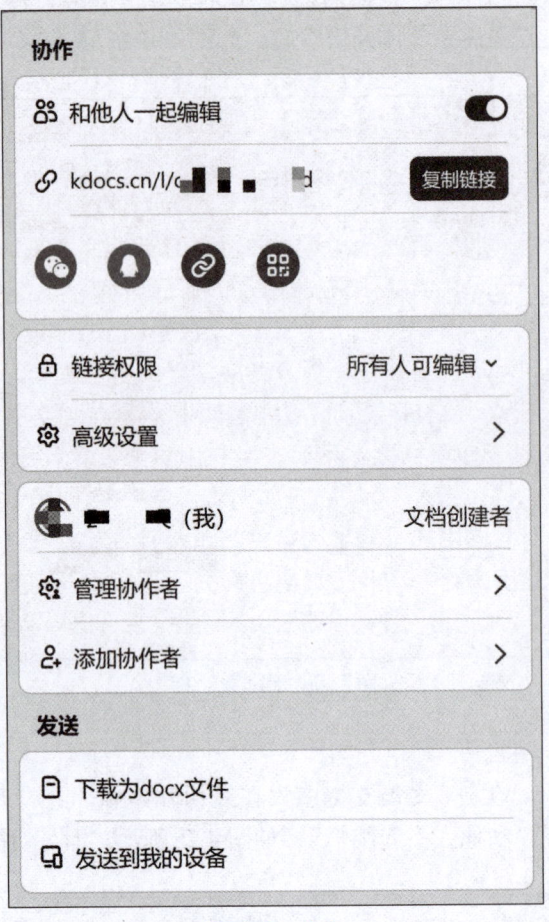

图4.8 分享

如图4.9所示，协作者单击图标或按 Ctrl + Alt + M 组合键进入评论区，通过评论的方式与他人进行讨论和沟通，以便更好地协作完成文档编辑任务。

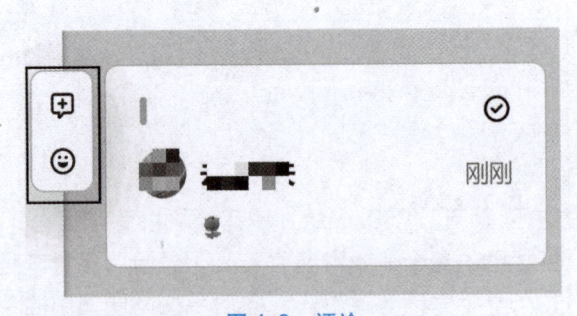

图4.9 评论

单击"高级设置"，如图4.10所示，可设置是否禁止查看者下载、打印、另存和复制内容，是否允许加入分享的人查看、发表留言等，还可以设置文档水印。

单击"管理协作者"，如图4.11所示，可以设置权限，比如可编辑、可查看、可评论等，或者移出协作。

图 4.10 高级设置

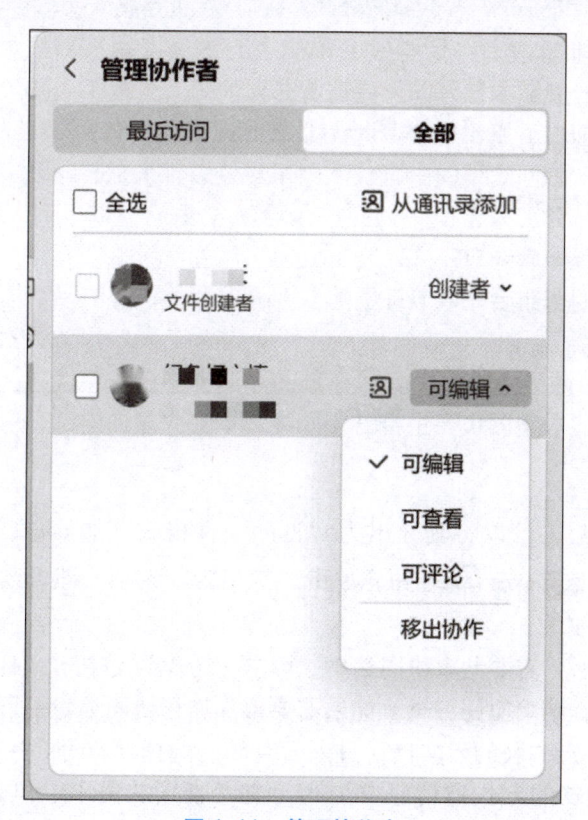

图 4.11 管理协作者

（4）版本管理与恢复

对文档进行多次修改后，可能会遇到需要恢复到之前某个版本的情况。WPS 云文档可以进行版本管理。在编辑界面的左上角单击 ≡ 按钮，单击"历史记录"中的"历史版本"，如图 4.12 所示，即可查看当前文档的所有历史版本，并且选择任意一个版本进行恢复。

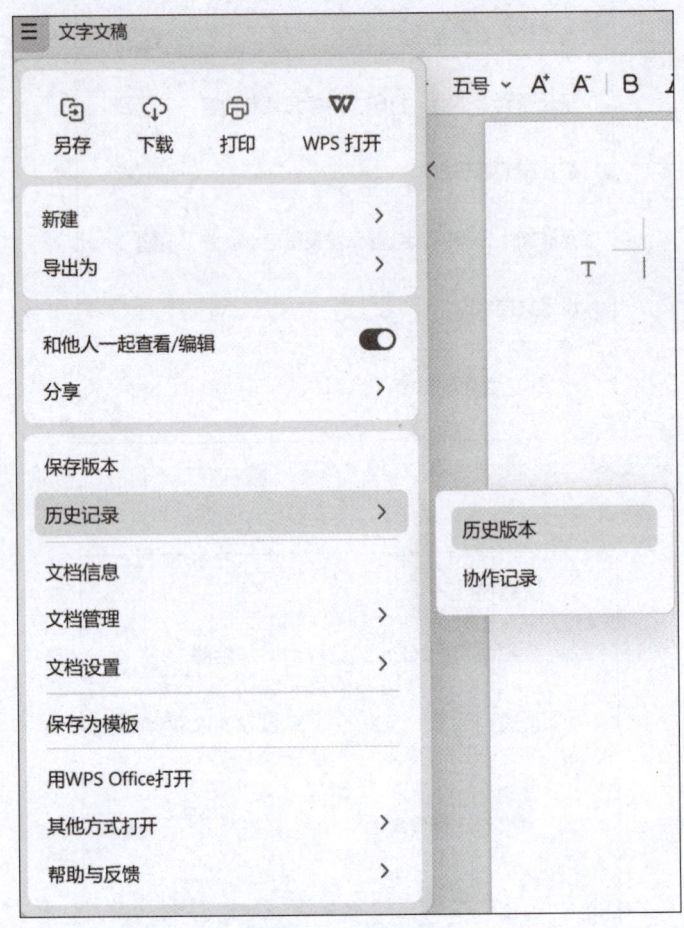

图 4.12 历史记录

（5）导出与打印

完成文档的编辑后，可以将其导出为常见的文件格式，如 docx、pdf 等，或导出为图片。在编辑界面的左上角单击 ≡ 按钮，单击"导出为"选项，即可选择导出的文件格式。

（6）结束协同编辑

当协同编辑完成后，需要结束协同编辑。单击"分享"按钮，关闭"和他人一起编辑"功能就可以取消分享，结束协同编辑。如果需要再次进行协同编辑，可以重新分享文档。

在 WPS 首页，单击"我的云文档"进入云空间。选择"新建"→"共享文件夹"，可通过复制链接发送给好友的方式邀请好友加入，或者直接从通讯录里邀请好友加入，如图 4.13 所示，与好友共同查看、编辑、管理文件夹内容。文件夹创建好后，可上传文件或创建新文档，还可为成员分配查看、编辑权限。若此共享文件夹不需要进行共享了，右击，选择"取消共享"即可。

如果要收集文件，则打开 WPS 首页，选择"导入"→"发起文件收集"，填写收集的完

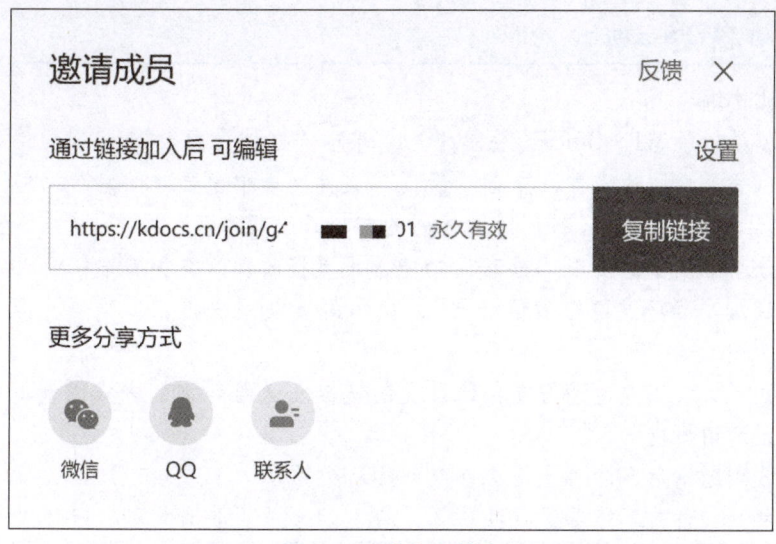

图 4.13　共享文件夹

整信息，包括标题、描述以及需要提交的信息和截止日期，如图 4.14 所示。比如输入收集标题为"班级作业"，文件自动命名为"姓名"+"学号"，单击"开始收集"按钮。复制链接发送给参与者，参与者单击链接，进入提交界面，即可选择文件并提交。收集到的文件会自动保存至 WPS 云空间，方便后续查看和整理。收集结果会实时更新，并自动汇总到同一个文件夹中。

图 4.14　文件收集

动一动：WPS 云协作。

①文件协作编辑：

下载安装最新版 WPS Office，登录账号，开启"文档云同步"。

使用手机登录相同的账号，查看"最近"文件列表中需要进行编辑的文件。

打开"历史版本"，看见按照时间排列的文档修改版本。

将文件分享给同学，使用"分享"功能，设置接收人的文件操作权限。

选择"通过小程序发送给微信好友"，微信好友使用手机扫二维码，即可同步编辑文件。

②创建共享文件夹并邀请好友，通过复制链接发送给好友的方式邀请好友，或者直接从通讯录里邀请好友加入。

③好友收到邀请后，即可上传文件或创建新文档。

④若此共享文件夹不需要进行共享了，右击，选择"取消共享"就可以了。

德育拓展

WPS 扛起了民族软件的大旗

鲜少有民族软件的故事像 WPS 这般跌宕起伏，其在 20 世纪 80 年代末横空出世并霸榜中国办公软件市场，随后惨遭微软和盗版双重夹击而走投无路，又几度自我重塑力挽狂澜于既倒，先后抓住移动互联网、云计算、智能化与协作办公的机会上演绝地反击。

1988 年，金山的创始人求伯君在深圳一家旅馆几平方米的屋子里，单枪匹马 13 个月，写出文字处理软件 WPS。其后 WPS 迅速风靡全国，连续 7 年登顶中国办公软件市场，鼎盛时期市占率超 90%，大街小巷的打字社基本都用 WPS 排版，WPS 成为当年最流行的计算机软件。

中国本土软件方兴未艾，危机却在酝酿之中——跨国软件企业纷纷盯上了中国市场这块"馋人的肥肉"。在遥远的大洋彼岸，美国办公软件领域刚完成一番激烈的"厮杀"，微软打败莲花（Lotus）成为头号软件霸主，随后不久开始筹备进军中国市场。1992 年，微软进入中国，设立北京代表处，两年后，微软伸出友好之手，主动请求与 WPS 彼此兼容。兼容，就像一座桥梁，将金山 WPS 的老用户无缝衔接到微软 Word 上，Office 产品则凭借"所见即所得"和系统捆绑安装策略扶摇直上，金山 WPS 危机四伏。

1995—1996 年，金山探索发布了 Windows 版办公软件"盘古组件"，却遭受极大失败。这是因为微软同期发布了 Windows 95 操作系统，利用操作系统市场的垄断地位，使微软的办公软件有了很强的竞争力。1997—1998 年，微软发布了风靡一时的 Windows 98，获得了巨大的市场成功。利用操作系统的平台优势，微软办公软件被越来越多的人接受和使用。

同时，光驱的流行提速了软件的传播，也带来了长期笼罩在正版软件业上空的阴影——日渐猖獗的盗版软件，在那个版权意识薄弱的年代，盗版软件大行其道，将 WPS 逼至穷途。在跨国软件企业的挤压和盗版市场的联合"绞杀"之下，WPS 数年垒就的大厦顷刻倾塌。这场不见硝烟的办公软件之战后，微软 Office 成为新的规则制定者，曾风靡全国的 WPS 却沦落至无人问津的萧条境地。令人唏嘘的是，时至今日，仍有不少人误解 WPS 是微软 Office

的"山寨版"。

为了让公司长期生存下去，金山通过连推多款工具软件、网络游戏产品的"游击战"赚钱和积累经验，来维系 WPS 的"持久战"。此时的微软 Office 已经是无可争议的行业标准，要让 WPS 走向普及，必须兼容 Office。2002 年，雷军做出了一个破釜沉舟的非商业决定——放弃之前 14 年的技术积累，投入百名研发精英、3 500 万元，重写 500 万行代码，深度兼容 Office！三年之后，WPS 2005 正式发布，一鸣惊人。

紧接着，WPS 开始攻略国际市场。2006 年 9 月，金山 WPS 日文版正式进军当时的全球第二大软件市场——日本，第二年开始收费，并凭借良好品质和低廉价格迅速冲至日本前三，之后又进军越南等东南亚地区，逐渐布局更多海外地区。

看起来，WPS 产品线已然捷报频传，但只要 PC 领域 Windows 生态不倒，WPS 就会一直陷在被微软 Office 牵着鼻子走的被动局面。要打破这个局面，必须寻找新的突围之口。嗅到移动时代的东风后，2011 年，金山率先推出安卓版 WPS，次年开发出 iOS 产品。而微软 iOS 版本 Office 365 在 2012 年才推出，安卓版更是迟至 2015 年推出。WPS 在移动办公赛道成功拿下先手。

为了保证移动端的领先性，金山 WPS 的程序员们逼着自己将版本迭代频率进一步提升。金山办公高级总监黄嘉宁回忆道，PC 版 WPS 以月为单位更新，移动版 WPS 更是做到每周更新一个版本，来补充功能或修复问题。

当 WPS 的端侧设备走向多元时，办公场景趋于碎片化，移动互联网打开了另一扇机遇之门——云端办公与多屏协作。如今，用户只要登录 WPS 账号，就能在任意设备端打开刚刚存储至云端的文件进行编辑等操作。除了移动办公、协作办公，WPS 也在循序渐进地布局另一提升用户体验的重要方向——智能化。这些智能功能都与日常办公需求结合紧密。像数万字长文的检查校对、全文翻译等重复低效的"苦力活"，均可以由 AI 高效代劳；WPS 也能将图片自动转成可编辑文档或表格，并高度还原原文排版，连签名、印章、公式等都能"照搬"。WPS 还衍生出智能辅助写作功能，根据提纲就能自动生成一些文字段落，帮助用户打好底稿。令大多数用户头疼的排版难题，也被 AI 轻松化解。比如输入纯文本大纲，AI 就能一键转成 PPT；智能美化等功能都不在话下。在这些智能服务背后，金山办公 AI 中台面向计算机视觉、自然语言处理等算法研究方向，围绕办公领域，已经开发出近 100 项 AI 能力。

WPS 从 1988 年问世至今，享有过许多程序员慕名加入的鼎盛时期，也曾在微软的强攻与盗版的戕害下经历残酷的生存游戏，又应势而变果断转身。在国产化替代势不可挡的时代背景下，那些或许曾经被轻视、被质疑过的坚持研发通用软件的信仰，如今看起来弥足珍贵。望向前路，有理想、有雄心的新一代中国软件产业技术人才正在成长，担起传承民族软件薪火的大梁。

辩一辩：数字时代，远程办公与现场办公，孰胜孰负？

模块五 网络安全与防护

知识点

- 了解网络安全的重要性，以及网络安全相关法律法规。
- 熟悉常见的网络安全威胁和攻击方式。
- 掌握网络安全的主要技术。

技能点

- 能够在网络上保护自己的个人信息和隐私，防止网络诈骗和网络攻击。
- 能有意识地保护他人的知识产权、隐私权等，不传递不良信息等。
- 能根据解决问题的需要，评估信息来源，辨别信息的可靠性和时效性。
- 能正确选用和配置主流的网络安全防护软件和硬件，处理安全漏洞，防范网络攻击。
- 能进行数据备份与恢复，能依法依规应急处理基本的信息安全事件。

素质点

- 认识网络空间秩序的重要性，养成自觉维护国家信息安全的意识。
- 养成合法、安全、健康地使用信息技术的习惯，具备较强的网络安全意识。
- 自觉遵守信息科技领域的价值观念、道德责任和行为准则，培养良好的信息道德品质，不断增强信息社会责任感。
- 培养学生对信息安全的判断能力、辨别能力及防范能力。

情境导入

当你打开计算机，忽然发现，存储的文件丢失了，或系统突然崩溃了，你知道计算机中发生了什么吗？

当你看到垃圾邮件充塞了电子信箱或在你打开某一封邮件时，防病毒软件提示计算机已感染病毒，这时应做什么？

某天，朋友在他的机器上看到你的计算机中的一些文件夹，这说明了什么？

某天，朋友告诉你，他知道你的上网账号和密码，你信吗？

你在网络上收到信息，说只要你打多少钱到某一账户，就可获得大奖，你如何看待？

某天，当你用QQ聊天时，某个陌生人给你发来一个网址链接，你会打开吗？

因特网是一个信息的海洋，对于这里的所有信息、所有的"网中人"，你都会相信吗？

网上的"泄密门"你知道几个？根据你掌握的知识，能说说这些秘密是如何泄露出去的吗？

5.1 网络安全概述

互联网犹如一柄"双刃剑"，人们在享用互联网提供便利的同时，也时时刻刻受到网络安全威胁。诸如用户账号被窃、数据被删、系统受破坏的案例层出不穷，网络谣言、网络诈骗等网络犯罪时有发生，网络监听、网络攻击、网络恐怖主义活动等已成为全球公害，网络空间在某种程度上已成为继陆、海、空、天之后的第五大主权空间。网络安全事关国家安全和发展，事关广大人民群众切身利益。

所谓网络安全，所处角度不同，其具体含义也不尽相同。对于用户（个人、企业等）来说，主要是指涉及个人隐私或商业利益的信息在网络上传输时受到机密性、完整性和真实性的保护，避免其他人或对手利用窃听、冒充、篡改、抵赖等手段侵犯用户的利益和隐私，同时也避免其他用户的非授权访问和破坏；对于网络运行和管理者来说，主要是指对本地网络信息的访问、读写等操作受到保护和控制，避免出现"陷门"、病毒、非法存取、拒绝服务、网络资源非法占用和非法控制等威胁，并制止和防御网络黑客的攻击；对安全保密部门来说，主要是指对非法的、有害的或涉及国家机密的信息进行过滤和防堵，避免机要信息泄露，避免对社会产生危害、对国家造成巨大损失；而从社会教育和意识形态角度来讲，网络上不健康的内容会对社会的稳定和人类的发展造成影响，必须对其进行控制。归纳而言，网络安全问题主要包括病毒木马侵袭和黑客恶意攻击两大类。

1. 病毒木马侵袭

（1）计算机病毒

自从1946年第一台计算机ENIAC出世以来，计算机已被应用到人类社会的各个领域。然而，1988年发生在美国的"蠕虫病毒"事件，给计算机技术的发展罩上了一层阴影。蠕虫病毒是由美国CORNELL大学研究生莫里斯编写的。虽然其并无恶意，但在当时，"蠕虫"在Internet上大肆传染，使数千台联网的计算机停止运行，并造成巨额损失，成为一时的舆论焦点。

所谓病毒，即计算机病毒，是指编制或者在计算机程序中插入的破坏计算机功能或者破坏数据，影响计算机使用并且能够自我复制的一组计算机指令或程序代码；计算机病毒不是天然存在的，是某些人利用计算机软、硬件所固有的脆弱性，编制具有特殊功能的程序。从广义上定义，凡能够引起计算机故障、破坏计算机数据的程序统称为计算机病毒。

由于计算机病毒可以像生物病毒一样进行繁殖，当正常程序运行的时候，它也进行自身复制，是否具有繁殖、感染的特征是判断某段程序是否为计算机病毒的首要条件。在单机上，病毒只能通过U盘、光盘等从一台计算机传播到另一台计算机，而在网络中，病毒则可通过网络通信机制迅速扩散，网络上的病毒将直接影响网络的工作状况，轻则降低速度，影响工作效率，重则造成网络瘫痪，破坏服务系统的资源，使多年工作成果毁于一旦。网络一旦感染了病毒，即使病毒已被清除，其潜在的危险也是巨大的。有研究表明，在病毒被消除后，85%的网络在30天内会被再次感染。蠕虫（Worm）病毒就是利用网络进行复制和传播的，传染途径一般是通过网络和电子邮件。蠕虫病毒是一种通过网络传播的恶意病毒，近几年危害比较大的病毒如"红色代码""尼姆达""求职信"以及国内著名的"熊猫烧香"等，它们通过电子邮件、网络共享、Web服务器、移动设备以及操作系统漏洞进行传播和扩散，并利用相关操作系统漏洞进行主动攻击，由于其传播速度相当快、影响面大，每一次病毒的爆发都会给全球经济造成巨大损失，因此，它的危害性是十分巨大的。

议一议：虔诚烧香的"熊猫"缘何"带毒"？

> **知识拓展："熊猫烧香"病毒**
>
> 熊猫烧香是一种蠕虫病毒的变种，经过多次变种而来，中毒计算机的可执行文件会出现"熊猫烧香"图案，如图5.1所示。它主要通过下载的文件传染。
>
> 2006年年底到2007年年初，"熊猫烧香"病毒不断入侵个人计算机、感染门户网站、击溃数据系统，同时还会出现计算机蓝屏、频繁重启以及系统硬盘中数据文件被破坏等现象。在两个多月的时间里，数百万计算机用户受到影响，带来无法估量的损失，那只憨态可掬、领首敬香的"熊猫"除而不尽，成为人们噩梦般的记忆。其被《2006年度中国大陆地区计算机病毒疫情和互联网安全报告》评为"毒王"。
>
> 图5.1 "熊猫烧香"图案
>
> "熊猫烧香"计算机病毒制造者及主要传播者李俊等4人，被湖北省仙桃市人民法院以破坏计算机信息系统罪判处1~4年不等有期徒刑，违法所得予以追缴，上缴国库。主犯李俊的那封道歉信说道："熊猫走了，是结束吗？不是的，网络永远没有安全的时候，或许在不久，会有很多更厉害的病毒出来！所以我在这里提醒大家，提高网络安全意识，并不是你应该注意的，而是你必须懂得和去做的一些事情！"

病毒通过网络传播，常见的是通过邮件方式，病毒传播者将病毒放在电子邮件中寄给受害者，引诱受害者打开电子邮件中的带病毒.exe文件而感染病毒，或者通过P2P共享或网页链接的方式，欺骗受害者打开病毒文件；我爱你（I Love You）病毒，又称情书或爱虫，就是通过Outlook电子邮件系统传播的病毒，邮件主题会变成"I Love You"，打开病毒附件后，就会自动传播，被感染的计算机会向邮件地址簿中的所有人发送包含病毒的电子邮件。

借助人们对情书的好奇心,该病毒迅速传遍全球,造成了大范围的电子邮件阻塞和企业亿万美元的损失,它也是迄今为止发现的传染速度最快而且传染面积最广的计算机病毒。

(2) 木马

因好莱坞大片《特洛伊》而一举成名的"木马"(Trojan),在互联网时代让无数网民深受其害。木马是指隐藏在正常程序中的一段具有特殊功能的恶意代码,是具备破坏和删除文件、发送密码、记录键盘和攻击 DoS 等特殊功能的后门程序。木马程序表面上是无害的,甚至对没有警戒的用户还颇有吸引力,它们经常隐藏在游戏或图形软件中,但它们却隐藏着恶意。无论是"网购""网银"还是"网游"的账户密码,只要是与钱有关的网络交易,都是当下木马攻击的重灾区,用户稍有不慎,极有可能遭受重大钱财损失甚至隐私被窃。其特性表现在:

● 隐蔽性。将自己伪装成合法应用程序,使用户难以识别,这是木马病毒的首要也是重要的特征。

● 潜伏性。木马病毒隐蔽的主要手段是欺骗,经常使用伪装的手段将自己合法化。例如,使用合法的文件类型后缀名 dll、sys、ini 等;使用已有的合法系统文件名,然后保存在其他文件目录中;使用容易混淆的字符进行命名,例如字母"o"与数字"0"、数字"1"与字母"i"。

● 再生性。为了保障自己可以不断蔓延,其往往像毒瘤一样驻留在被感染的计算机中,有多份备份文件存在,一旦主文件被删除,便可以马上恢复。尤其是采用文件的关联技术,只要被关联的程序被执行,木马病毒便被执行,并生产新的木马程序,甚至变种。顽固的木马病毒给木马清除带来巨大的困难。

完整的木马程序一般由两部分组成:一个是服务器端,另一个是控制器端。控制器端安装在攻击者的控制台,负责远程遥控指挥;服务器端,即木马程序,以图片、电子邮件、一般应用程序等形式伪装,让用户下载安装。其隐蔽地安装在被攻击者的主机上,目标主机也称为"肉鸡"。相当于在你的计算机上开个"后门",使拥有控制器的人可以随意出入你的计算机存取文件,操纵你的计算机,监控你所有操作,窃取你的资料。其传播途径包括利用操作系统漏洞、浏览器漏洞或浏览器插件漏洞远程植入;通过 QQ、MSN 等通信软件发送恶意网址链接或木马病毒文件;伪装成多媒体影音文件、程序诱骗网民下载等。2012 年 12 月,一款名为"支付大盗"的新型网购木马被发现。木马网站利用百度排名机制伪装为"阿里旺旺官网",诱骗网友下载运行木马,再暗中劫持受害者网上支付资金,把付款对象篡改为黑客账户。

很多重大的木马、病毒的始发地都是 U 盘,尤其是公共场所,比如网吧、学校机房、打印复印店等,U 盘已经成为除了网络传播外,木马、病毒的主要离线传播途径。一般情况下,U 盘内都存储着用户重要的数据文件,如果 U 盘不小心中了木马病毒,用户信息就会被盗取。如果感染了木马病毒的 U 盘插上计算机,那么该计算机就会被感染。病毒运行后,自我复制到系统盘根目录下,通过修改注册表,实现开机自启;侦听黑客指令,盗取被感染计算机上的机密信息(例如,用户名和密码、剪贴板数据等),并将盗取的信息保存在黑客指定的文件里。

2. 黑客恶意攻击

黑客,源自英文 hacker,最初指精通计算机技术,善于从互联网中发现漏洞并提出改进措施的人。今天,黑客一词已被用于泛指那些通过互联网非法入侵他人计算机系统、查看、更改、窃取保密数据或干扰计算机程序的人,常见的黑客行为包括盗窃资料、攻击网站、进行恶作剧、告知漏洞、获取目标主机系统的非法访问权等。由于因特网上黑客站点随处可见,黑客工具可以任意下载,也因此对网络安全造成了极大的威胁。常见攻击方式如下。

(1) 利用系统漏洞进行攻击

任何一种软件、操作系统都可能会因为系统管理员配置错误或程序设计中的一个缺陷等原因而存在漏洞,这些漏洞在补丁未被开发出来之前一般很难防御黑客的破坏,除非拔掉网线。比如,缓冲区溢出是一种非常普遍、非常危险的漏洞,在各种操作系统、应用软件中广泛存在。利用缓冲区溢出攻击,可以导致程序运行失败、系统宕机、重新启动等后果。更为严重的是,可以利用它执行非授权指令,甚至可以取得计算机的控制权甚至是最高权限,进而进行各种非法操作。国家计算机病毒应急处理中心于2004年5月1日发现一种利用微软近期公布的LSASS漏洞的新蠕虫病毒,将其命名为"震荡波"蠕虫病毒。感染了"震荡波"蠕虫病毒的计算机会出现系统反复重启、机器运行缓慢、弹出系统异常的出错框等现象。病毒在网络上自动搜索系统有漏洞的计算机,直接引导这些计算机下载病毒文件并执行,因此,整个传播和发作过程不需要人为干预。如果不给系统打上相应的漏洞补丁,只要计算机接入互联网,就有可能被该病毒感染。利用系统漏洞进行攻击的形式如图5.2所示。

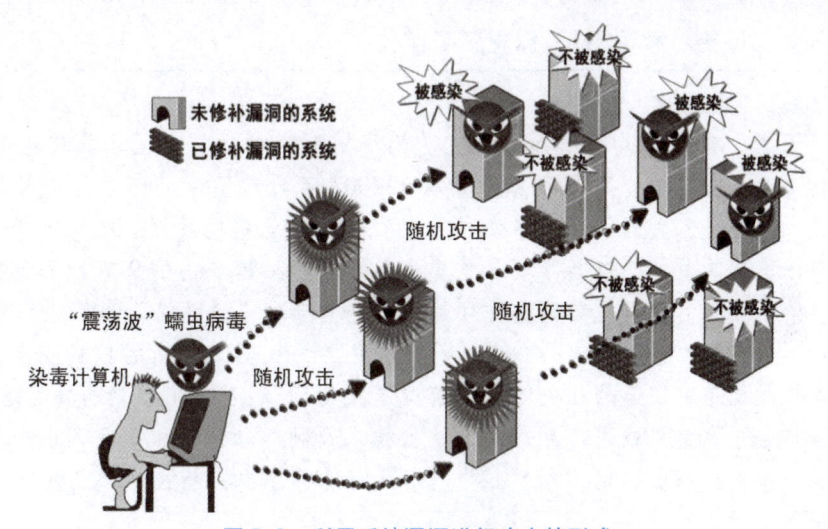

图5.2 利用系统漏洞进行攻击的形式

由于系统漏洞很容易被初学者所掌握,因而利用系统本身的漏洞进行入侵、攻击,成为黑客使用的最普遍的一种攻击手法。利用系统漏洞进行攻击容易得逞,更多的原因是网络管理员安全意识不够,没有及时对系统漏洞进行修补。

(2) 利用后门程序进行攻击

后门程序一般是指那些绕过安全性控制而获取对程序或系统访问权的程序方法。后门程序可能隐藏在下载的信息中,只要登录或者下载网络的信息,就会被其控制,计算机中的所有信息都会被自动盗走。该软件会长期存在于计算机中,操作者并不知情。特洛伊木马就是后门程序的最好范例,它通过伪造合法的程序,偷偷入侵用户系统,从而获得系统的控制权,木马程序会根据命令在目标计算机上执行一些操作,如传送或删除文件、窃取口令、重新启动计算机等。还有一种情况为程序后门，一些软件在编写设计之初，为了方便后期的修改，就在某些模块设计了一个后门，也就是一个秘密的程序入口，这样就能借助这个入口来测试、更改程序。如果因疏忽或者其他原因而使后门没有去掉，就可能被人发现并利用这些后门，然后进入系统并发动攻击。大部分的黑客入侵网络事件就是由系统的"漏洞"和"后门"所造成的。Back Orifice 就是一款非常著名的黑客程序，由黑客组织 Cult of deal cow 所开发。Back Orifice 利用了微软系统的内部后门程序，来控制另外一台计算机的运行。在没有防火墙软件时，Back Orifice 可以检测到用户密码，并记录用户按键情况，以盗取用户的个人信息。Back Orifice 是史上第一个后门，它使人们开始意识到后门存在的可能性。

最著名的后门程序应该算是微软的 Windows Update 了。Windows Update 的动作不外乎：开机时自动连上微软的网站，将计算机的现况报告给网站以进行处理，网站通过 Windows Update 程序通知使用者是否有必须更新的文件，以及如何更新。如果针对这些动作进行分析，则"开机时自动连上微软网站"的动作就是后门程序特性中的"潜伏"，而"将计算机现况报告"的动作是"搜集信息"。因此，虽然微软"信誓旦旦"地说它不会搜集个人计算机中的信息，但如果从 Windows Update 来进行分析，就会发现它必须搜集个人计算机的信息才能进行操作，所差者只是搜集了哪些信息而已。

议一议：展望"棱镜门"，你想到了什么？

> **知识拓展："棱镜门"事件**
>
> 2013 年 6 月，前中情局（CIA）职员爱德华·斯诺顿揭露美国国家安全局的"棱镜"窃听计划，即美国安全局和联邦调查局于 2007 年启动了一个代号为"棱镜"的秘密监控项目，直接进入美国网际网络公司的中心服务器里挖掘数据、收集情报，通过网络实现对全球舆情的监控，包括微软、雅虎、谷歌、苹果等在内的 9 家网际网络巨头都参与其中。消息公布后，世界舆论随之哗然，引发全球对"棱镜门"事件的思考。
>
> "棱镜门"事件为我们敲响了警钟，新技术发展给我国带来新的信息安全隐患，让我们重新审视我国信息安全的相关能力。解构"棱镜门"，让我们认清自身存在的问题：过分依赖国外电子及信息技术产品；缺乏核心技术及独立知识产权；我国电子信息产业自主创新能力亟待提高。展望"棱镜门"，让我们倍感忧虑：新技术、新应用带来了新风险。你想到了什么？

（3）密码破解攻击

密码，我们每天都会用到，从访问电子邮件、登录网上账户，到访问智能手机，是大部分用户保障信息安全的一项关键措施，其重要性不言而喻；密码及个人重要信息依然是黑客攻击的重要对象，一旦用户密码被攻破，将会造成不可挽回的损失。密码破解具体指的是从现有数据中获取密码的过程，大多数获取密码的方法是反复猜测或利用计算机系统中的安全漏洞。常见密码破解方式有以下几种。

第一种是暴力穷举。也叫密码穷举，就是利用软件，通过将键盘上的字母、数字和符号进行不同的组合，来尝试破解该账号的密码。如果黑客事先知道用户账户，一旦用户设置的密码过于简单（例如简单的数字或字母组合），黑客利用暴力穷举工具在短时间内就可以将密码破解出来。研究表明，常用且容易被猜到的密码组合包括 12345、111111、123321 等简易的数字组合；ASDFGHJKL、1werr4iop 等简易的字母组合。而且，在所有的密码中，"password"依然是比较受欢迎的，有近百万人使用。

第二种是击键记录。当用户设置的密码较为复杂时，那么就难以使用暴力穷举的方式破解，此时，黑客往往通过给用户计算机安装木马或病毒程序，来记录和监听用户的击键操作，然后通过记录用户的击键内容并发送给黑客，黑客只需分析用户击键信息，即可破解出用户的密码。2010 年 10 月，美国的银行在一次黑客攻击中损失了超过 1 200 万美元，黑客利用名为 Zeus 的木马记录下了用户敲击键盘的动作，从而盗取了取款密码。大约 100 个人成了怀疑对象。

第三种是屏幕记录。为了防止击键记录工具，用户还经常采用通过鼠标和屏幕键盘录入密码，针对这种情况，黑客通过木马程序截取目标计算机的屏幕记录，通过对比截屏的图片，破解用户密码。

第四种就是网络监听。在局域网上，黑客要想迅速获得大量的账号（包括用户名和密码），最为有效的手段就是网络监听，比如使用 Sniffer 程序。使用这种工具，可以监视、截获网络的状态、数据流动情况以及网络上传输的信息，从而获得其所在网段的用户账号及密码。

还有一种常见的密码破解方式就是撞库。所谓撞库，是指黑客通过收集互联网已泄露的用户和密码信息，之后在目标网站上尝试批量登录，撞运气，试出一批可以登录的用户名和密码。如果用户图省事，在多个网站设置了同样的用户名和密码，那么黑客就很容易通过已掌握的信息登录到这些网站，从而获得用户的相关信息，如手机号码、身份证号码、家庭住址、支付宝及网银信息等，进而有更多的获利空间，如诈骗、盗用、信息被多次交易买卖等。严重时，还可能会导致财产和生命安全。

因大部分的用户安全意识较为薄弱，且为了记忆方便，使用统一的用户名和密码是常见的习惯，但这就相当于给自己打造了一把"万能"钥匙，一旦泄露，就可能累及其他账户或其他用户。撞库无论是对普通用户还是对其他服务提供商来说，伤害都是极大的。比如，2014 年 3 月，一名网络书城负责人的支付宝被撞库，损失 32 万元。关键原因是他的支付宝账号、密码和其在一些中小论坛的账号、密码相同，而他在中小论坛的账号、密码很可能被泄露，从而遭遇"撞库"，导致支付宝账号、密码被盗取。随着移动互联网、物联网的高度融合，涉及个人信息泄露的事件可能还会更多，所以说，防止撞库，是一场需要用户一同参与的持久战。

议一议：被撞库了怎么办？

提及"撞库"，就不得不提"拖库"和"洗库"。在黑客术语里面，"拖库"是指黑客入侵有价值的网络站点，把注册用户的资料数据库全部盗走的行为，因为谐音，也经常被称作"脱裤"。在取得大量的用户数据之后，黑客会通过一系列的技术手段和黑色产业链将有价值的用户数据变现，这通常也被称作"洗库"。例如售卖用户账号中的虚拟货币、游戏账号、装备等变现，也就是俗称的"盗号"。对于金融类账号，如售卖支付宝、财付通、网银、信用卡、股票的账号和密码等，用来进行金融犯罪和诈骗；对于一些比较特殊的用户信息，如学生、打工者、老板等，则会通过发送广告、垃圾短信、电商营销等方式变相获利。此外，将有价值的用户信息直接出售给第三方，如网店经营者和广告投放公司等，比如黑客利用获取的 12306 账户信息进行铁路购票、退票、转卖信息等。因为很多用户喜欢使用统一的用户名、密码，"撞库"可以使黑客收获颇丰。

那么，作为普通用户，被"撞库"了怎么办？

（4）分布式拒绝服务攻击

DDoS（Distributed Denial of Service，分布式拒绝服务）攻击是指，在直接入侵目标服务器无法得逞时，攻击者将多个计算机联合起来作为攻击平台，对一个或者多个目标发送大量超负载的信息，导致服务器繁忙，无法做出响应，合法的用户不能及时得到服务或者系统资源，表现为中断正常的网络通信、破坏用户之间的连接、阻止某些用户访问服务，甚至破坏系统服务器，其本质就是消耗用户和服务器的时间，降低工作效率，甚至拖垮服务器。分布式拒绝服务攻击是一种破坏性的主动攻击，是互联网用户面临的最常见、影响较大的网络安全威胁之一，具有攻击成本低、攻击效果明显等特点。其攻击方式如图 5.3 所示。

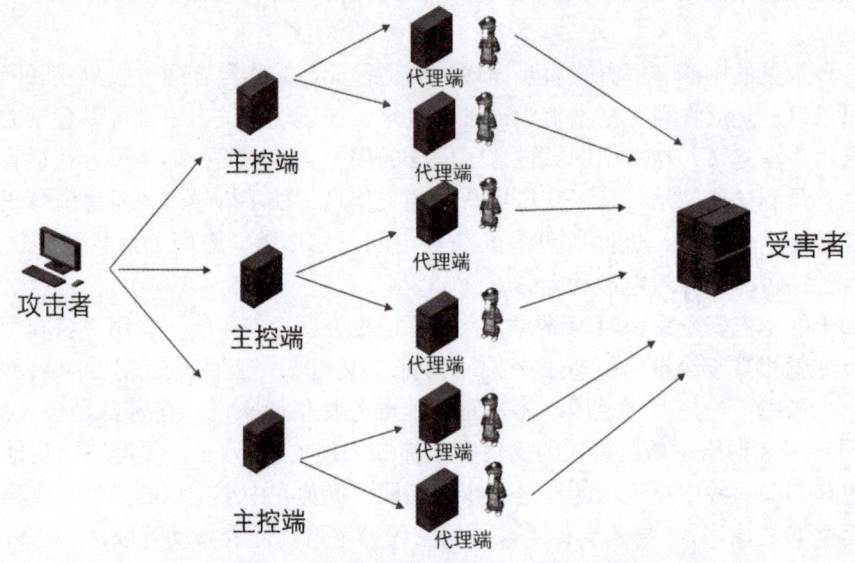

图 5.3 分布式拒绝服务（DDoS）攻击

根据 CNCERT 对 2020 年上半年我国互联网在 DDoS 攻击方面的监测数据（抽样）发现，我国每日峰值流量超过 10 Gb/s 的大流量 DDoS 攻击事件数量与 2019 年基本持平，约 220 起。由网页 DDoS 攻击平台发起的 DDoS 攻击事件数量最多，同比 2019 年上半年增加 32.2%。2019 年 10 月 23 日，亚马逊 AWS DNS 服务受到了 DDoS 攻击，恶意攻击者向系统发送大量垃圾流量，致使服务长时间受到影响，攻击方式如图 5.4 所示。被控"肉鸡"发起大量的查询，数量巨大，递归服务器收到大量"肉鸡"发送的针对亚马逊不存在域名的查询，最终查询的流量都将被转发到 AWS 权威 DNS。这一过程递归 DNS 的资源同时遭到了大量的消耗。

亚马逊权威 DNS 遭受到海量的查询数据，资源耗尽，无法正常响应，导致 DNS 服务彻底瘫痪。事件发生后，域名国家工程研究中心（ZDNS）专家团队对本次攻击进行了初步分析，发现此次针对 AWS DNS 的攻击的源数量庞大、IP 分散、攻击强度大。

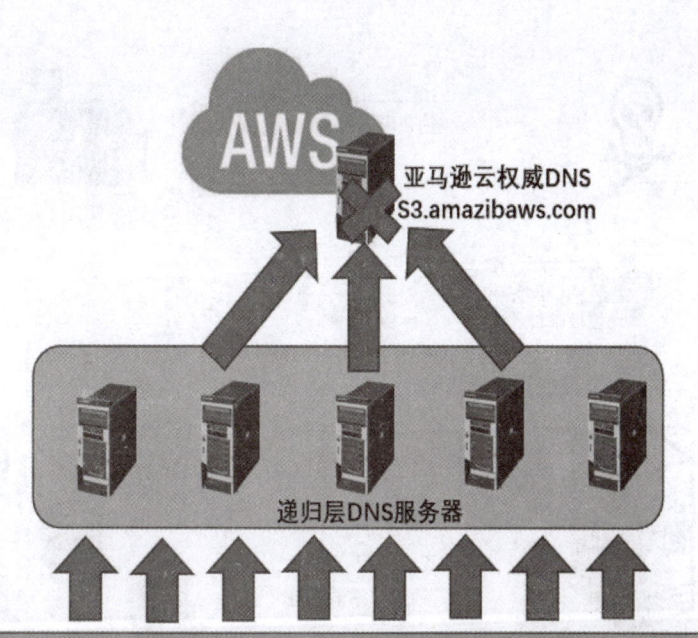

图 5.4　亚马逊 AWS DNS 服务受到的 DDoS 攻击

域名系统作为互联网关键基础设施,是互联网访问的入口、流量的航向标,遭受攻击影响广泛,受攻击者将在互联网消失,攻击收益高。近年来,面向网络基础设施发起的攻击增长迅猛,而针对 DNS 发起的 DDoS 攻击占据了其中 50% 以上,DNS 的安全威胁日趋严峻。一方面,DNS 协议本身的脆弱性,易遭受攻击,攻击成本低,攻击方式多;另一方面,域名服务故障通常会造成大面积的网络中断,严重程度远大于单个应用系统故障。因此,应重视并加强 DNS 系统安全,打造安全 DNS 刻不容缓。

(5) 社会工程学攻击

随着越来越多网络硬件设备和安全软件的引入以及网络安全解决方案的不断完备,单纯地使用技术手段完成入侵的难度大大增加。在巨大的商业价值等因素的驱动下,黑客们开始以人作为突破口,通过交谈、欺骗、假冒或伪装等方式,从合法用户那里套取用户的敏感信息,比如系统配置、密码或其他有助于进一步攻击的有用信息,然后利用此类信息结合黑客技术进行各种渗透和攻击。这个过程被称为"社会工程学",这是一种通过对受害者心理弱点、本能反应、好奇心、信任、贪婪等心理陷阱进行诸如欺骗、伤害等危害,取得自身利益的手法。

当前,网民最常遭遇网络诈骗的方式主要有虚拟中奖信息诈骗、冒充好友诈骗、钓鱼网站诈骗等。以钓鱼网站为例,作为社会工程学攻击的一种常见方式,钓鱼者经常会利用目标 Web 网站的漏洞来获得权限,诱使用户进行转发重要文件、单击恶意链接或打开隐藏病毒的附件等操作,或诱导用户登录仿冒的网页,如银行或理财的网页,输入信用卡或银行卡号码、账户名称及密码等信息,这些信息会被钓鱼者获取,如图 5.5 所示。

图 5.5　钓鱼网站

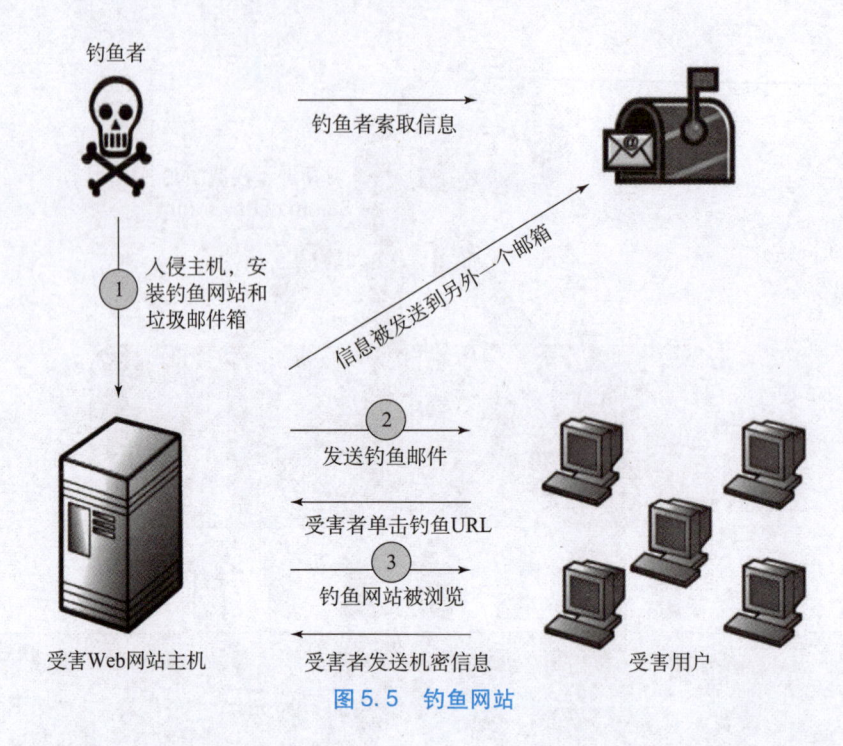

网络钓鱼和网络欺诈传播途径除了信任度高、交互性强的微博、微信平台以外，甚至通过在特定上班途中故意丢弃 U 盘、移动硬盘、手机充电宝等设备，诱使员工捡到并使用。恶意充电宝在充电过程中，无论你的手机是否"越狱"，黑客都可以轻易地读取手机中的通讯录、照片、短信、账号密码等信息。

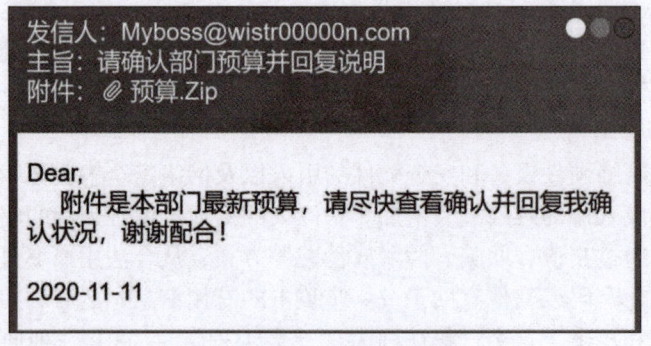

议一议：如图 5.6 所示，这样的邮件你们看到过吗？你会怎么办？

发信人：Myboss@wistr00000n.com
主旨：请确认部门预算并回复说明
附件：预算.Zip

Dear,
　　附件是本部门最新预算，请尽快查看确认并回复我确认状况，谢谢配合！

2020-11-11

图 5.6　钓鱼邮件

当前，企业数字化转型正全面提速，大量黑客利用技术手段对企业敏感数据实施攻击与破坏，导致安全事件频频发生。向内看，信息泄露、谣言传播等现象加深人们对个人信息的安全担忧，虚假信息、不良信息影响国家社会和谐稳定；向外看，网络安全威胁和风险日益突出，并日益向政治、经济、文化、社会、生态、国防等领域传导渗透，网络安全防控能力薄弱，难以有效应对国家级、有组织的高强度网络攻击。网络安全已逐渐发展成为互联网领域的突出问题之一，严重影响了个人安全、社会安全乃至国家安全，可以说，网络安全事关国家长治久安，事关经济社会发展和人民群众福祉，成为信息时代国家安全的战略基石。

党的十八大以来，以习近平同志为核心的党中央从进行具有许多新的历史特点的伟大斗争出发，重视互联网、发展互联网、治理互联网，深刻把握信息化发展大势，高度关注网络安全挑战。2017年6月1日，我国第一部网络安全的专门性立法——《中华人民共和国网络安全法》正式实施，内容共7章79条，具有六大突出亮点：一是明确了网络空间主权的原则；二是明确了网络产品和服务提供者的安全义务；三是明确了网络运营者的安全义务；四是进一步完善了个人信息保护规则；五是建立了关键信息基础设施安全保护制度；六是确立了关键信息基础设施重要数据跨境传输的规则。

《中华人民共和国网络安全法》是我国网络安全领域的基本大法，对什么是网络安全给出了明确解释：指通过采取必要措施，防范对网络的攻击、入侵、干扰破坏、非法使用以及意外事故，使网络处于稳定、可靠运行的状态，以及保障网络存储、传输、处理信息的完整性、保密性、可用性的能力。它对确立国家网络安全基本管理制度具有里程碑式的重要意义，能够有效提高全社会的网络安全意识和网络安全保障水平，使我们的网络更加安全、更加开放、更加便利，也更加充满活力。

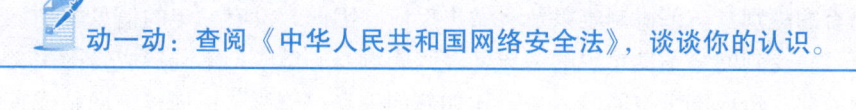

动一动：查阅《中华人民共和国网络安全法》，谈谈你的认识。

国家主席习近平指出："网络安全为人民，网络安全靠人民，维护网络安全是全社会共同责任，需要政府、企业、社会组织、广大网民共同参与，共筑网络安全防线。"面对当前及将来网络安全威胁，从个人层面看，应该充分认识到当前网络信息安全的严峻形势，努力学习网络安全知识，增强网络信息安全防范意识，养成网络安全防护的良好习惯，加强个人网络信息安全防护措施。从企业层面看，不仅需要采取相应的网络安全防护措施，积极利用人工智能、大数据等新技术，提升网络安全态势感知能力，比如数据的异地加密备份、升级安全防御机制和体系等，还需要把网络安全提升到管理的高度上实施，然后落实到技术层次，"三分技术、七分管理"，构建一个健全的网络安全管理体系。

5.2 网络安全意识

2021年10月，以"网络安全为人民，网络安全靠人民"为主题的2021年国家网络安全宣传周在全国范围内展开。习近平总书记强调："举办网络安全宣传周、提升全民网络安全意识和技能，是国家网络安全工作的重要内容。"拥有网络安全意识是保证网络安全的重要前提，许多网络安全事件的发生都和缺乏安全防范意识有关。

所谓网络安全意识，是指人在网络空间活动中所具备的安全意识，以及遭遇不安全因素时所表现出的应对能力。提升网络安全意识，于个人而言，可以有效避免网络不安全因素的侵害；于社会而言，可以有效降低网络安全事件的发生；于国家而言，加强网络安全教育、增强全民网络安全意识是网络安全国家战略的重要内容。当前，网络安全意识可归类为关注信息甄别、自我防范意识和网络行为规范三个方面。

1. 关注信息甄别

信息甄别，一方面，指在不同环境下对个人信息披露的真实程度和尺度的把控能力；另一方面，是指在芜杂泛滥的网络信息中过滤垃圾信息、虚假信息和有害信息，筛选有价值的信息的能力。数字化信息时代，人人都是通讯员，个个都是记者，网民可以通过微博等形式在网络上自由发布信息。而网络的匿名性又使发布网络虚假信息承担责任的风险降低，在一定的利益动机和社会心理机制作用下，一些平台用户试图发布虚假信息及低俗内容来谋取各种利益。甚至发布各种暴力、色情、凶杀等相关不良信息，由于这类信息和内容往往流传甚快甚广，使社会原有的甄别及防范机制难以及时做出反应。因此，没有一定的信息甄别能力和思想信仰，就很容易受到网络不良思想的诱导，轻则影响身心健康，重则造成爱国主义意识丧失、民族观念动摇，造成不可挽回的后果。比如新闻消息，应该从正规权威网站或官方网站查看。

议一议：阅读以下两段材料，你会怎么做？

> ①某天手机收到短信："您的朋友13×××××为您点播了一首歌曲，以此表达他的思念和祝福，请您拨打9××××收听。"
>
> ②某日QQ收到留言："尊敬的QQ用户您好！恭喜您被腾讯网络科技有限公司后台系统抽取为2024年幸运用户，您将获得惊喜奖金28 000元，以及本公司赞助的iPhone 15 Pro手机一部。请您联系颁奖QQ：3481××××374领取。"

2. 自我防范意识

近年来，网络诈骗、钓鱼邮件、撞库攻击、隐私泄露等网络安全问题频发，用户私人信息和机密信息被非法窃取，给许多人造成了不小的经济损失，当然，也给生活带来了许多不必要的烦恼。作为普通用户，网络安全从良好的意识习惯开始，养成自我防范意识，可以有效规避绝大多数的网络安全事件。

（1）个人敏感信息的保护意识

随着信息化与经济社会的深度融合，利用个人信息侵扰群众生活的现象屡见不鲜，由此滋生的电信诈骗等各类违法犯罪活动愈演愈烈，个人信息泄露已成为网民遭遇最多的网络安全问题，加强个人信息保护，提高自我防范意识势在必行。比如，在使用微博、QQ空间、贴吧、论坛等社交软件时，尽可能避免透露或标注真实身份信息，以防不法分子盗取个人信息；在朋友圈晒照片时，不晒包含个人信息的照片，如要晒姓名、身份证号、二维码等个人信息相关的照片时，发前先进行模糊处理，防止社会工程学攻击。

议一议：《中华人民共和国个人信息保护法》正式实施的深远意义。

> • **知识拓展**：《中华人民共和国个人信息保护法》
>
> 《中华人民共和国个人信息保护法》（以下简称《个人信息保护法》）于2021年11月1日起施行。与《民法典》《网络安全法》《数据安全法》《电子商务法》《消费者权益保护法》等法律共同编织成一张消费者个人信息"保护网"。
>
> 作为第一部专门保护个人信息的法律，《个人信息保护法》将自然人姓名、出生日期、身份证件号码、生物识别信息、住址、电话号码、电子邮箱、健康信息、行踪信息等全面纳入保护范围，为信息处理者的合规工作提供了明确的方向性指导。
>
> 针对App过度收集个人信息、公共场所安装摄像头和人脸识别设备等个人信息保护中的热点、难点问题，《个人信息保护法》给出回应，包括：处理个人信息应当具有明确、合理的目的，并应当与处理目的直接相关，采取对个人权益影响最小的方式；在公共场所安装图像采集、个人身份识别设备，应设置显著的提示标识；所收集的个人图像、身份识别信息只能用于维护公共安全的目的。此外，完善了个人信息保护投诉、举报工作机制等，充分回应了社会关心的问题，为破解个人信息保护中的热点、难点问题提供了强有力的法律保障。
>
> 针对越来越多的企业利用大数据分析、评估消费者个人特征用于商业营销的"大数据杀熟"问题，《个人信息保护法》给予明确禁止，规定个人信息处理者利用个人信息进行自动化决策时，不得对个人在交易价格等交易条件上实行不合理的差别待遇。
>
> 我国《个人信息保护法》以现实问题为导向，以法律体系为根基，统筹既有法律法规，体察民众诉求和时代需求，将之挖掘、提炼、表达为具体可感、周密翔实的法律规则，将广大人民群众网络空间合法权益维护好、保障好、发展好，使广大人民群众在数字经济发展中享受更多的获得感、幸福感、安全感，促进数字经济发展。

（2）良好的软硬件使用习惯

为了窃取用户信息，黑客经常把恶意代码或流氓软件等伪装成正常软件，把木马植入正常软件中，打着免费、破解的旗号，欺骗用户下载，用户一旦下载安装，就会"引狼入室"。因此，应尽量从软件官网或安全可靠的平台下载软件，手机端的App软件在申请权限时应谨慎放行，一旦发现恶意扣费、广告骚扰等异常情况，应及时卸载相关App软件，必要时可将移动终端恢复至出厂设置。同时，做好自我防护措施，比如，对个人使用的手机和计算机进行安全设置，定时打好补丁，及时更新病毒库，杀毒软件可以识别部分恶意代码并拦截告警；最后，对于重要数据，一定要做好数据备份，否则会导致灾难性的后果。

对于普通家庭来说，通过使用无线宽带路由器接入互联网，由于成本原因，设备的安全性能通常较低，较容易发现安全漏洞，黑客可以利用漏洞直接获取路由器设备的最高权限。如果设备默认开放或用户主动开放路由器设备的远程Web管理功能，黑客还可以通过暴力破解、万能密码等手段获取路由器的Web管理权限，进而通过固件更新等方式植入后门，一旦路由器被控制，用户所有的网络数据几乎都是"透明的"，对连上路由器的计算机、手机等终端设备实施攻击也就变得非常容易了。因此，不但要定期更改密码，还要关闭路由器设备的远程Web管理功能。

📝 **动一动**：无线路由器改密码。

操作步骤：

使用无线路由器时，涉及的密码有三个：无线密码、路由器管理密码、宽带密码，各密码的作用如图 5.7 所示。

图 5.7　密码的作用

- 以某无线路由器为例，如图 5.8 所示，连接相关设备，并查看路由器底部标贴上的出厂无线信号名称以及管理地址。

图 5.8　连接无线路由器

- 线路连接完成后，打开 IE、Google、火狐、360 等浏览器，清空地址栏并输入标贴上查看到的管理地址。若路由器处于出厂第一次设置，则弹出的页面提示设置一个管理员密码；若弹出的页面提示输入管理员密码，表示之前已经设置过，输入密码，单击"确定"按钮即可。如果忘记密码，可按路由器上的复位键恢复出厂设置，再重新设置。路由器复位键有两种类型：RESET 按钮和 RESET 小孔，如图 5.9 所示。

图5.9 路由器复位键

● 成功登录后，路由器会自动检测上网方式。若检测到上网方式为宽带拨号上网，则需要输入运营商提供的宽带账号和密码，输入完成后，单击"下一步"按钮进行设置。若上网方式检测为自动获取 IP 上网，则直接单击"下一步"按钮，无须更改上网方式。

● 接上来设置路由器的无线名称和无线密码，设置完成后，单击"完成"按钮即可保存配置。无线密码是无线终端（手机、笔记本）连接无线信号时需要输入的密码。

● 在路由器管理界面，可以修改无线密码、设置宽带连接等，还可以在"路由设置"中单击"修改管理员密码"，输入原有登录密码，设置新的管理员密码。或者在"系统工具"中单击"修改登录口令"，根据页面提示设置完成后，单击"保存"按钮，即可完成管理员密码的修改。

（3）良好的互联网应用习惯

即便处处小心，我们的个人信息依然可能被泄露出去，比如，攻击者伪造身份向用户发送"钓鱼"链接或恶意代码，一旦用户误点链接或打开带有恶意代码的附件，用户计算机就可能感染病毒或植入木马。良好的互联网及软件应用习惯是网络安全自我防范的基础。

为了防范源自互联网应用的安全威胁，首先，不访问危险网站，不随意在不明网站或 App 上进行实名认证注册，进行网络支付时，检查网站是否正规合法，谨防钓鱼网站。其次，不在公共网络环境中处理个人敏感信息，不随意接入开放的 Wi-Fi，不随意扫描和单击来路不明的二维码和链接；最后，无论是从互联网上搜索和下载资料，还是接收邮件、通过移动存储（U盘、移动硬盘等）复制资料、借由 QQ 等即时通信工具传输数据等，只要有新文件从非本机进入计算机，就必须注意文件资料的安全性；在接收邮件的时候，要尽量利用邮箱工具提供的反垃圾邮件工具，注意仔细分辨有害邮件。有了良好的网络安全意识和使用习惯，再结合可以信赖的安全软件，就可以将安全隐患降到最低程序。

议一议：自查三大不良网络使用习惯，你有没有踩坑？

①更换手机未删除残留的敏感信息或未解绑银行卡。

现在电子产品更新换代的速度很快，手机作为一个信息的载体，我们日常的照片、短信、视频，甚至是银行卡信息大部分存储在手机里。如果更换手机后没有解绑银行卡或是删除个人敏感信息，不怀好意的人就可能会用这些与你息息相关的信息来牟取非法利益。因此，当你需要更换手机时，应对旧手机进行格式化处理，让手机恢复到出厂状态。

②直接删除带支付功能的 App，不解绑银行卡。

我们常用的社交、生活、购物等各个平台的 App，均需要登录并线上支付，线上支付就需要将银行卡绑定和进行身份验证。若要删除该 App，一定要记得先解绑银行卡，防止重要的信息泄露。

③主动扫描带有优惠信息的二维码。

扫描二维码其实就相当于单击了一次链接。在消费者扫了二维码后，可能就会在不知情下后台自动下载一些高危应用。这种类似病毒一样的高危应用会悄悄地盗取你手机里的私密信息。因此，对于不明来历的链接或二维码，切勿随便单击或扫描。

（4）良好的密码使用习惯

从访问电子邮件、登录网上账户，到打开智能手机，大部分计算机系统和网络服务都毫不例外地利用密码来保护自身的安全，可以说，密码是保护账户的最后一道防线。用户账号密码泄露，大部分是因为缺少网络安全保护意识、自我防范意识。良好的密码使用习惯是用户自我保护、自我防范的体现。

安全的密码长度应该在 16 位以上，并且密码中包含有大写字母、小写字母、数字和特殊字符。为防止密码被黑客通过键盘记录器、网络监听等多种攻击工具截获，用户需要定期更换自己的密码，甚至使用动态密码；尽量不要在各种网络应用之间使用相同的密码，这样可以最大限度规避攻击者的"撞库"攻击。尽量不要在计算机或手机上记录重要密码，最好抄写在本子上放在家中。

（5）利用法律武器维权的意识

当个人利益受到损害，个人财产遭受损失时，要善于利用法律武器维护自己的合法权益。遭受网络犯罪行为侵害时，首先要保持冷静，做好取证、留证工作的同时，第一时间报警。此外，应及时联系相关互联网企业采取补救措施，及时止损。

3. 网络行为规范

身处互联网时代，几乎人人都离不开网络，人人都是网民。网络的隐匿性、虚拟性使网民容易规避现实社会的约束而成为网络的破坏者。轻者表现为发泄不满、肆意谩骂、散布谣言等，重者就是网络犯罪了，主要指行为主体通过非法操作计算机网络，实施侵害计算机系统以及其他危害社会的、应当受刑法处罚的行为，包括利用网络危害国家安全（如破坏团结安定、间谍情报等）、侵犯公民人身权利（如侮辱诽谤、人肉搜索等）、侵占财产（如电子盗窃、网络诈骗）、侵害计算机系统（如攻击网站、传播病毒等），以及进行色情传播或赌博等活动。这些不规范的网络行为，明显违背了社会的道德或者法律，严重影响了个人安全、社会安全乃至国家安全。

面对纷繁复杂的网络信息，我们更应争做中国好网民，净化网络空间，抵制危害网络健康和安全的"病毒"，还网络世界一片"湛蓝天空"。首先，应该从认知与思辨开始。保持客观理性的思辨状态，具备良知，拥有底线，面对新闻热点，慎重转发、客观评论，真实点赞；拥有独立判断的价值取向，坚持自我，不受诱惑，面对公共事件，不人云亦云，不迷恋"大V"，不迷信"专家"。理性上网、文明上网，是中国好网民的"标配"。

其次，要脚踏实地，勇于实践，用自己的行动使互联网真正成为共建共享的精神家园，要做弘扬正气的"好网民"。应该有民族的情怀，做我们国家的忠实拥护者；应该有守法观念，做网络秩序的自觉维护者。

最后，面对网络要有正确的价值追求，不做低头刷微博和朋友圈的"低头族"，不做在网游的世界里"练级"的"网虫",不被网络"绑架"。应该有责任担当,做主流价值观的积极传播者;应该有社会良知,做低级趣味的坚决抵制者。

要在网络空间做一名合格的网民,成为一名好网民,既要有高度的网络安全意识、必备的防护技能,也要有文明的网络素养、守法的行为习惯,需要传递网络正能量,共创清朗网络空间,这也是做中国好公民的一种延伸。《中华人民共和国网络安全法》明确禁止了八类活动、七类行为,规范用户的网络行为,从而有效利用互联网上的资源,保证网络安全。

①任何个人和组织不得利用网络从事以下八类活动:

一是危害国家安全、荣誉和利益;

二是煽动颠覆国家政权、推翻社会主义制度;

三是煽动分裂国家、破坏国家统一;

四是宣扬恐怖主义、极端主义;

五是宣扬民族仇恨、民族歧视;

六是传播暴力、淫秽、色情信息;

七是编造、传播虚假信息扰乱经济秩序和社会秩序;

八是侵害他人名誉、隐私、知识产权和其他合法权益等活动。

②以下七种行为都是法律明确禁止的:

一是非法侵入他人网络、干扰他人网络正常功能、窃取网络数据等危害网络安全的活动;

二是提供专门用于从事侵入网络、干扰网络正常功能及防护措施、窃取网络数据等危害网络安全活动的程序、工具;

三是明知他人从事危害网络安全活动的,为其提供技术支持、广告推广、支付结算等帮助;

四是窃取或者以其他非法方式获取个人信息,非法出售或者非法向他人提供个人信息;

五是设立用于实施诈骗,传授犯罪方法,制作或者销售违禁物品、管制物品等违法犯罪活动的网站、通信群组;

六是利用网络发布涉及实施诈骗,制作或者销售违禁物品、管制物品以及其他违法犯罪活动的信息;

七是发送的电子信息、提供的应用软件,设置恶意程序,含有法律、行政法规禁止发布或者传输的信息。

议一议:大学生应该怎样规范自己的行为?

- **知识拓展:大学生网络行为规范**

大学生网络行为规范有法律规范、纪律制度规范和道德伦理规范。大学生除了自觉遵守网络行为规范外,还应充分发挥网络行为规范的示范效应,引导和影响身边的网民。

第一,合法:网络行为的法律规范。

当前大学生网络主体需要了解的我国网络法律规范主要有《中华人民共和国计算机信息网络国际联网管理暂行规定》《全国人民代表大会常务委员会关于维护互联网安全的决定》《互联网信息服务管理办法》《互联网电子公告服务管理规定》《互联网站从事登载新闻业务管理暂行规定》《中国互联网络域名注册暂行管理办法》《中国互联网络域

名注册实施细则》《中华人民共和国电信条例》等。

第二，遵纪：网络行为的纪律制度规范。

大学生应该遵循的网络行为纪律主要有：遵守上网场所的有关规定；遵守公共场所的文明规范；不得大声喧哗、吵闹而影响安静有序的上网环境；听从网络管理人员的规劝和管理；服从国家关于网络法律法规的规范制约，维护网络安全和网络游戏秩序。

第三，守德：网络行为的道德伦理规范。

为社会和人类做出贡献；避免伤害他人；要诚实可靠；要公正并且不采取歧视性行为；尊重包括版权和专利在内的财产权；尊重知识产权；尊重他人的隐私；保守秘密。我国应该根据原有的道德体系尽快制定网络行为的道德规范，倡导诚心、合理、文明、高尚的网络行为风气。

5.3 网络安全防护

目前比较成熟并广泛应用的网络安全防护措施有防病毒技术、防火墙技术、入侵检测技术、数据加密技术等。

1. 防病毒技术

作为一种常见的网络安全防护措施，防病毒技术主要是针对网络安全运行的应用软件，注重网络防病毒，一旦病毒入侵网络或通过网络侵染其他资源终端，防病毒软件会立刻进行检测删除，并阻止操作，防止其行为的进行，减少侵染区域，保护信息资源安全。目前，在防病毒技术上，最重要的就是"防杀结合，防范为主"。用户要想知道自己的计算机是否感染有病毒，最简单易行的方法就是使用杀毒软件对磁盘进行全面的检测。如果要想检测出最新的病毒，则必须保证自己使用的杀毒软件的病毒码得到了及时的更新（也就是使用最新版的杀毒软件并及时升级）。定期查杀可以及时发现可疑的文件、系统漏洞，在对目标文件进行杀毒的同时，可以通过安装系统补丁有效保护计算机安全。如果没有反病毒软件，可以根据计算机中毒后所引起的系统异常症状来做出初步的判断。

①计算机系统运行速度明显减慢或经常无故死机。绝大部分的病毒是要驻留在内存中的，会占用系统执行正常命令的时间和部分资源，会造成系统的运行速度减慢，甚至系统无故死机，因此，若非 CPU 故障、显卡过热等硬件原因，就应该考虑计算机是否感染病毒了。

②计算机系统异常重启或者频繁出现非法错误。在使用计算机的过程中，毫无征兆出现非法错误信息或重新启动，很有可能是病毒在发作。此时用户就应该注意了。

③磁盘莫名其妙出现坏簇或特殊标签，系统无法正常引导磁盘。病毒为了隐藏自己，常常会把自身占用的磁盘空间标志为坏簇，或者用一个自己的特殊标记给自己感染过的磁盘做上标签，有时还会修改磁盘的卷标名；有的病毒寄生在磁盘的引导区内，会覆盖掉引导区的部分代码，因此，系统就不能正常地引导磁盘了。

④磁盘空间迅速减少，出现丢失文件或文件被修改破坏。没有安装新的应用程序，而系统可用的磁盘空间减少得很快，可能是病毒在系统中大量地复制繁殖造成的。一些病毒在发作时，会将被传染的文件删除或重命名，或者将文件真正的内容隐藏起来，而文件的内容则变成了病毒的源代码，或者文件的时间、日期、大小发生了变化。这是比较明显的病毒感染

迹象，此时文件不能正确地读取、复制或打开。

⑤计算机屏幕上出现异常显示。一些病毒在发作时，会在计算机的屏幕上显现一些异常的信息，或是文字，或是图像。比如，"小球"病毒在发作时，屏幕上就会出现一个上下浮动的小球。当屏幕上出现类似的异常显示时，很可能是计算机已经被感染了一些恶意的病毒。

⑥部分文档自动加密码。有些计算机病毒会利用加密算法，将加密密钥保存在计算机病毒程序体内或其他隐蔽的地方，加密被感染的文件。如果内存中驻留有这种计算机病毒，那么在系统访问被感染的文件时，它就会自动地将文档解密，这样用户就不会察觉到文档被加密了。这种计算机病毒即使被清除，加密的文档也很难恢复了。

⑦自动发送电子邮件。大多数电子邮件病毒都是采用自动发送电子邮件的方式来作为其传播的手段的。

杀毒软件，从功能上可以分为网络版和单机版两大类。一旦病毒入侵网络或者从网络向其他资源传染，网络版杀毒软件会立刻检测到并加以清除，这就最大可能地避免了病毒对系统资源的感染和破坏。对于个人用户来说，一般安装单机版杀毒软件，即可对本地和本地工作站连接的远程资源采用分析扫描的方式检测、清除病毒。目前，国内的杀毒软件有很多，360安全卫士、金山毒霸、腾讯计算机管家、火绒等都比较有名，大部分可免费下载安装使用，功能也十分强大，然而，很多杀毒软件衍生出其他功能，比如广告推广，一旦安装，一个又一个的广告弹窗，让你的计算机就变成其广告的推广工具，占用了系统资源，消耗了网络带宽，给用户带来不少的烦恼。但无论如何，选择一款杀毒软件作为家用计算机的病毒防御还是有必要的。

动一动：查找杀毒软件资料，并进行横向比较，填入表5.1。

表5.1 杀毒软件资料

软件名称			
开发公司			
创始人			
优点			
缺点			

2. 防火墙技术

防火墙技术是目前网络安全运行中较为常用的防护措施。它是一种硬件设备或软件系统，主要架设在内部网络和外部网络间。为了防止外界恶意程序对内部系统的破坏，或者阻止内部重要信息向外流出，它通过监测、限制、更改跨越防火墙的数据流，尽可能地对外部屏蔽网络内部的信息、结构和运行状况，以此来实现网络的安全保护，因此，在逻辑上，防火墙是一个分离器，一个限制器，也是一个分析器，内部网络和外部网络之间的所有网络数据流都必须经过防火墙，所处位置如图5.10所示。

防火墙的主要功能包括：

①过滤不安全的服务和非法用户。所有进出内部网络的信息都是必须通过防火墙，防火墙成为一个检查点，禁止未授权的用户访问受保护的网络。比如，允许任何人访问公司服务器上的Web站点，但是不允许远程登录到服务器上，如图5.11所示。

图 5.10　防火墙

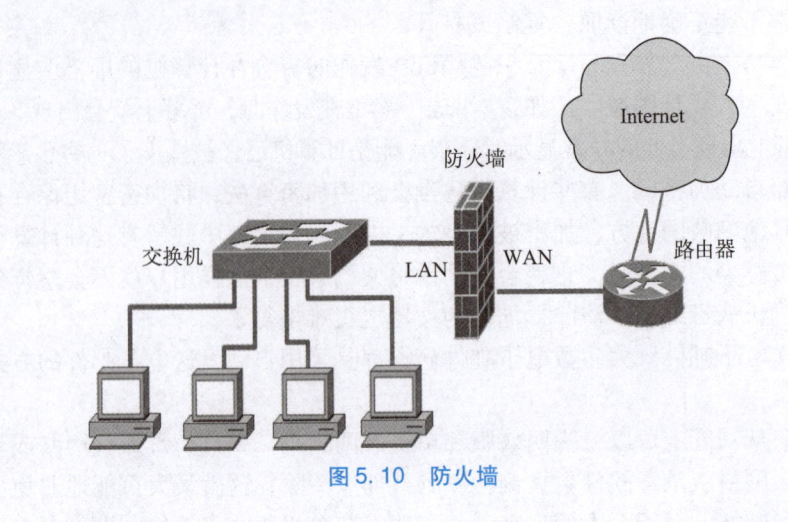

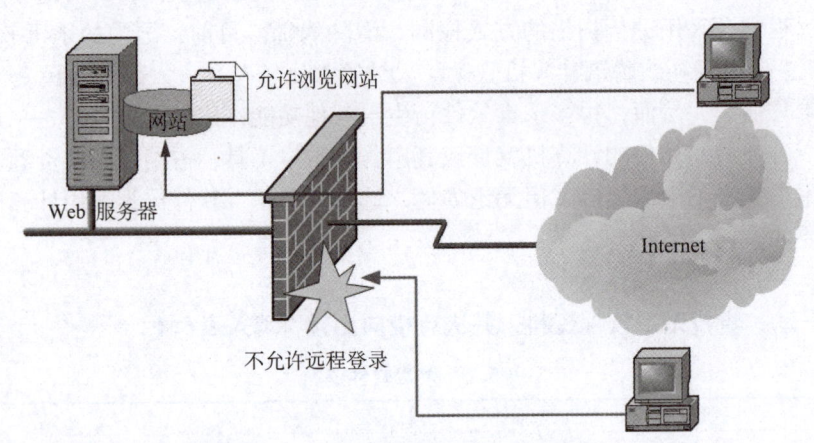

图 5.11　过滤不安全的服务和非法用户

②控制对特殊站点的访问。防火墙可以允许受保护网络中的一部分主机被外部网访问，而另一部分则被保护起来。

③作为网络安全的集中监视点。防火墙可以记录所有通过它的访问，并提供统计数据，提供预警和审计功能。

从广义上讲，防火墙保护的是企业内部网络信息的安全，比如防止银行服务器用户账号信息、政府部门的保密信息、部队中的作战计划和战略等重要信息的泄露。从狭义上讲，防火墙保护的是企业内部网络中各个计算机的安全，防止计算机受到来自企业外部非安全网络中的所有恶意访问或攻击行为。

防火墙按组成组件分类，分为软件防火墙和硬件防火墙两种。

软件防火墙一般基于某个操作系统平台开发，直接在计算机上进行软件的安装和配置。它通过纯软件的方式，实现隔离内外部网络的目的，是保护互联网用户安全的重要组成部分。以个人防火墙为例，它不需要特定的网络设备，只要在用户所使用的计算机上安装软件即可，适合小企业、个人等使用。

硬件防火墙就是指把防火墙程序做到芯片里面，由硬件执行这些功能，从而减少计算机或服务器的 CPU 负担，是硬件和软件的组合。从功能上看，硬件防火墙内置网络安全软件，使用专属或强化的操作系统，管理方便，更换容易，软硬件搭配较固定；硬件防火墙效率高，解决了防火墙效率、性能之间的矛盾；同时，具备很强的防黑能力和入侵监控能力，具有更好的安全性，是大多数企业用户的首选。硬件防火墙是保障内部网络安全的一道重要屏障，不但可以将大量的恶意攻击直接阻挡在外面，而且可以屏蔽来自网络内部的不良行为。它的安全和稳定直接关系到整个内部网络的安全。因此，日常例行的检查对于保证硬件防火墙的安全是非常重要的。

防火墙针对网络威胁提供了最佳防护，但并非万能，也有局限所在，它不能防范不经过防火墙的攻击，无法发现或拦截内部网络中发生的攻击，尤其是防火墙不能防止受病毒感染的文件的传输，无法检测或拦截注入在普通流量中的恶意攻击代码，如 Web 服务中的注入攻击等，此时，必须借助一个"补救"环节，即 IDS（入侵检测系统）、IPS（入侵防御系统）。

议一议：试比较杀毒软件和防火墙的区别，填入表 5.2。

表 5.2 杀毒软件和防火墙的区别

区别	杀毒软件	软件防火墙
主要功能		
工作原理		
工作区域		
常见软件		

3. IDS/IPS 技术

（1）IDS（入侵检测系统）

IDS 是英文 "Intrusion Detection Systems" 的缩写，中文意思是"入侵检测系统"。IDS 是对防火墙有益的补充，帮助系统对付网络攻击，扩展系统管理员的安全管理能力（包括安全审计、监视、进攻识别和响应），提高信息安全基础结构的完整性。入侵检测系统依照一定的安全策略，通过软件、硬件，对网络、系统的运行状况进行监视，尽可能发现各种攻击企图、攻击行为或者攻击结果，它的作用是监控网络和计算机系统是否出现被入侵或滥用的征兆，如图 5.12 所示。

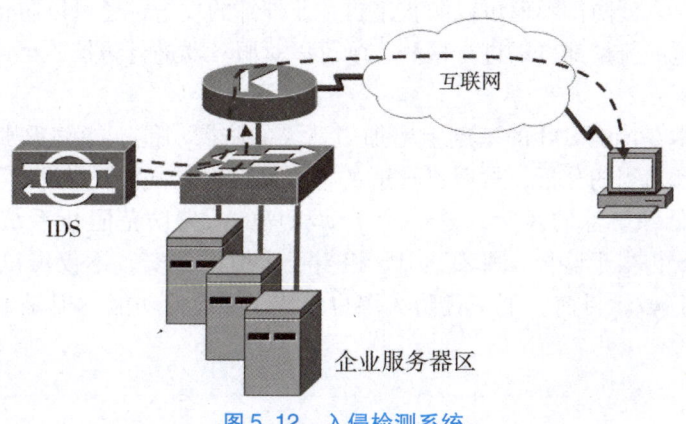

图 5.12 入侵检测系统

防火墙为网络提供了第一道防线，入侵检测被认为是防火墙之后的第二道安全闸门，在不影响网络性能的情况下对网络进行检测。防火墙相当于一幢大楼的门禁，它可以防止小偷进入大楼，但不能保证小偷100%地被拒之门外，更不能防止大楼内部个别人员的不良企图。如果小偷通过爬窗进入大楼，或者内部人员进行非法行为，门禁就没有任何作用了。入侵检测系统相当于实时监视系统，它可以对内部进行实时监控，发现异常情况就会及时发出警告。

不同于防火墙，IDS是一个监听设备，两者是互补的关系，协同工作。在实际的使用中，IDS可以放在防火墙前面。部署一个网络IDS，监视以整个内部网为目标的攻击，又可以在每个子网上都放置网络感应器，监视网络上的一切活动，对那些异常的、可能是入侵行为的数据进行检测和报警，告知使用者网络中的实时状况，并提供相应的解决、处理方法，是一种侧重于风险管理的安全产品。

（2）IPS（入侵防御系统）

随着网络攻击技术的不断提高和网络安全漏洞的不断发现，传统防火墙技术与传统IDS技术的组合已经无法应对一些安全威胁。在这种情况下，IPS技术应运而生。IPS（Intrusion Prevention System，入侵防御系统）是一种安全机制，通过分析网络流量，检测入侵（包括缓冲区溢出攻击、木马、蠕虫等），并通过一定的响应方式，实时地中止入侵行为，保护企业信息系统和网络架构免受侵害。

IPS是一种既能发现又能阻止入侵行为的新安全防御技术。通过检测发现，网络入侵后，能自动丢弃入侵报文或者阻断攻击源，从而从根本上避免攻击行为。入侵防御的主要优势有如下几点。

①实时阻断攻击：设备采用直连路由方式部署在网络中，能够在检测到入侵时，实时对入侵活动和攻击性网络流量进行拦截，把其对网络的入侵降到最低。

②深层防护：由于新型的攻击都隐藏在TCP/IP协议的应用层里，入侵防御能检测报文应用层的内容，还可以对网络数据流重组并进行协议分析和检测，同时，根据攻击类型、策略等来确定哪些流量应该被拦截。

③全方位防护：入侵防御可以提供针对蠕虫、病毒、木马、僵尸网络、间谍软件、广告软件、CGI（Common Gateway Interface）攻击、跨站脚本攻击、注入攻击、目录遍历、信息泄露、远程文件包含攻击、溢出攻击、代码执行、DDoS攻击、扫描工具、后门等攻击的防护措施，全方位防御各种攻击，保护网络安全。防范DDoS攻击如图5.13所示。

④内外兼防：入侵防御不但可以防止来自企业外部的攻击，还可以防止来自企业内部的攻击。系统对经过的流量都可以进行检测，既可以对服务器进行防护，也可以对客户端进行防护。

入侵防御技术在传统IDS的基础上增加了强大的防御功能，能够识别事件的侵入、关联、冲击、方向和适当的分析，然后将合适的信息和命令传送给防火墙、交换机和其他的网络设备，以降低该事件的风险，是一种主动积极的入侵防范阻止系统。如果说防火墙相当于门禁，IDS相当于监控，那么，IPS相当于大厦的保安，不仅可以检测到入侵，还可以对入侵进行拦截。目前，下一代防火墙也集成了IPS的功能。但是IPS仍然是不可代替的。

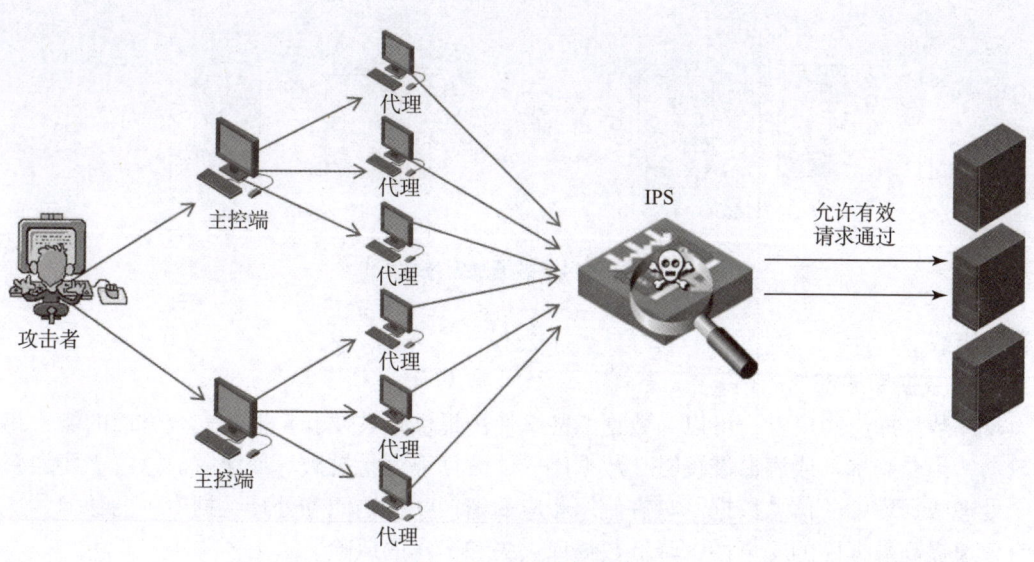

图 5.13 入侵防御系统

议一议：防火墙、**IDS** 和 **IPS** 之间有什么区别？

4. 数据加密技术

数据加密技术可以有效防止数据信息被外部破解，并提高网络传输中信息的安全性、完整性。数据加密技术又称为密码学，它是一门历史悠久的技术，指通过加密算法和加密密钥将明文转为密文，而解密是通过解密算法和解密密钥将密文恢复为明文，如图 5.14 所示。数据加密是网络系统中一种比较有效的数据保护方式，加密技术是网络安全的核心，目的是防止网络数据的篡改、泄露和破坏。数据加密技术可以利用密码技术将重要的信息进行加密处理，使信息隐藏，以达到保护信息安全的目的，是维护计算机及网络安全的重要手段之一。企业和个人均可采用数据加密技术来保证用户信息和商业信息的安全。

数据加密技术在计算机网络通信安全中的应用常见有以下几种类型。

（1）软件加密的应用

当前，计算机病毒和黑客已经严重影响了软件的安全使用，对软件进行加密是非常重要的。对软件进行加密的目的主要是阻止非法的数据复制，或者避免入侵者随便对软件内容的

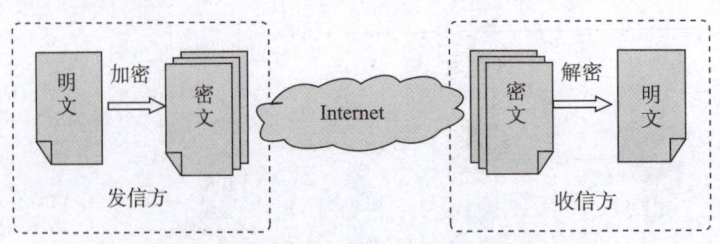

图 5.14　数据加密技术

阅读与更改。

（2）数据库加密的应用

现在数据库应用广泛，可以为数据的共享使用提供很大便利，但其安全方面的能力相对都较弱，当受到木马或病毒侵袭时，数据库中的数据很容易被破坏或泄露。这就需要加密技术来处理数据库中的信息数据。只有使用相应的密钥才能访问和处理数据库中的数据。这可以有效地提高数据库的安全性，降低数据库丢失和泄露的风险。

（3）网络加密的应用

目前，网络加密技术是确保计算机网络应用安全的有效方式之一。当网络被加密后，不仅能有效避免授权用户的私自入网，还能有效应对多种恶意软件的攻击，从而有效保护网络内部各种文件与数据。现阶段，端点加密、节点加密以及链路加密是网络加密的主要方式。端点加密是指对源端以及目的端两方的数据进行加密，以保护数据安全。节点加密是指对源节点到目的节点间的传输链路进行加密，以保护数据安全。链路加密则是对网络节点间的链路进行加密，以保护数据安全。在进行网络加密过程中，常常会用到各种加密算法，其中私钥加密算法与 DES 标准，以及公钥加密算法与 RSA 标准，是目前国际惯用的常见加密算法标准，以此通过较小代价来实现非常可靠的安全保护。

（4）电子商务交易信息加密的应用

电子商务交易双方的信息和数据都是存储在网络上的，其安全性直接关系到双方的个人隐私和经济利益，若出现丢失或转移，必然导致重大经济损失，因此，所有的交易平台都把信息数据安全作为重中之重。在交易过程中，对数据进行加密，可以保障电子商务在交易方面的完整性、授权性、保密性、不可否认性以及可用性。以网上购物为例，人们在网上购物的时候，会涉及网上支付，以一次微信支付为例，一次支付要完成 20 多次信息传递，密码几乎百分之百参与了信息处理过程。若在此过程中不进行数据加密和安全防御，一旦被不法分子窃取信息，就会带来严重的综合性损失，因此，对电子商务交易数据加密是非常必要的。

5. 加强管理和强化意识

网络安全防护单纯依靠技术的革新，是不可能完全解决网络安全的隐患的，管理是网络安全的核心，技术是安全管理的保证，只有制定完整的规章制度、行为准则等管理制度，并和安全技术手段合理结合，网络安全才会有最大的保障。

无论是计算机网络安全技术还是计算机网络管理制度和规范，都需要人去执行和实施，在网络安全环节，人员是网络安全工作的主体，网络安全所涉及的一切问题，决定因素是人，人员素质的高低直接决定着信息网络安全工作的好坏，因此，严格法律法规，加强管理机制，注重人员培训，可以有效控制和规避网络安全的风险，避免人为的网络安全隐患。

网络安全为人民，也要靠人民。维护网络安全是全社会的共同责任，增强网络安全意识，建立主动防范、积极应对的观念，是网络安全的基础。

议一议：为什么需要做网络安全等级保护？

- **知识拓展**：《中华人民共和国网络安全法》

《中华人民共和国网络安全法》（以下简称《网络安全法》）作为我国网络安全领域的基础性法律，其在网络安全史上具有里程碑意义。对于国家来说，《网络安全法》涵盖了网络空间主权、关键信息基础设施的保护条例，有效维护了国家网络空间主权和安全；对于个人来说，其明确加强了对个人信息的保护，打击网络诈骗，从法律上保障了广大人民群众在网络空间的利益；对于企业来说，《网络安全法》则对如何强化网络安全管理、提高网络产品和服务的安全可控水平等提出了明确的要求，指导着网络产业的安全、有序运行。

自《网络安全法》生效以来，与其相关的执法行为逐渐走向常态。2017年6—7月，山西忻州市某事业单位网站存在SQL注入漏洞，严重威胁网站信息安全，连续被国家网络与信息安全信息通报中心通报。根据《网络安全法》第二十一条第二款的规定，网络运营者应当按照网络安全等级保护制度的要求，采取防范计算机病毒和网络攻击、网络侵入等危害网络安全行为的技术措施；第五十九条第一款规定，网络运营者不履行第二十一条规定的网络安全保护义务的，由有关主管部门责令改正，依法予以处置。山西忻州市网警认为该单位的行为已违反《网络安全法》相关规定，未按照网络安全等级保护制度的要求，采取防范计算机病毒和网络攻击、网络侵入等危害网络安全行为的技术措施，忻州市、县两级公安机关网安部门对该单位进行了现场执法检查，依法给予行政警告处罚并责令其改正。那么，为什么需要做网络安全等级保护？

德育拓展　　　　　　　　　**坚守网络安全道德底线**

互联网让世界变成了地球村，已经从最初的工具、渠道、平台的属性，变成了一个复杂的网络空间，它在为经济增长创造新空间、为产业转型升级创造新机遇的同时，也给现代社会带来了严峻挑战。网络攻击、网络诈骗、有害不良信息泛滥等网络安全问题，不但给个人、机构、企业造成了直接经济损失，而且对社会产生不可低估的负面影响。它甚至关系到国家安全和主权、社会的稳定、民族文化的继承和发扬的重要问题，给社会稳定带来了极大的冲击和挑战。比如：不负责任地造谣传谣、大肆散布消极情绪、歪曲党史国史、蓄意制造恐慌气氛、恶意施展网络欺凌等。习近平总书记十分重视网络安全工作，他指出："没有网络安全就没有国家安全，就没有经济社会稳定运行，广大人民群众利益也难以得到保障。要树立正确的网络安全观，加强信息基础设施网络安全防护，加强网络安全信息统筹机制、手段、平台建设，加强网络安全事件应急指挥能力建设，积极发展网络安全产业，做到关口前移，防患于未然。"习近平总书记高屋建瓴的话语，为推动我国网络安全体系的建立、树立正确的网络安全观指明了方向。

利用互联网推动经济社会发展，让广大人民群众分享信息化的成果，前提是保证网络安全。维护网络安全是全社会的共同责任，需要政府、企业、广大网民共同参与，共筑网络安全防线。对于政府而言，必须加强互联网治理，净化网络生态，捍卫网络安全。首先，必须旗帜鲜明、毫不动摇坚持党管互联网，形成党委领导、政府管理、企业履责、社会监督、网民自律等多主体参与，经济、法律、技术等多种手段结合的综合治网格局，对违法违规行为敢于"亮剑"，对传播有害信息、散布色情材料、兜售非法物品等行为要坚决管控，依法严厉打击网络黑客、电信网络诈骗、侵犯公民个人隐私等违法犯罪行为，持续形成高压态势，维护人民群众合法权益；其次，要进一步建立健全网络舆情应急预案，对可能侵害网民合法权益的有害信息要及时预警、通报、处罚；最后，要加强网络新技术新应用的管理，确保互联网可管可控，使我们的网络空间清朗起来。

2016年11月，《中华人民共和国网络安全法》高票通过，将网络安全各项工作带入法治化轨道；《国家网络空间安全战略》《通信网络安全防护管理办法》等配套规章、政策文件相继出台，网络安全审查、数据出境安全评估等重要制度逐步建立，对互联网信息搜索、移动互联网应用程序等及时依法规范。2017年3月，十二届全国人大五次会议通过《民法总则》，明确对个人信息、数据、虚拟财产予以保护；《互联网新闻信息服务管理规定》《互联网用户公众账号信息服务管理规定》等规范性文件，为依法治网、办网、用网提供基本依据。

对于企业来说，要主动承担主体责任，严格遵守互联网各项法律规定，加强互联网从业人员的职业道德、网上公德教育，恪守道德底线，切实履行职责，自律守法，打造守信友好、公平竞争的网络诚信平台，共同抵制一切有悖于网络诚信、妨碍行业发展的行为。建立健全网站内部管理规章制度，规范新闻信息发布管理制度，坚持客观、公正的报道原则。规范信息采集、制作、发布流程，强化监管、惩处机制，坚持提供客观、真实的新闻信息，防止虚假新闻和有害信息在网上传播，及时受理和处置网上不文明行为，净化网络环境，切实履行社会责任，用求真务实之心、精益求精之心在网上发声，把互联网建设成宣传正能量、传播真善美、塑造高尚情操、弘扬社会正气的新阵地。

对于广大网民而言，要做有高度的安全意识、有文明的网络素养、有守法的行为习惯、有必备的防护技能"四有"中国好网民，中共中央总书记、国家主席习近平指出："网络空间同现实社会一样，既要提倡自由，也要保持秩序。自由是秩序的目的，秩序是自由的保障。我们既要尊重网民交流思想、表达意愿的权利，也要依法构建良好网络秩序，这有利于保障广大网民合法权益。网络空间不是'法外之地'。网络空间是虚拟的，但运用网络空间的主体是现实的，大家都应该遵守法律，明确各方权利义务。要坚持依法治网、依法办网、依法上网，让互联网在法治轨道上健康运行。"当代大学生和青年，既是网络文化建设、网络强国建设的参与者，也是推动者、享有者，应该牢牢把握正确的舆论导向，对相关法律法规心存敬畏，坚持弘扬正能量，营造风清气正的网络空间，使其成为造福人类的精神家园。

网络安全，关乎你我。"防火墙"能够勉强抵挡一些"黑客"与病毒，要创建一个健康、有序、安全、具有活力、没有污染的"绿色"网络环境，更需要坚守自己的道德底线，趋利避害，推进互联网真正造福社会、更好造福人民。

辩一辩：互联网的利与弊。

模块六
信息技术与创新

知识点

- 了解现代社会信息技术的发展趋势，认识新一代信息技术对人类生产、生活的重要作用。
- 了解大数据、人工智能、云计算、区块链等新一代信息技术的基本概念、技术原理和真实场景应用。
- 了解移动互联网、5G及物联网的应用背景和发展趋势。

技能点

- 能够清晰描述运用新一代信息技术解决实际问题的典型案例，正确分析其应用价值。
- 能在日常生活、学习和工作中积极主动运用前沿信息技术高效地解决问题，并进行创新活动。

素质点

- 理解新一代信息技术对生产生活所产生的影响，认同并维护我国科教兴国战略。
- 体验日常生活中新一代信息技术应用案例，激发学生学习的使命感与责任感。
- 正确应对信息技术创新所产生的新观念和新事物，具有积极学习的态度、理性判断和负责行动的能力。

情境导入

相信大家对以前的春运还记忆犹新，踏上回家之路前，必须要过三大关——买票、取票、验票，于是排长龙的画面每年都会上演。

但是，现在刷脸、通过闸机，进站"秒过"，还不发生任何接触。

刷脸进站综合运用了物联网、大数据、云计算、人工智能等技术实现，是基于人的脸部特征信息进行身份识别的一种人脸识别技术。近年来，国家大力支持新基建，助推智慧城市建设，人脸识别作为其中重要一环，得到迅速发展。刷脸乘车、刷脸支付、刷脸解锁、刷脸进校园……人脸识别技术不断取得突破，应用场景逐渐拓展，进一步便利了我们的生活。

人工智能技术，为人类社会进步打开无限想象空间。但是大家对这项技术也是有些顾虑的，比如化浓妆、整过容还能识别吗？而最让人们担忧的人脸识别技术也存在信息泄露、过度使用等问题，那么，你认为火车站进站刷脸通行是否侵犯公民个人信息权？

6.1 移动互联网

在互联网时代，技术是推动社会发展的驱动力，以云计算、大数据、人工智能、区块链为代表的新一代信息技术正快速迭代、深度应用，数字化、智能化成为未来社会经济发展的主流。作为夯实经济社会数字化发展的基石，国家发改委明确了新基建的定义及范围，认为新基建是以新发展理念为引领，以技术创新为驱动，以信息网络为基础，面向高质量发展需要，提供数字转型、智能升级、融合创新等服务的基础设施体系，其内涵主要包括信息基础设施、融合基础设施、创新基础设施三个方面，涵盖5G、物联网、工业互联网、卫星互联网、人工智能、云计算、区块链、数据中心等多个重点领域。

移动互联网是互联网发展的必然产物，是指移动通信终端与互联网相结合成为一体，是用户使用手机、Pad 或其他无线终端设备，通过速率较高的移动网络，在移动状态下（如在地铁、公交车等）随时随地访问 Internet 以获取信息，使用商务、娱乐等各种网络服务。

2014 年，4G 的到来，标志着移动互联网进入了全面发展阶段。4G 网络的大规模展开催生了许多公司利用移动互联网开展业务，移动应用场景得到极大丰富。通过移动互联网，人们可以使用手机、平板电脑等移动终端设备浏览新闻，还可以使用各种移动互联网应用，例如在线搜索、在线聊天、移动网游、手机电视、在线阅读、网络社区、收听及下载音乐等。

目前，移动互联网已经渗透到人们生活、工作的各个领域，微信、支付宝、位置服务等丰富多彩的移动互联网应用迅猛发展，正在深刻改变信息时代的社会生活。从互联网到移动互联网，一方面，是用户"移动上网"的需求，另一方面，3G、4G、5G 通信网络技术的发展，使手机能够真正支持高速率网络接入，如果说4G 开启移动互联网新时代，那么，5G 技术将更好地满足移动互联网时代的用户需求，推动了移动互联网跨越式发展。

> 议一议：移动互联网和传统互联网有什么区别？

6.2 5G 技术

5G 的 G，是英文 Generation 的缩写，就是"代"的意思；5G（5th Generation Mobile Communication Technology），即第五代移动通信技术。从 2G 到 5G，2G 实现了语音通信数字化，可以打电话、发短信，但图片加载速度极慢；3G 可以直接在网上浏览图片和一些清晰度较差的视频；4G 实现了局域高速上网，大屏智能机加载视频时间更短、画质更清晰。与 4G、3G、2G 不同的是，5G 不是一个单一的无线接入技术，也不是全新的无线接入技术，而是对现有无线接入技术（包括 2G、3G、4G 和 Wi-Fi）的技术演进，以及一些新增的补充性无线接入技术集成后解决方案的总称。

5G 是下一代移动通信网络标准，是未来新一代信息基础设施的重要组成部分。我国政府、企业、科研机构等各方高度重视前沿布局，5G 技术研发已走在全球前列。2016 年，我国华为公司以 PolarCode（极化码）方案拿下了 5G 控制信道 eMBB 场景编码的标准。2019 年 6 月 6 日，国家工业和信息化部正式向中国电信、中国移动、中国联通、中国广电发放 5G 商用牌照，这标志着我国正式进入 5G 商用元年。如果说 2G~4G 都着眼于让人与人之间的通信更便捷，那么 5G 则突破了人与物之间的壁垒，具有高速率、大连接以及低功耗和低时延等特点，主要包括增强移动宽带、超高可靠低时延通信和海量机器类通信三类应用场景，可以满足移动医疗、车联网、智能家居、工业控制、环境监测等应用需求。

1. 5G 的关键性能指标

5G 的关键性能指标包括用户体验速率、连接数密度、端到端时延、流量密度、移动性和用户峰值速率 6 个方面。用户体验速率是指真实网络环境下用户可获得的最低传输速率，5G 支持 0.1~1 Gb/s 的用户体验速率，提升了 10~100 倍；连接数密度是指单位面积上支持的在线设备总和，5G 可联网设备的数量高达 100 万/km^2，提升了 10 倍；端到端时延是指数据包从源节点开始传输到被目的节点正确接收的时间，5G 达到 1 ms 级，提升了 10 倍；流量密度是指单位面积区域内的总流量，5G 目标值是每平方千米 10 Tb/s 的流量密度，提升了 100 倍；移动性是指满足一定性能要求时，收发双方间的最大相对移动速度，5G 支持高达 500 km/h 以上的通信环境，提升了 1.43 倍；用户峰值速率是指单用户可获得的最高传输速率，5G 支持数 10 Gb/s 的峰值速率，提升了 10 倍以上。其中，用户体验速率、连接数密度和端到端时延是 5G 最关键的三个性能指标，从数据可以看出，5G 大幅提升了用户的上网速度，可以实时传输 8K 分辨率的 3D 视频，或是在 6 s 内下载一部 3D 电影。

从技术发展上来看，5G 是 4G 技术的全面扩展与提升，除了超高的传输速率以外，对延迟的降低、容量的扩大是最显著的技术突破，为用户需求的挖掘奠定了技术基础。未来，5G 将以光纤般的接入速率、"零"时延的使用体验、千亿设备的连接能力、超高流量密度、超高连接数密度和超高移动性等超强的性能指标为支撑，以具体的业务为导向，极大地增强运营商服务能力，满足不同应用场景的特定需求。

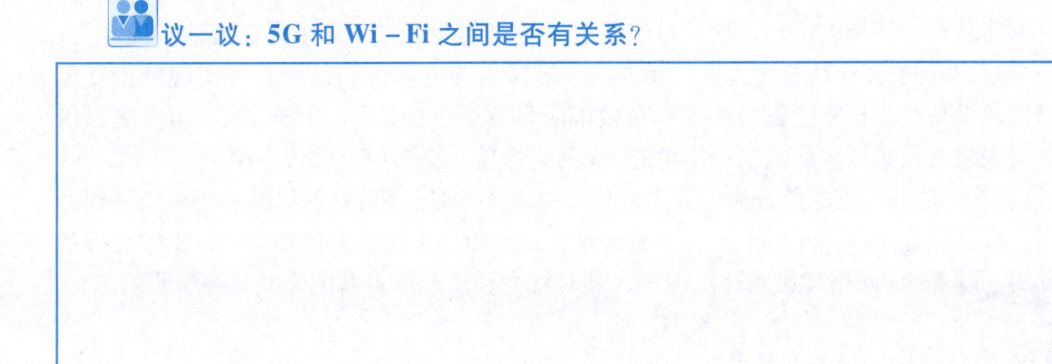

> 议一议：5G 和 Wi-Fi 之间是否有关系？

2. 5G 的应用场景

目前，国际基本认同 5G 主要有三大应用场景，分别是针对原有 4G 宽带业务进行升级的增强移动宽带（eMBB）业务、面向对及时响应要求较高的场景的高可靠低时延（uRLLC）业务以及面向大量通信设备接入场景的海量物联网通信（mMTC）业务。

（1）eMBB（enhanced Mobile Broadband，增强移动宽带）

是指在现有移动宽带业务场景的基础上，对用户体验等性能进一步提升，主要还是追求人与人之间极致的通信体验，可用于 3D、AR/VR 等超高清大流量移动宽带业务，以及 4K、8K 等超高清的视频。5G 有效弥补现有带宽不足及专线成本过高的状况，使 5G 时代视频内容会更沉浸、更清晰。2018 年韩国平昌冬奥会是 5G 第一次在应用上面亮相，其中的应用几乎都是增强型移动宽带的应用。比如全景转播以及交互式媒体，几百个人滑雪滑下来的时候，每个人装了一个摄像头，每个摄像头都通过 5G 来连接，这样观众可以看到每一个运动员的视野，这是 eMBB（增强型移动宽带）的首次亮相，也可以说是 5G 的首次亮相。

（2）uRLLC（ultra Reliable and Low Latency Communication，高可靠低时延业务）

主要面向如车联网、工业控制等垂直行业的特殊应用需求，可用于无人驾驶、自动驾驶、交通控制、远程施工、同声翻译、工业自动化等需要低时延高可靠连接的业务，在 5G 低时延技术的帮助下，自动驾驶汽车探测到障碍后的响应速度将降至毫秒级，比人的反应还快。得益于此，5G 将使自动驾驶汽车从实验室开到路上。

以无人机为例，它是无人驾驶飞机（Unmanned Aerial Vehicle）的简称，是利用无线遥控设备和自备程序控制装置的不载人飞机。5G 以全新的网络架构，提供 10 Gb/s 以上的带宽、毫秒级时延、超高密度连接，实现网络性能的跃升。5G 通信模组成熟，结合 MEC 技术应用，使无人机飞控、高清图像、视频等信息传输成为可能。同时，利用 5G 高速移动切换的特性，无人机在相邻基站快速切换时保障业务的连续性，能够有效扩大巡视范围，提升巡线效率。

（3）mMTC（massive Machine Type of Communication，海量物联网通信）

5G 强大的连接能力可以实现从消费到生产的全环节、从人到物的全场景覆盖，快速促进互联网、物联网与各行各业的深度融合。

mMTC 主要应用于智慧城市、环境监测、智能农业、森林防火等以传感和数据采集为目标的场景。以智慧城市为例，5G 可助力安防、巡检、救援等方面，提升管理与服务水平，在城市安防监控方面，结合大数据及人工智能技术，5G + 超高清视频监控可实现对人脸、行为、特殊物品、车等精确识别，形成对潜在危险的预判能力和紧急事件的快速响应能力；在城市安全巡检方面，5G 结合无人机、无人车、机器人等安防巡检终端，可实现城市立体化智能巡检，提高城市日常巡查的效率；在城市应急救援方面，5G 通信保障车与卫星回传技术，可实现建立救援区域海陆空一体化的 5G 网络覆盖，提高应急救援效率。

5G 除了不断提升手机的数据通信能力之外，更重要的是，将 5G 的终端从手机拓展到物联网终端、传感器等设备，开启了万物互连时代，拓宽融合了产业的发展空间，支撑经济社会创新发展，随着 5G 网络建设的逐步加速，其对社会和生产所带来的改变将逐步明朗。

议一议：5G 如何改变社会？

3. 5G 的发展

5G 是支撑经济社会数字化转型发展的新型基础设施之一，党中央、国务院高度重视 5G 发展。习近平总书记就加快 5G 发展多次做出重要指示，强调要"推动 5G 网络加快发展""加快 5G 网络、数据中心等新型基础设施建设进度"。工业和信息化部发布《关于推动 5G 加快发展的通知》，是贯彻落实习近平总书记重要指示精神的具体举措，是当前 5G 商用关键时期推动 5G 加快发展的工作指引，有利于凝聚共识、明确方向，集聚各方力量，加快 5G 协同发展。在"新基建"带动下，5G 网络建设稳步推进，移动电话基站数保持增长，为经济社会发展提供强大的新动能。

伴随 5G 网络的不断完善，5G 赋能垂直行业不断数字化转型，5G 产业应用不断创新，跨行业的融合发展进一步加强，5G 技术将渗透到消费、生产、销售、服务等各行业，推动研发、设计、营销、服务等环节进一步向数字化、智能化、协同化方向发展，实现工业领域全生命周期、全价值链的智能化管理，引发产业领域的深层次变革，推动新一轮的生产生活方式变革。工业和信息化部推动相关单位借鉴已发布的两批"5G+工业互联网"二十个典型场景和十个重点行业应用实践，紧扣行业领域特点需求，挖掘更多应用场景，推动"5G+工业互联网"与实体经济深度融合。目前已在电子设备制造、装备制造、钢铁、采矿、电力等行业取得显著应用成效，在推动我国数字经济发展中发挥更大作用。中国信通院研究数据显示，按照2020年5G正式商用算起，到2030年，中国5G直接贡献的总产出、经济增加值分别为6.3万亿元、2.9万亿元；间接贡献的总产出、经济增加值分别为10.6万亿元、3.6万亿元。此外，预计2030年5G将带动超过800万人就业，主要来自电信运营和互联网服务企业创造的就业机会。

未来几年，依托5G大宽带、低时延、广连接的特性，运营商的服务能力极大增强，业界将加快构建5G产业生态，丰富和深化5G与垂直产业的融合应用，5G应用场景从移动互联网拓展到工业互联网、车联网、物联网等更多领域，支撑更大范围、更深层次的数字化转型，从而激活现有行业并创造新的场景与需求，间接刺激经济的增长。从效果看，5G使万物互连真正走向可能，并将推动物联网、云计算、大数据、人工智能、区块链等新技术高速发展，对人们的生产生活产生重大影响，将有力推动人类社会从"万物互连"演变为"万物智联"，形成真正意义上的智慧互连时代。

议一议：华为事件给了我们什么启示？

> ● **知识拓展**：华为事件
>
> 众所周知，移动网络已经融入社会生活的方方面面，深刻地改变着人们的交流、沟通乃至整个生活方式，在2G、3G、4G网络时代，全球移动互联网的主导权都被美国等西方发达国家所垄断，5G时代，全球共28家企业声明了5G标准必要专利，中国企业声明数量占比超过30%，位居首位。其中，华为的5G核心技术更是处于世界前列，我国华为公司在5G网络技术领域快速的崛起。2016年11月17日，华为的极化码方案成为5G的最终方案，华为成为5G标准的主导者之一。在最新的5G R16标准上，中国主导21个标准，占了全部项目的40%，位列世界第一。
>
> 目前，我国在5G技术标准、设备、网络、应用等方面拥有优势，美国等一些发达国家不甘心接受华为在5G领域的优势，为了维护科技霸权，对中国电信设备制造商进行种种限制，打压中国在通信领域的技术崛起。2012年以来，美国政府禁止华为在该国销售网络设备，多次否决华为对美国ICT公司和专利技术的收购，限制和否决美国电信运营商采购中国企业制造的终端设备，联合其他国家展开了对华为的强力制裁，阻止华为在5G领域站稳脚抢占5G市场，并不断对华为升级打压。按美国的说法，是为了国家安全，实际上，是5G网络标准制定主导权之争，是为了遏制中国科技进步，遏制中国的基础创新。
>
> 华为事件让我们充分认识到核心技术的重要性，核心技术无法靠"化缘"获得，只有大力加强自主研发、自主创新能力，企业才能在残酷的市场竞争中百战百胜，国家才能在壮阔的国力较量中笑傲群雄，民族才能在激烈的潜力比拼中立于不败之地！

6.3　物联网

作为继计算机、互联网与移动通信网之后的又一次信息产业浪潮，物联网实现了物与物的相联、人与物的对话。相比于互联网，物联网拥有更大的市场空间和产业机遇。所谓物联网（Internet of Things，IoT），简单理解就是"万物互连"。是指通过传感器、射频识别（RFID）、二维码、全球定位系统等信息传感设备，按约定的协议，把任何物品与互联网相连接，实现人与物体、物体与物体的沟通和对话，以实现智能化识别、定位、跟踪、监控和管理的一种智能网络。

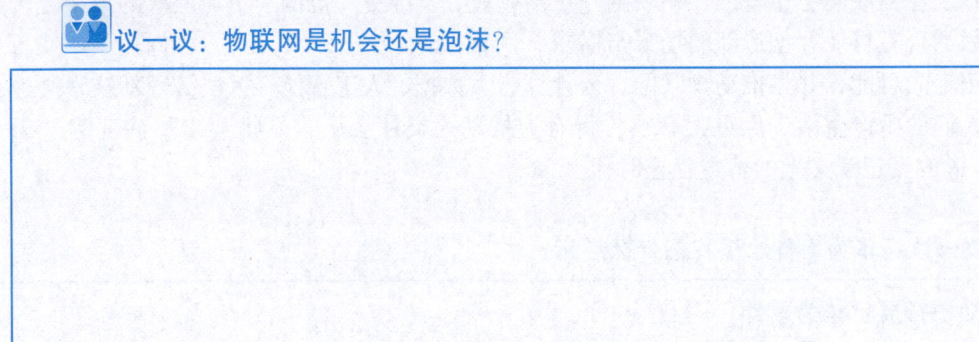

> 议一议：物联网是机会还是泡沫？

物联网系统中的海量数据信息来源于终端设备，而终端设备数据来源可归根于传感器，传感器赋予了万物"感官"功能，如人类依靠视觉、听觉、嗅觉、触觉感知周围环境，同样，物体通过各种传感器也能感知周围环境，并且比人类感知更准确、感知范围更广。例如，人类无法通过触觉准确感知某物体具体温度值，也无法感知上千摄氏度高温，不能辨别细微的温度变化。物联网通过角度感应、射频识别、红外感应器等信息传感设备，把所有物品与互联网连接起来，以实现智能化识别和管理。

RFID（Radio Frequency Identification）技术即射频识别，俗称"电子标签"，是一种自动识别技术，通过射频信号自动识别目标对象并获取相关数据，识别工作无须人工干预。它也是实现物与物之间信息交流的关键所在。将电子标签附着在目标物品上，可对其进行全球范围内的追踪和识别，因此，在自动识别、物品物流管理方面有着广阔的应用前景。比如，装有电子标签的汽车通过高速公路收费站时能被自动识别，无须停车缴费，大大提高了行车速度和效率。

二维条码是物联网中一种非常重要的自动识别技术，它是在一维条码的基础上扩展出另一维具有可读性的条码，实现了横纵两个维度的信息存储，可以把图片、声音、文字等数字化的信息进行编码，不但扩大了信息存储量，丰富了信息存储类型，还具有对不同行的信息自动识别功能，能够处理图形旋转变化。在电子商务、电子政务的信息安全、交易、物流、产业链管理等诸多方面具有广泛的应用，贯穿工业、商业、国防、交通运输、金融、医疗卫生、邮电及办公室自动化等识别领域，特别是在商业流通领域，二维码技术正在引发一场商业模式革命。

动一动：申请微信收付款二维码。

写下步骤：

此外，嵌入式系统是物联网的重要技术基础，它综合计算机软硬件、传感器技术、集成电路技术、电子应用技术于一体。通常，嵌入式系统是一个控制程序存储在 ROM 中的嵌入式处理器控制板。事实上，所有带有数字接口的设备，如手表、微波炉、录像机、汽车等，都使用嵌入式系统，有些嵌入式系统还包含操作系统，但大多数嵌入式系统都是由单个程序实现整个控制逻辑。经过几十年的演变，以嵌入式系统为特征的智能终端产品随处可见：小到人们身边的 MP3，大到航天航空的卫星系统。如果把物联网用人体做一个简单比喻，传感器相当于人的眼睛、鼻子、皮肤等感官，网络就是神经系统，用来传递信息，嵌入式系统则是人的大脑，在接收到信息后，要进行分类处理。

议一议：嵌入式和物联网的区别与联系。

随着物联网市场的爆发，智能家居、智能穿戴、智慧能源、车联网、智慧城市、智慧农业等领域均已实现了物联网的应用，而物联网的感知层由各种传感器构成，它可以自动识别物体，自动采集信息，比如，智能手环、智能眼镜等设备可以通过物联卡设备来互通数据，实时检测健康状况并生成日常行为习惯画像；比如空调、加湿器等设备可以自动连接家中的 Wi-Fi 网络，并根据交互数据，自动调节到合适温度。在智能制造领域，由于摄像头的监管作用，我们能快速察觉哪个机器出现问题；在车联网、自动驾驶领域，路口的摄像头会自动分析、上传实时路况，自动驾驶车辆基于视觉系统进行自动应急。物联网的发展为我们带来巨大的便利。

1. 智能家居

当你下班回家，一推开房门，灯光就亮了，空调打开了，窗帘打开了，喜欢的音乐响起了，洗澡水已经为你烧好了，咖啡也在为你准备着。这就是物联网在智能家居上的体现，今天，智能灯光、智能插座、智能冰箱、智能洗衣机等智能家居产品比比皆是，以家居智能安防为例，物联网将监控摄像头、窗户传感器、智能门铃（内置摄像头）、红外监测器等有效连接在一起，用户可以通过手机、iPad 随时随地查看室内的实时情况，从而保障住宅安全。

> 动一动：登录小米官网，了解小米智能家居。

写下步骤：

2. 智慧能源

主要集中在水能、电能、燃气、路灯等能源监测方面。比如，具有物联网能力的路灯现在可以与数千米之外的城市公共事务经理进行"交流"；发送电力使用的相关物联网数据，可以远程调节灯光，以补充本地环境条件，例如，在月夜调暗灯光，或者在暴雨和大雾天调亮灯光。根据气候调节路灯的能力可以节约能源，降低能源成本。

3. 智慧农业

是利用物联网、人工智能、大数据等现代信息技术与农业进行深度融合，实现农业生产全过程的信息感知、精准管理和智能控制的一种全新的农业生产方式，可实现农业可视化诊断、远程控制以及灾害预警等功能。比如智能植物监测仪，可以实时监测湿度、温度，推送浇水时间，自动开启或者关闭指定设备；还可以根据用户需求，随时进行处理，为实施农业综合生态信息自动监测、对环境进行自动控制和智能化管理提供科学依据。

物联网已成为我国重点发展的战略性新兴产业，当越来越多的设备、车辆、终端等纳入信息网络之中，人类加速迈向万物互连、泛在感知的时代。泛在连接一方面使网络获得更加多样化、更海量的数据，同时也使机器或者是整个网络信息系统获得更强的学习和认知能力，物联网的大规模应用必定进一步推进大数据、云计算、人工智能、区块链等新兴信息技术发展。

> **议一议：物联网与用户隐私安全，两者如何得兼？**
>
> 物联网（IoT）为人们提供了前所未有的便利和快捷，天猫精灵和小爱同学等智能音箱使播放音乐、设置闹钟及获取其他信息变得更加容易；家庭安全系统使生活更加安全；智能恒温器可以在我们外出回家之前为房屋调温；传感器可以帮助我们了解环境状况；自动驾驶汽车和智慧城市可能会改变我们建设和管理公共场所的方式。然而，这些创新可能会对我们的个人隐私产生重大影响。
>
> 比如，通过分析消费者在网站上的浏览记录，广告商就可以知道自己的用户经常看些什么内容，而物联网穿戴设备和智能家居产品还可以提供更详细的信息，包括个人健康、运动、习惯和生活的大量私人信息，甚至在家里的一举一动，隐私权已经陷入堪忧境地。
>
> 隐私，即每个事物保持独立，而物联网旨在连接一切。在万物互连的时代，数据和设备之间有着千丝万缕的联系，但互联网连接的设备充斥着敏感信息，这种连接是以侵犯隐私的形式出现的。那么，物联网与用户隐私安全，两者是否可以兼得？

6.4 大数据

21世纪是数据信息大发展的时代，移动互连、社交网络、电子商务等极大地拓展了互联网的边界和应用范围，各种数据正在迅速膨胀并变大。随着云计算、移动互联网和物联网的迅猛发展，更加丰富及更多的传感设备、移动终端接入网络，由此而产生的数据及增长速度将比历史上的任何时期都要多、都要快，数据总量正呈现出指数型的增长态势，大数据的概念开始进入公众视野。在"互联网+"行动计划、大数据发展行动纲要、"中国制造2025"等政策的推动下，中国企业纷纷开启数字化转型之路，大数据由概念走向落地，它对国家治理、企业决策和个人生活都会产生深远的影响。现如今，大数据已经被广泛应用于精准营销、金融风控、供应链管理等诸多实践领域中，一个"大数据"引领的智慧科技的时代已经到来。

1. 大数据的概念

所谓大数据（big data），即海量的数据集合，它来源于海量用户的一次次的行为数据，是一个数据集合。比如，微信微博产生数据，视频直播产生数据，手机通话产生数据，商品标签产生数据，快递包裹、物品流通产生数据。近年来，数据规模呈几何级数高速成长，据国际信息技术咨询企业国际数据公司（IDC）的报告，2030年全球数据存储量将达到2 500 ZB。通过这些数据，我们不但能了解过去发生了什么，还能预测未来会发生什么。

2. 大数据的特征

大数据本身是一个比较抽象的概念，单从字面来看，它表示数据规模的庞大。由维克托迈尔-舍恩伯格和肯尼斯克耶编写的《大数据时代》中提出，大数据具有4V特征：规模性（Volume）、多样性（Variety）、价值性（Value）、高速性（Velocity）。

（1）规模性

随着大数据时代的来临，各行各业每天都在产生数量巨大的数据碎片，数据计量单位已从 B、KB、MB、GB、TB 发展到 PB、EB、ZB、YB 甚至 BB、NB、DB，用常规的数据工具无法在一定的时间内进行采集、处理、存储和计算。大量的数据对服务器承载能力、处理数据的计算机性能都提出了很高的要求。

（2）多样性

多样性主要体现在数据来源多、数据类型多。大数据的数据来源主要有四个方面：一是内容数据，Web 2.0 时代以后，每个人都成为媒体，都在网络上生产内容，包括文字、图片、视频等。二是电商数据，随着电子商务的发展，线上交易量已经占据整个零售业交易的大部分。每一笔交易都包含了买家、卖家以及商品背后的整条价值链条的信息。三是社交数据，随着移动社交成为最主要的社交方式，社交不仅仅只有人与人之间的交流作用，社交数据中包括了人的喜好、生活轨迹、消费能力、价值取向等各种重要的用户画像信息。四是物联网数据，也是大数据的最主要数据来源，占到了整个数据来源的 90% 以上，随着物联网在各行各业的推广应用，物联网每时每刻都在产生海量的数据，可以说没有物联网，也就没有大数据。

这些庞大的数据之中，不仅仅包括结构化数据（如数字、符号等数据），还包括非结构化数据（如文本、图像、声音、视频等数据）。这使大数据的存储、管理和处理很难利用传统的关系型数据库去完成数据的不同来源，多样性的数据对数据的处理能力提出了更高的要求。

（3）价值性

在大数据的大量复杂的数据之中，发挥价值的仅是其中非常小的部分。比如，物联网的感知信息无处不在，信息海量，存在大量不相关信息，价值密度较低，这是大数据的一个典型特征。挖掘大数据的价值类似于沙里淘金，从海量数据中挖掘稀疏但珍贵的信息，以期创造更大的价值。

（4）高速性

大数据与海量数据的重要区别在两方面：一方面，大数据的数据规模更大，有价值的信息往往深藏其中，这就需要对大数据的处理速度非常快，才能短时间之内从大量的复杂数据中获取到有价值的信息；另一方面，大数据对处理数据的响应速度有更严格的要求，时效性要求高。这是大数据区别于传统数据挖掘最显著的特征。

3. 大数据技术

数据是资源、财富，海量数据一旦合理使用，便会展露无限商机，但这些信息并不是以直观的形式呈现出来的，需要有办法对这些数据进行处理，然而，我们要处理的数据量实在是太大、增长太快了，而业务需求和竞争压力对数据处理的实时性、有效性又提出了更高要求，传统的常规技术手段根本无法应付。大数据技术就是成本较低，以快速的采集、处理和分析技术，从各种超大规模的数据中获得有价值信息，帮助企业更好地适应变化，并做出更明智的决策。比如，在零售环节，大数据能够精准地分析消费者的行为和喜好，从而实现精准营销。因此，大数据的战略意义不在于掌握庞大的数据信息，而在于对这些含有意义的数据进行专业化处理。

大数据技术的体系庞大且复杂，它描述了一种新一代技术和构架，其基础技术包含数据的采集、数据预处理、分布式存储、数据库、数据仓库、机器学习、并行计算、可视化等各种技术范畴和不同的技术层面，未来急剧增长的数据迫切需要寻求新的处理技术手段。

议一议：数据从哪里来？

4. 大数据的应用

中国大数据产业发展受宏观政策环境、技术进步与升级、数字应用普及渗透等众多利好因素的影响，市场需求和相关技术进步成为大数据产业持续高速增长的最主要动力。大数据的实际应用，主要体现在零售业、金融业、医疗业、制造业、交通物流及政府部门等。

（1）零售大数据应用

目前，零售业大数据应用主要表现在两个层面：一个层面是零售行业可以了解客户消费喜好和趋势，进行商品的精准营销，降低营销成本；另一个层面是依据客户购买的产品，为客户提供可能购买的其他产品，扩大销售额，也属于精准营销范畴。另外，零售行业还可以通过大数据来掌握未来消费趋势，有利于热销商品的进货管理和过季商品的处理。零售行业的数据对于产品生产厂家是非常宝贵的，零售商的数据信息将会有助于资源的有效利用，降低产能过剩，厂商依据零售商的信息按实际需求进行生产，减少不必要的生产浪费。

电商是最早利用大数据进行精准营销的行业，由于电商的数据较为集中，数据量足够大，数据种类较多，因此，未来电商数据应用将会有更多的想象空间，包括预测流行趋势、消费趋势、地域消费特点、客户消费习惯、各种消费行为的相关度、消费热点、影响消费的重要因素等。依托大数据分析，电商的消费报告将有利于品牌公司产品设计、生产企业的库存管理和计划生产、物流企业的资源配置、生产资料提供方产能安排等。

议一议：大数据时代，如何守护我们的数据安全？

- **知识拓展：信息裸奔**

生活在大数据时代，信息泄露对日常事务造成的影响，可能给我们生活的方方面面带来困扰。大数据时代顶尖的算法可以根据你在网络中的碎片痕迹判断出你的位置、你的喜好，甚至可以追踪你具体的位置。我们在淘宝上浏览商品，购物交易，支付宝、微信上的支付账单，用滴滴打车等，这些数据都会存在某些巨头的服务器中，他们会根据这些数据给每个人建档，打上不同的标签。比如在淘宝上浏览商品后，下次打开就会推送相关的商品。我们在支付宝上的交易，每年都会有一个年终账单，里面包括总共支付金额、每个方面消费比例等。"信息裸奔"令人不寒而栗，行走在大数据的社会，个人信息安全值得我们每个人关注。

(2) 金融大数据应用

大数据在金融行业应用范围较广，典型的案例有花旗银行利用 IBM 沃森电脑为财富管理客户推荐产品；美国银行利用客户点击数据集为客户提供特色服务，如有竞争的信用额度；招商银行利用客户刷卡、存取款、电子银行转账、微信评论等行为数据进行分析，每周给客户发送针对性广告信息，里面有顾客可能感兴趣的产品和优惠信息。目前金融业主要信息需求是客户行为分析、防堵诈骗、金融分析等。

第一，客户行为分析。银行通过对客户刷卡、存取款、电子银行转账等行为数据的研究，对客户进行市场营销、金融的产品创新及满意度分析，并依据客户消费习惯、地理位置、消费时间及现金流推荐相关信息、产品，提供信用评级及融资支持，以及设计满足客户需求的金融产品。

第二，防堵诈骗。通过账户的行为模式监测欺诈，也可通过大数据、预测分析和风险划分帮助公司识别出导致欺诈的模式，从收到的索赔中获取大数据，根据预测分析及早发现诈骗。

第三，金融风险分析。评价金融风险可以使用很多数据来源，如客户经理、手机银行、电话银行等，也包括来自监管和信用评级部门的数据。在一定的风险分析模型下，大数据分析可帮助金融机构预测金融风险，包括信用风险、市场风险、操作风险。

动一动：在支付宝中搜索并打开"2021年账单"，查看个人相关信息。

写下步骤：

(3) 医疗大数据应用

医疗业对大数据应用的当前需求来自健康趋势分析、电子病例、医学研发、临床试验等。医疗行业拥有大量的病例、病理报告、治愈方案、药物报告等。如果这些数据可以被整理和应用，将会极大地帮助医生和病人。

在未来，借助大数据平台收集不同病例和治疗方案，以及病人的基本特征，可以建立针对疾病特点的数据库。在医生诊断时，就可以参考病人的疾病特征、化验报告和检测报告，参考疾病数据库来快速帮助病人确诊，明确定位疾病。在制订治疗方案时，医生可以依据病人的基因特点，调取相似基因、年龄、人种、身体情况的有效治疗方案，制订出适合病人的治疗方案，帮助更多人及时进行治疗。

(4) 制造大数据应用

制造业大数据应用的需求主要是产品研发与设计、供应链管理、生产、售后服务等。可免除产品研发过程中不必要的重复及改善生产和组装的流程,以提高整体价值链的竞争力,也可让产品更符合消费者的需求,提高产品的价值。

(5) 交通大数据应用

交通业的大数据应用需求主要通过数据分析功能来进行智能交通管理和预测分析,如对违法车辆进行追踪,提高违法车辆追踪的效率,对交通流量进行实时的分析和预测,减少道路堵塞等。交通的大数据应用主要在两个方面:一方面可以利用大数据传感器数据来了解车辆通行密度,合理进行道路规划,包括单行线路规划;另一方面可以利用大数据来实现即时信号灯调度,提高已有线路运行能力。科学地安排信号灯是一个复杂的系统工程,必须利用大数据计算平台才能计算出一个较为合理的方案。机场依靠大数据来提高航班管理的效率;航空公司利用大数据可以提高上座率,降低运行成本。铁路利用大数据可以有效安排客运和货运列车,提高效率、降低成本。

(6) 政府大数据应用

大数据在政府部门的应用,可以进一步协助发挥政府机构的职能作用,政府利用大数据技术可以了解各地区的经济发展情况、各产业发展情况、消费支出和产品销售情况,依据数据分析结果,科学地制定宏观政策,平衡各产业发展,避免产能过剩,有效利用自然资源和社会资源,提高社会生产效率。政府应用大数据技术,在医疗、卫生、教育等民生领域,可以提升服务能力和运作效率,以及个性化的服务。

大数据带给政府的不仅仅是效率提升、科学决策、精细管理,更重要的是数据治国、科学管理的意识改变,未来大数据将会从各个方面来帮助政府实施高效和精细化管理。政府运作效率的提升、决策的科学客观、财政支出合理透明都将大大提升国家整体实力,成为国家竞争优势。

5. 大数据的发展

随着人们对数据科学的深入认识,大数据已成为企业和社会的重要战略资源,成为争相抢夺的新焦点。习近平同志在中共中央政治局就实施国家大数据战略进行第二次集体学习时指出,大数据发展日新月异,我们应该审时度势、精心谋划、超前布局、力争主动,深入了解大数据发展现状和趋势及其对经济社会发展的影响,分析我国大数据发展取得的成绩和存在的问题,推动实施国家大数据战略,加快完善数字基础设施,推进数据资源整合和开放共享,保障数据安全,加快建设数字中国,更好地服务我国经济社会发展和人民生活改善。这一重要讲话精神,为推动实施国家大数据战略指明了方向和任务,大数据已经从商业行为上升到国家发展战略。

随着前所未有的海量数据聚集,大数据将由网络数据处理走向企业级应用,并创造新的细分市场。未来,大数据作为一个成熟的技术,将应用到国计民生的各个领域,对各个领域带来巨大的冲击和变革。

6.5 云计算

万物互连带来的巨大数据量,构成了大数据的重要来源。海量数据的存储、处理与分析,并从海量数据中发现价值,需要云计算的支撑。在人们日常网络应用中,简单的云计算随处可见，比如，手机的云备份服务、云笔记等。在未来，几乎所有的应用都会部署到云端，而它们中的大部分都将直接通过你手中的移动设备，为我们提供各种各样的服务。

1. 云计算的概念

自 2006 年谷歌首次提出"云计算"（Cloud Computing）以来，其概念众说纷纭，维基百科对云计算的解释是：云计算，是一种基于互联网的计算方式，通过这种方式共享了软硬件资源和信息，可以按需提供给计算机和其他设备。由于资源是在互联网上，而在计算机流程图中，互联网常以一个云状图案来表示，因此可以形象地类比为云计算。"云"同时也是对底层基础设施的一种抽象概念。美国国家标准与技术研究院（NIST）的定义为："云计算是一种按使用量付费的模式，这种模式提供可用的、便捷的、按需的网络访问，进入可配置的计算资源共享池（资源包括网络、服务器、存储、应用软件、服务），这些资源能够被快速提供，只需投入很少的管理工作，或与服务供应商进行很少的交互。"其本质就像人类用电方式的改变一样，若没有发电厂和电网，每家每户都需要购买一台发电机，但现在人们不再需要自己购买发电机，而是购买发电企业输送在电网上的电力。目前，这个定义被最广泛接受，从这个概念可以看出，云计算具备以下 5 个关键特征：

①云计算实现了 IT 资源的按需自助服务（On – demand Self – service）。云计算为客户提供自助化的资源服务，用户无须同提供商交互就可自动得到自助的计算资源能力。即用户可以根据自己的需求，采用自助方式选择满足自身需求的服务项目和内容。

②云计算实现了无处不在的网络接入（Broad Network Access）。用户可以随时随地使用任何云终端设备接入网络，并使用云计算资源池中的资源，这极大地提升了用户工作的灵活性和经营工作效率。

③云计算实现了与位置无关的资源池（Locations Independent Resources Pooling）。这个资源池中的资源包括网络、服务器、存储、应用及服务等。当用户需要某个资源的时候，直接去云计算资源池中获取即可。

④云计算实现了资源快速的弹性伸缩（Rapid Elastic）。是指资源能够快速地供应和释放，也就是说，用户在需要时能快速获取资源，从而扩展计算能力，不需要时能迅速释放资源，以便降低计算能力，从而减少资源的使用费用。对于消费者来说，云端的计算资源是无限的，可以随时申请并获取任何数量的计算资源。借助云计算，用户可以根据实际需求预置资源量，根据业务需求的变化立即扩展或缩减这些资源。

⑤云计算按需付费（Pay per User）。云计算服务不仅可以由独立的 IT 部门提供，还可以由第三方云计算服务商提供，并且所提供的资源可计量，其付费也有很多种方法，比如根据某类资源（如存储、CPU、内存、网络带宽等）的使用量和时间长短计费，按时间长短计费包括按时、按天、按月不同套餐进行计费。

云计算作为一种新型的计算模式，已经成为像水、电一样重要的基础资源。只要到云服务平台注册一个账号，企业和个人用户就可以通过互联网方便快捷地获取所需的 IT 资源和技术能力，既降低成本，又满足灵活部署、高效率的业务需求，如图 6.1 所示。随着数字化、智能化转型深入推进，云计算正扮演着越来越重要的角色。

图 6.1　云计算

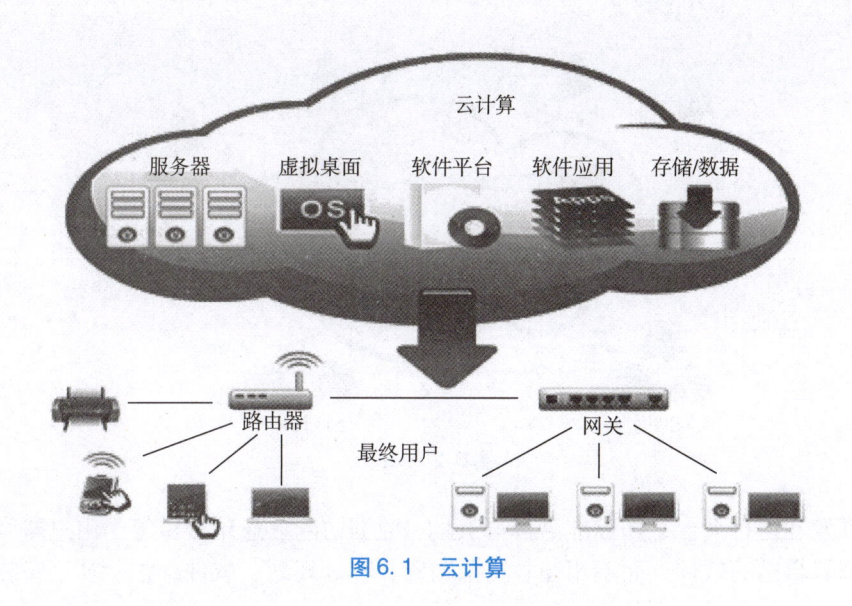

议一议：云计算安全吗？

2. 云计算的服务模式

云计算的最终目标是将计算、服务和应用作为一种公共设施提供给公众，使人们能够像使用水、电、煤气和电话那样使用计算机资源。目前，云计算提供的服务模式公认有基础设施即服务（IaaS）、平台即服务（PaaS）、软件即服务（SaaS）三种。

（1）基础设施即服务（IaaS）

即提供硬件基础设施部署服务，把厂商的多台服务器组成"云端"基础设施，将内存、I/O 设备、存储和计算能力整合成一个虚拟的资源池，为整个业界提供所需要的存储资源和虚拟化服务器等服务，为用户按需提供实体或虚拟的计算、存储与网络等资源。通俗地讲，就是为用户提供一台裸机或一个存储空间服务，用户可以自行决定要装什么系统与软件，或存放什么文件。但用户通常不能管理或控制云基础设施，但能控制自己部署的操作系统、存储和应用，也能部分控制使用的网络组件，如图 6.2 所示。

（2）平台即服务（PaaS）

即提供应用程序开发、部署与管理服务，云服务商向客户提供的是运行在云基础设施之

图 6.2　IaaS

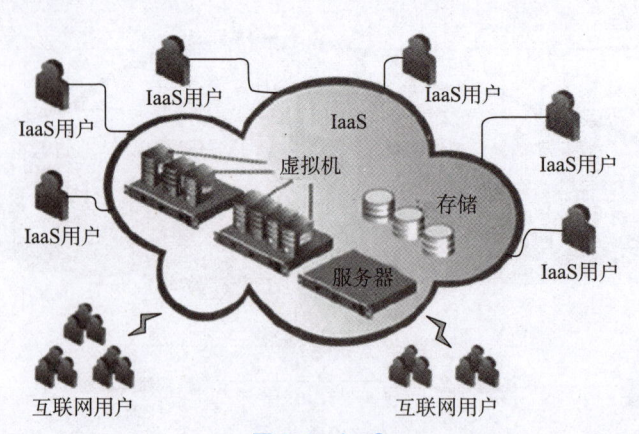

上的软件开发和运行平台，如标准语言与工具、数据访问、通用接口等，用户即可利用该平台开发和部署自己的软件，而不用操心资源购置、容量规划、软件维护、补丁安装或与应用程序运行有关的任何无差别的繁重工作，有助于提高效率。但用户通常不能管理或控制支撑平台运行所需的低层资源，如网络、服务器、操作系统、存储等，但可对应用的运行环境进行配置，控制自己部署的应用。

（3）软件即服务（SaaS）

即为用户直接提供应用软件服务。SaaS 服务提供商将应用软件统一部署在自己的服务器上，用户根据需求通过互联网向厂商订购应用软件服务，服务提供商根据客户所定软件的数量、时间的长短等因素收费，并且通过浏览器向客户提供软件服务，客户利用不同设备上的客户端（如 Web 浏览器）或程序接口通过网络访问和使用云服务商提供的应用软件，如电子邮件系统、协同办公系统等。这种模式下，客户不再像传统模式那样花费大量资金购买、开发软件，无须考虑如何维护服务或管理基础设施，只需要考虑如何使用该特定软件即可。但客户通常不能管理或控制支撑应用软件运行的低层资源，如网络、服务器、操作系统、存储等，但可对应用软件进行有限的配置管理。

议一议：请举例说明云计算可以解决哪些问题。

3. 云计算的部署策略

云计算的三种服务模式都具有流行、有效、灵活、用户友好等特征，用户可以根据需要选择部署策略，目前，云计算主要有四种部署策略，每一种都具备独特的功能，以满足用户不同的要求。

(1) 私有云

是指企业自己使用的云，一般是企业自己采购基础设施，搭建云平台，在此之上开发应用的云服务，如图6.3所示。它所有的服务不是供别人使用，而是供自己内部人员或分支机构使用。云端的所有权、日程管理和操作的主体到底属于谁并没有严格的规定，可能是本单位，也可能是第三方机构，还可能是二者的联合。云端可能位于本单位内部，也可能托管在其他地方。其缺点是投资较大，尤其是一次性的建设投资较大。私有云的部署比较适用于有众多分支机构的大型企业或政府部门。

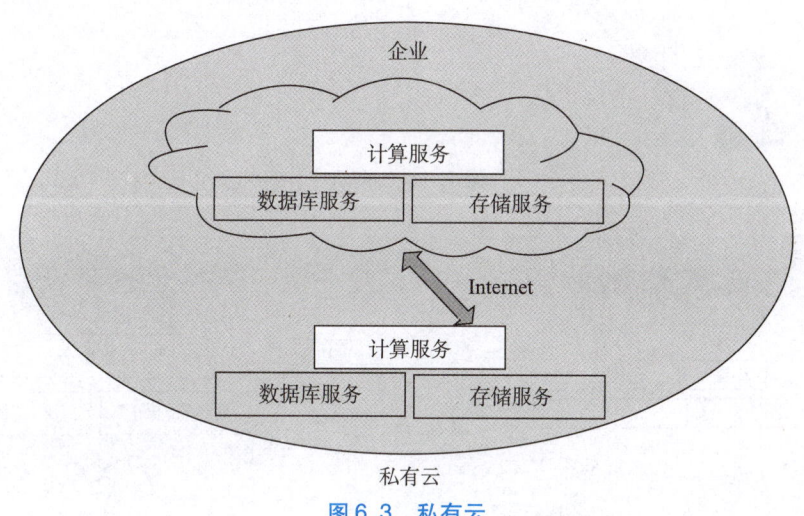

图6.3 私有云

(2) 公有云

云端资源开放给社会公众使用。云端的所有权、日常管理和操作的主体可以是一个商业组织、学术机构、政府部门或者它们其中的几个联合。云端可能部署在本地，也可能部署于其他地方；其应用程序、资源、存储等云计算服务由第三方提供商完全承载和管理，这些服务大多是免费的，也有部分按使用量来付费，这种模式只能使用互联网来访问和使用，如图6.4所示。比如深圳超算中心、亚马逊、微软的Azure、阿里云等。

对于使用者而言，公有云的最大优点是，用户无须购买硬件、软件或支持基础架构，只需为其使用的资源付费，其所应用的程序、服务及相关数据都存放在公共云的提供者处，自己无须做相应的投资和建设，相对成本较低，但数据的安全性相对也低于私有云。

(3) 社区云

云端资源专门给固定的几个单位内的用户使用，而这些单位对云端具有相似诉求，共享一套基础设施，共同承担所产生的成本；云端的所有权、日常管理和操作的主体可以是本社区内的一个或多个单位，也可以是社区外的第三方机构，还可以是二者的联合。云端可以部署在本地，也可以部署于他处，如图6.5所示。比如医院组建区域医疗社区云，各家医院通过社区云共享病例和各种检测化验数据，这能极大地降低了患者的就医费用。

(4) 混合云

由两个或两个以上不同类型的云（私有云、社区云、公共云）组成，它们各自独立，

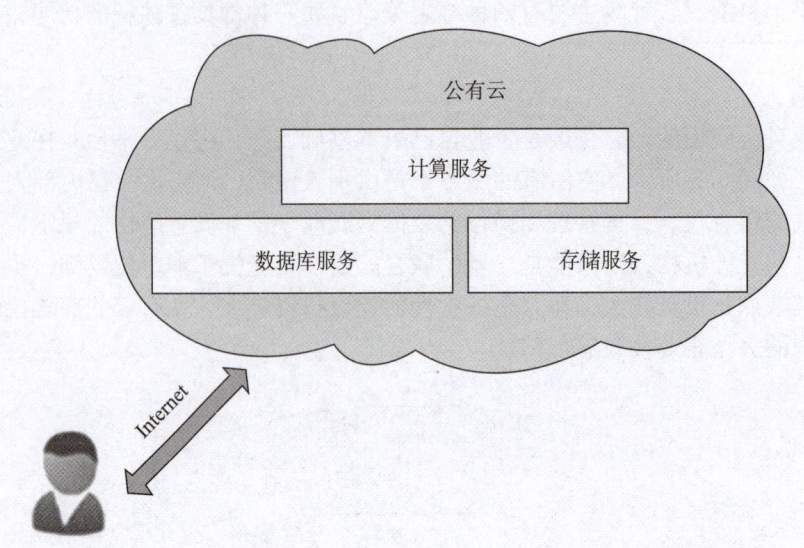

图6.4 公有云

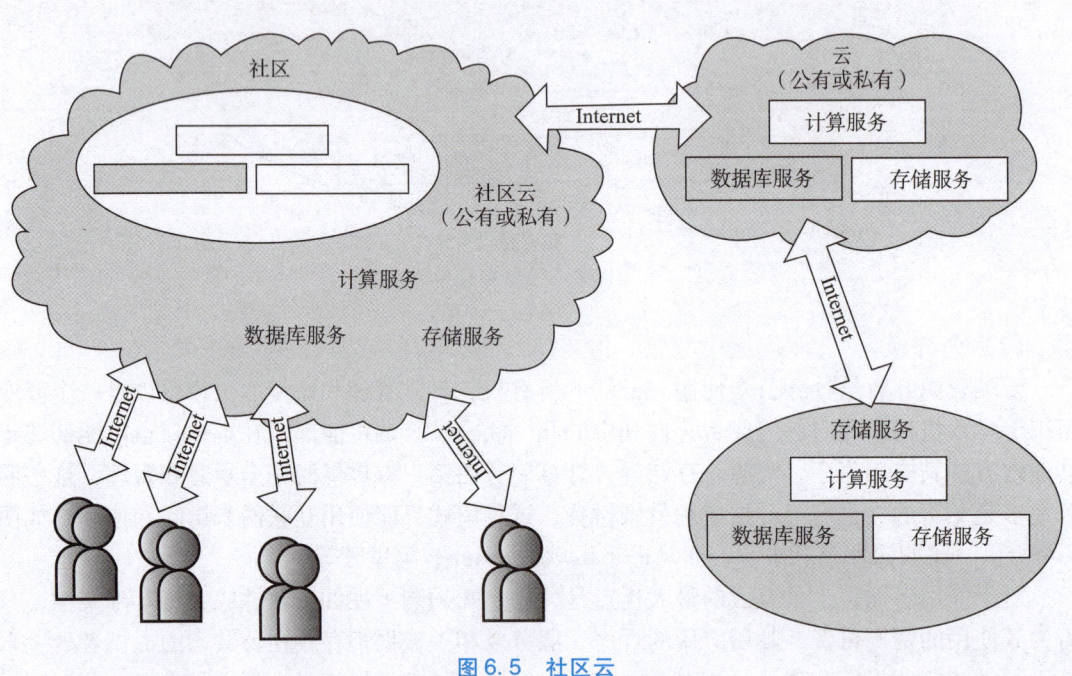

图6.5 社区云

但用标准的或专有的技术将它们组合起来，它们相互独立，但在云的内部又相互结合，可以发挥出所混合的多种云计算模型各自的优势，如图6.6所示。目前最流行的做法是由私有云和公共云构成的混合云，当私有云资源短暂性需求过大时，自动租赁公共云资源来平抑私有云资源的需求峰值。例如，网站在节假日期间点击量巨大，这时就会临时使用公共云资源来应急。

混合云是供自己和客户共同使用的云，它所提供的服务既可以供别人使用，也可以供自己使用。混合云的管理和运维由用户和云计算提供商共同分担，用户可根据业务私密性程度

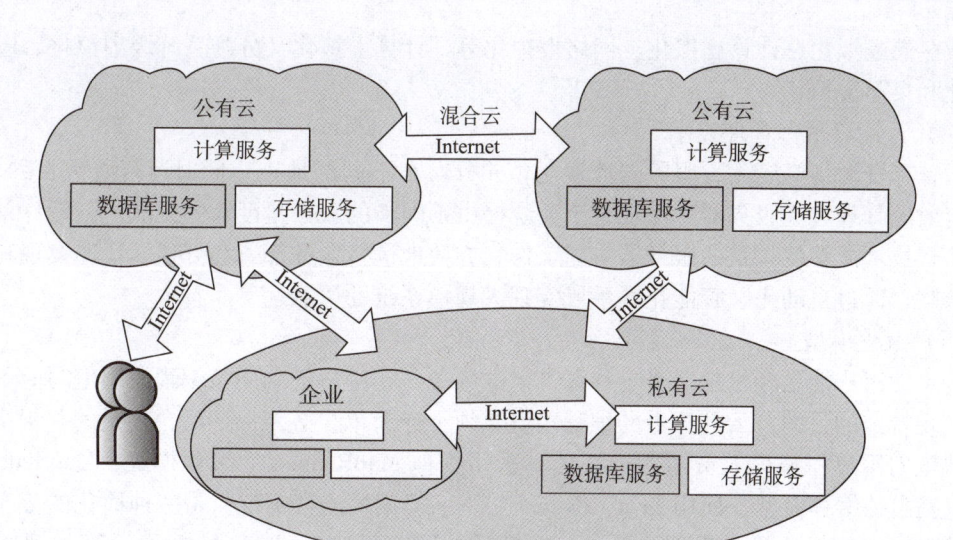

图 6.6 混合云

的不同自主在公有云和私有云间进行切换。相对而言，混合云的部署方式对提供者的要求较高，目前绝大多数混合云由企事业单位主导，以私有云为主体，并融合部分公共云资源，就是说，混合云的消费者主要来自一个或几个特定的单位组织。

4. 云计算的关键技术

在实际云计算部署模式中，主要涉及以下关键技术：

（1）数据存储技术

云计算系统由大量服务器组成，为保证高可用、高可靠和经济性，云计算采用分布式存储的方式来存储数据，采用冗余存储的方式来保证存储数据的可靠性，即为同一份数据存储多个副本。为了同时满足大量用户的需求，并行地为大量用户提供服务，云计算的数据存储技术必须具有高吞吐率和高传输率的特点。目前，云计算系统中广泛使用 GFS 或 HDFS 的数据存储技术。GFS 即 Google 文件系统（Google File System），是一个可扩展的分布式文件系统，用于大型的、分布式的、对大量数据进行访问的应用。GFS 的设计思想不同于传统的文件系统，是针对大规模数据处理和 Google 应用特性而设计的。它运行于廉价的普通硬件上，但可以提供容错功能。它可以给大量的用户提供总体性能较高的服务。HDFS 是一个分布式文件系统，它被设计为运行在廉价的物理服务器上，具有高容错性的文件系统。作为 Hadoop 的底层文件系统，它支持数据的高吞吐量，能够存储 GB 到 TB 级的数据。

（2）数据管理技术

云计算需要对分布的、海量的数据进行处理、分析，因此，数据管理技术必须能够高效地管理大量的数据。同时，如何在规模巨大的数据中找到特定的数据，也是云计算数据管理技术必须解决的问题。云计算系统中的数据管理技术主要是 Google 的 BT（BigTable）数据管理技术和 Hadoop 团队开发的开源数据管理模块 HBase。

（3）虚拟化技术

通过虚拟化技术可实现软件应用与底层硬件相隔离，它包括将单个资源划分成多个虚拟资源的裂分模式，也包括将多个资源整合成一个虚拟资源的聚合模式。虚拟化技术根据对象可分成存储虚拟化、计算虚拟化、网络虚拟化等，计算虚拟化又分为系统级虚拟化、应用级虚拟化和桌面虚拟化。

(4) 云计算平台管理技术

云计算资源规模庞大，服务器数量众多并分布在不同的地点，同时运行着数百种应用，如何有效地管理这些服务器，保证整个系统提供不间断的服务是巨大的挑战。云计算系统的平台管理技术能够使大量的服务器协同工作，方便地进行业务部署和开通，快速发现和恢复系统故障，通过自动化、智能化的手段实现大规模系统的可靠运营。

(5) 编程模型

为了使用户能更轻松地享受云计算带来的服务，让用户能利用该编程模型编写简单的程序来实现特定的目的，云计算上的编程模型必须十分简单。必须保证后台复杂的并行执行和任务调度向用户和编程人员透明。云计算采用类似 MapReduce 的编程模式，MapReduce 是 Google 提出的编程模型，使用 Java、Python、C++等编程语言实现，是一种简化的分布式编程模型和高效的任务调度模型，用于大规模数据集（大于 1 TB）的并行运算。现在所有 IT 厂商提出的"云"计划中采用的编程模型，都是基于 MapReduce 的思想开发的编程工具。

议一议：云计算技术发展方向是什么？

5. 云计算的应用

云计算已经融入现今的社会生活，从技术角度来看，云计算的应用领域不仅涉及传统的 Web 领域，在物联网、大数据和人工智能等新兴领域也有比较重要的应用，市场规模巨大、增长快速，根据中国信息通信研究院预测，到 2025 年，中国云计算整体市场规模将达到 5 863 亿元左右。云计算常见应用有以下几种类型：

(1) 弹性计算云服务

这是云计算最主要的使用场景，即公司企业按需申请 IT 计算资源（包括服务器、存储和网络资源），基于云端的 IT 资源，构建自己的 IT 系统，这样公司企业可以省去一大笔 IT 设备的购买资金，只需要支付少量的 IT 资源使用费用。

(2) 存储云服务

计算云服务主要面向公司企业提供计算资源（服务器资源），而存储云服务主要面向公司企业提供存储资源，并且提供的存储资源同样是弹性可伸缩的。用户只需要缴纳少量的存储资源使用费用，就可以将本地的资源上传至云端上，在任何地方连入互联网来获取云上的资源。比如，百度云和微云是市场占有量最大的存储云。存储云向用户提供了存储容器服务、备份服务、归档服务和记录管理服务等，大大方便了使用者对资源的管理。未来几年，基于移动互连社交的个人及企业云存储市场将爆发。

动一动：安装并使用百度网盘。

写下步骤：

（3）桌面云服务

目前，桌面云服务呈现出越来越普及的趋势；传统的 IT 办公，是每个员工一台电脑，使用自己的电脑办公。但是这样的传统办公模式存在各种弊端，员工手里的电脑可能会出现故障，比如 1 万名员工、1 万台电脑，万分之一的故障率，即意味着每天都有一台电脑故障，IT 运维压力大，同时还存在信息安全风险，员工电脑里的信息很容易泄露出去。使用桌面云服务之后，公司员工不再使用电脑办公，而只需要一台轻量化的云终端设备，从云终端设备登录到云端的桌面云，在云端的桌面云上集中办公；IT 运维人员也只需要统一集中维护云端设备和资源即可，运维压力减轻，同时，员工手里只有一台云终端设备，该云终端设备并无数据信息，只是用来接入桌面云的，所有的数据信息均存储在云计算中心，信息安全有保障。

（4）大数据分析云服务

部分公司企业存在着大数据分析的需要，比如金融行业就需要进行海量的客户资料分析，确认哪些客户是优质客户，哪些客户存在违约风险等。这类公司企业就可以使用大数据分析云，在大数据分析云内嵌入大数据分析引擎（比如分布式计算平台 Hadoop），帮助公司企业快速完成海量数据分析。

（5）媒体云服务

对于广播电视行业的公司，存在媒体资源的采集、编辑、播放控制、音视频转码、管理等方面的软件处理需求。目前国内外业界都已纷纷推出媒体采集编播的专业化软件，但是这些专业化软件存在两个弊端：软件本身价格高昂和软件对于运行环境存在非常高的性能要求。如果公司企业购买使用这些专业化软件，无疑需要支付高昂的软件费用和购买昂贵的高性能计算设备。在此情况下，公司企业可以使用媒体云服务，在媒体云内嵌入各类专业化软件，同时依托于云端海量的 IT 资源，完全可以确保这些媒体专业软件的流畅运行。

（6）医疗云服务

医疗云，是指在云计算、移动技术、多媒体、大数据以及物联网等新技术基础上，结合医疗技术，使用"云计算"来创建医疗健康服务云平台，实现了医疗资源的共享和医疗范围的扩大。因为云计算技术的结合与运用，医疗云提高了医疗机构的工作效率，方便了居民就医。比如现在医院的预约挂号、电子病历、医保等都是云计算与医疗领域结合的产物，医疗云还具有数据安全、信息共享、动态扩展、布局全国的优势。

（7）教育云服务

教育云可以将所需的任何教育硬件资源虚拟化，然后将其上传互联网，向教育机构和学生老师提供一个方便快捷的平台。现在流行的慕课就是教育云的一种应用。慕课 MOOC，指的是大规模开放的在线课程。现阶段慕课的三大优秀平台为 Coursera、edX 及 Udacity，在国内，中国大学 MOOC 也是非常好的平台。2013 年 10 月 10 日，清华大学推出了 MOOC 平台——学堂在线，许多大学现已使用学堂在线开设一些课程的 MOOC。

云计算日益成为一种类似"水电和天然气"的社会和公共基础设施，通过互联网提供按需服务。未来 10 年，云计算将颠覆用户生态，不能及时拥抱云计算这个先进生产力的传统企业，竞争力会被严重削弱。

在云计算这个平台上，决定最终性能的关键因素就是应用的各种算法，而这是人工智能承担的角色。人工智能离不开大数据，同时也要靠云计算平台来完成深度学习进化。

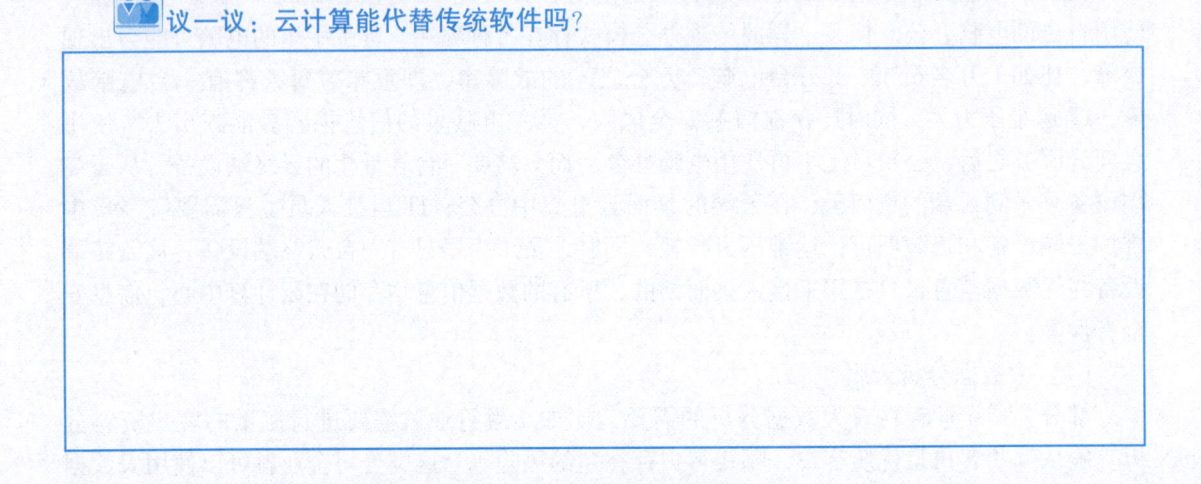

议一议：云计算能代替传统软件吗？

6.6 人工智能

2016 年，谷歌旗下公司研发的围棋程序"AlphaGo"（音译阿尔法狗）以 4∶1 的比分完胜韩国的职业围棋九段李世石，创造了人工智能领域一个新的里程碑。2017 年，AlphaGo 又击败当时世界排名第一的中国围棋选手柯杰，人工智能引发了全球关注，两个月后，我国政府颁布了《新一代人工智能发展规划》等文件，提出了面向 2030 年我国新一代人工智能发展的指导思想、战略目标、重点任务和保障措施，以新一代人工智能技术的产业化和集成应用为重点，以加快人工智能与实体经济融合为主线，着力推动人工智能技术、产业全面健康发展。

议一议：从 AlphaGo 这个事例上，能否说明计算机比人类聪明，或者说计算机已经有了类似"人类的智慧"呢？

1. 人工智能的概念

人工智能，英文缩写为 AI，顾名思义，它是由人类创造出来的智能，而非自然界产生的，或者说，它是一门让机器像人一样感知和思考的技术。人工智能领域的先驱、麻省理工学院计算机科学家帕特里克·亨利·温斯顿（Patrick Henry Winston）教授在《人工智能》一书中认为：人工智能是研究人类智能行为规律（如学习、计算、推理、思考、规划等），构造具有一定智慧能力的人工系统，以完成往常需要人的智慧才能胜任的工作。

20 世纪 90 年代，互联网技术的发展和高性能计算机的出现，加速了人工智能的创新研究，人们逐步使用人工智能算法来解决数据采集和处理中的很多问题，促使人工智能技术进一步走向实用化。2006 年以来，深度学习理论的突破带动了人工智能一次新的发展浪潮，互联网、云计算、大数据、芯片和物联网等新兴技术为人工智能各项技术的发展提供了充足的数据支持和算力支撑，泛在感知数据和图形处理器等计算平台推动以深度神经网络为代表的人工智能技术飞速发展，以"人工智能+"为代表的业务创新模式随着人工智能技术和产业的发展日趋成熟，成为新一轮产业变革的核心驱动力，催生了新的技术、产品、产业、业态、模式，引发了经济结构的重大变革，实现了社会生产力的整体提升。

2. 人工智能的研究内容

人工智能从诞生以来，理论和技术日益成熟，应用领域也不断扩大，作为计算机科学的一个分支，人工智能的目的是生产出一种能够模拟人类智能的智能机器，使机器能够胜任一些通常需要人类智能才能完成的复杂工作。其研究内容主要包括机器学习、语音识别、图像识别、自然语言处理和专家系统等。

（1）机器学习

机器学习专门研究计算机怎样模拟或实现人类的学习行为，以获取新的知识或技能，重新组织已有的知识结构，使之不断改善自身的性能。它是一门多领域交叉学科，涵盖概率论知识、统计学知识、近似理论知识和复杂算法知识等，使用计算机作为工具并致力于真实实时的模拟和实现人类学习方式，以获取新的知识或技能，并将现有内容进行知识结构划分来有效提高学习效率。

机器学习推动人工智能快速发展，是人工智能发展的重要推动因素，它是现阶段解决很多人工智能问题的主流方法，是现代人工智能的本质，目前正处于高速发展之中。

(2)语音识别

语音识别是让机器识别和理解说话人语音信号内容的技术。其目的是将语音信号转变为计算机可读的文本字符或者命令的智能技术，利用计算机理解讲话人的语义内容，使其听懂人类的语音，从而判断说话人的意图。语音识别技术主要包括特征提取技术、模式匹配准则及模型训练技术三个方面，语音识别首先要对采集的语音信号进行预处理，然后利用相关的语音信号处理方法计算语音的声学参数，提取相应的特征参数，最后根据提取的特征参数进行语音识别。其中，预处理主要是对输入语音信号进行预加重和分段加窗等处理，并滤除其中的不重要信息及背景噪声等，然后进行端点检测，以确定有效的语音段。特征参数提取是将反映信号特征的关键信息提取出来，以此降低维数，减少计算量，用于后续处理，这相当于一种信息压缩。之后进行特征参数提取，用于语音训练和识别。

(3)自然语言处理

自然语言是指汉语、英语、法语等人们日常使用的语言，是人类社会发展演变而来的语言，它是人类学习生活的重要工具。概括来说，自然语言是指人类社会约定俗成的，区别于如程序语言的人工语言。自然语言处理，是指用计算机对自然语言的形、音、义等信息进行处理，即对字、词、句、篇章输入、输出、识别、分析、理解、生成等的操作和加工。

(4)计算机视觉

计算机视觉（Computer Vision）技术利用摄像机以及电脑替代人眼对目标进行识别、跟踪、测量和判别决策等，并进一步做图形处理，使电脑处理的信息成为更适合人眼观察或传送给仪器检测的图像。计算机视觉的研究目标是使计算机具备人类的视觉能力，能看懂图像内容、理解动态场景，期望计算机能自动提取图像、视频等视觉数据中蕴含的层次化语义概念及多语义概念间的时空关联等。作为人工智能的一个重要分支，其目前在智能安防、自动驾驶汽车、医疗保健、生成制造等领域具有重要的应用价值。

(5)知识工程

知识工程是一门运用现代科技手段高效率、大容量地获得知识、信息的工程技术学科。目的是开发一个实现自动化知识转移和利用的技术与方法，主要研究如何组成由电子计算机和现代通信技术结合而成的新的通信、教育、控制系统。主要包括知识获取、知识表示和知识应用。近年来热度火爆的知识图谱，就是新一代的知识工程技术。知识工程是人工智能的原理和方法，它为电子计算机的进一步智能化提供了条件，是关系人工智能发展的关键性学科。

议一议：自动化、智能化、人工智能三者的区别与联系。

3. 人工智能的应用场景

人工智能被称为21世纪最具活力、最引人关注的技术，它汇聚了大数据、云计算、物联网等数字技术的综合影响力，逐渐从专业领域走向实际应用，成为与人们日常生活息息相关的一项技术，形状各异、功能多样的机器人也早已走进我们的生活，如扫地机器人、擦玻璃机器人、语音对话机器人等。随着人工智能领域的自然语言处理、语音识别、计算机视觉等技术的逐渐成熟，人工智能与产业融合进程不断加速，深入赋能实体经济，在医疗、自动驾驶、工业智能等领域应用进展显著。

（1）智慧零售

通过人工智能、深度学习、图像智能识别、大数据应用等技术，控制单元可以进行自主的判断和行为，实现在商品分拣、运输、出库等环节的自动化，实现零售服务的快速和精准，让客户触达、客户链接和客户洞察变得简单和充分，从而触发了零售商业模式的创新发展，顾客体验实现前所未有的优化升级，给商家提供更高的经营效率。

（2）智能教育

智能教育是指将人工智能和教育科学结合在一起，以发展适应性学习情境，智能教育的建设涵盖校园IT基础建设、互动教学硬件设备、信息化平台及软件、线上内容资源等，应用场景包括自适应学习、教育机器人、智慧校园、智能课堂等形式。

智能教育建立在与学生充分的交互和数据获取的基础上，通过图像识别、语音识别等技术，对各类信息的收集、处理和综合分析研判，匹配用户的学习需求，然后进行统计分析和评估反馈，可应用于教学过程中的"教、学、评、测、练"五大环节，实现对学生个性化分析、以学定教，提升学习的效率与质量；实现机器批改试卷、识题答题及在线答疑解惑等，为老师减负增效；为教学管理提供大数据辅助决策与建议，为科学治理提供支撑；智能教育在一定程度上改善了教育行业师资分布不均衡、费用高昂等问题。

（3）智能交通

通过智能硬件、软件系统、云平台等构成一套完整的智慧交通体系，将人、车和路紧密地结合起来，对道路交通中的路基情况、交通情况、车辆流量、行车速度等信息进行采集和分析，通过后台分析模型和算法处理，实现对交通的智能监控和调度，对违法事件的取证分析，对道路的监控和智能维护，从而提升通行能力、保障交通安全以及简化交通管理，实现信息互通与共享以及各交通元素的彼此协调、优化配置和高效使用，形成人、车和交通的一个高效协同环境，建立安全、高效、便捷和低碳的交通。例如，交通信号灯智能适配、出行路径优化、公共交通工具调度决策等应用场景。

（4）智能制造

智能制造是基于新一代信息通信技术与先进制造技术深度融合，贯穿于设计、生产、管理、服务等制造活动的各个环节，具有自感知、自学习、自决策、自执行、自适应等功能的新型生产方式，其本质是新一代信息技术与制造业的深度融合。从智能制造业角度出发，人工智能技术正在深入改造制造行业，催生了智能装备、智能工厂、智能物流、制造执行系统（Manufacturing Execution System，MES）等应用场景，创造出自动化的一些新需求、新产业、新业态。

（5）智慧医疗

近年来，人工智能技术与医疗健康领域的融合不断加深，智能医疗被广泛应用于电子病历、影像诊断、远程诊断、医疗机器人、新药研发和基因测序等场景，成为影响医疗行业发展，提升医疗服务水平的重要因素。智慧医疗通过打造健康档案区域医疗信息平台，建立病理知识库、方法库、模型库和工具库，通过机器学习和知识创新，支持进行病理智能诊断；智能医疗的目标是达到一键诊断、居家诊疗，让智能医疗走进寻常百姓的生活。相信在不久的将来，医疗行业将融入更多人工智慧、传感技术等高科技，使医疗服务走向真正意义的智能化，推动医疗事业的繁荣发展。

4. 人工智能的发展

当前，人工智能作为全球最活跃的创新领域之一，全球已有美国、中国、欧盟、英国、日本、德国、加拿大等10余个国家和地区发布了人工智能相关国家发展战略或政策规划，用于支持AI未来发展。这些国家几乎都将人工智能视为引领未来、重塑传统行业结构的前沿性、战略性技术，积极推动人工智能发展及应用，注重人工智能人才队伍培养。2019年中国政府工作报告指出："打造工业互联网平台，拓展'智能+'，为制造业转型升级赋能。"这是"智能+"首次写入政府工作报告。从2017年起，"人工智能"连续三年被写入政府工作报告，在市场和政策的推动下，人工智能技术将迎来一个火热的上升期。政府工作报告显示，2021年上半年，人工智能新算法不断涌现，产业格局与生态体系更为明晰，人工智能技术应用开始全面覆盖日常生活。

随着人工智能技术不断向纵深发展，我国人工智能科研能力、专利发展及技术应用均实现了一定突破，未来的人工智能会像电和水一样无所不在，颠覆和变革各个行业，应用场景将更加广泛。

议一议：面对ChatGPT"双刃剑"，如何趋利避害？

> **知识拓展：ChatGPT**
>
> 在当今这个数字化时代，人工智能的应用已经贯穿到我们生活中的各个方面，尤其是在实现人机交互方面。2022年11月底，美国人工智能研究实验室OpenAI上线了人工智能聊天软件ChatGPT（Generative Pre-training Transformer，预训练生成模型）。ChatGPT就是一种由人工智能驱动的自然语言处理工具，它能够通过学习和理解人类的语言进行对话，还能根据聊天的上下文进行互动，并协助人类完成一系列任务。
>
> ChatGPT具有更高的语言理解能力、更好的语言生成能力，以及更高的适应性，它代表了一种强人工智能突破的可能性。原来的人工智能可以认为是弱人工智能，或者说是专用人工智能，比如家里常用的"小爱同学"，只能回答一些相对简单的问题，稍微复杂的问题它就回答不了；2016年击败围棋世界冠军李世石的AlphaGo很厉害，但它也是一个专用人工智能，除了围棋以外，无法胜任其他事情。ChatGPT是强人工智能，或者说是一种通用人工智能，用户只要向它发出比较具体的提示语，无论是做翻译、写论文还是写代码、整理数据，它都能一气呵成、游刃有余，给人一种"无所不能"的感觉，号称史上最强人工智能。无论是在国内还是在国外，人工智能ChatGPT都有广泛的应用场景，并为各个领域的开发者带来了更多的可能性和机会。
>
> 但是，AI一直被视为一把"双刃剑"，爆火的ChatGPT也是如此。比如，企业用户可以使用AI驱动的安全工具和产品，在几乎无须人为干预的情况下应对大量网络安全事件，但业余黑客也可以利用同样的技术开发智能恶意软件程序并发起隐形攻击。过度依

> 赖 ChatGPT 生成的答案，放弃独立的思考、判断、创作和研究，知识水平和思维能力就可能受到影响。一个程序员如果长期用它来写代码，就可能会丧失代码能力，甚至判断不出 ChatGPT 写的代码是不是正确的。
>
> ChatGPT 作为一种新兴的人工智能应用技术，具有广泛的应用前景和重要的意义。通过不断地发掘和创新其应用场景和技术手段，ChatGPT 在未来的发展中将会更加成熟和完善，为人类带来更多的智能化便利和体验。
>
> 人工智能和 ChatGPT 都是处于不断发展和进步中的技术，未来，它们将会更加普及并应用于各个领域，不断推动人类社会的发展和进步。

6.7 区块链

中国数字经济蓬勃发展，但网络信息不对称、数字信任危机以及数字应用安全风险等问题仍然存在。区块链技术很好地解决了这些问题，进而充分释放数字经济所蕴藏的巨大潜能。习近平总书记指出，"要把区块链作为核心技术自主创新的重要突破口，着力攻克一批关键核心技术，加快推动区块链技术和产业创新发展"，这标志着区块链技术正式上升为国家重大战略。

1. 区块链概念

区块链的概念最早于 2008 年在比特币创始人，中本聪的论文《比特币：一种点对点的电子现金系统》（Bitcoin：A Peer－to－Peer Electronic Cash System）中首次提出，他认为，在中心化的体系内，价值分散在各中心手中，由于各中心的系统不同，各中心的互通成本非常大；由于少数中心化的机构掌握了多数的价值，价值的流通受制于中心化机构的体系要求，造成了一种高成本、低效率的运作现状；而且由于所有数据均存储于中心化机构中，更容易遭恶意破坏者的篡改。基于此，中本聪在区块链技术的基础上，创建了比特币，也正是比特币网络使区块链进一步完善，并正式进入了公众视野。

区块链（Blockchain）可以理解为一种公共记账的技术方案，即通过建立一个互联网上的公共账本，由网络中所有参与的用户共同在账本上记账与核账，每个人（计算机）都有个一样的账本，所有的数据都是公开透明的，并不需要一个中心服务器作为信任中介，其运行原理，就是一个大家共同记账，互相验证，达成共识的过程。

"区块"是区块链的基本组成，它由一串按照密码学方法产生的数据块或数据包组成，区块就是一个数据块，除了交易信息之外，区块上还包含一些特征信息，即"哈希值"。所谓哈希值，可以理解为数据的一个"指纹"，每个人的指纹都是不一样的，不同的数据，算出来的哈希值一般来说也是不同的。如果已知数据 A 的哈希值是 H，想伪造另一个数据 B，使它的哈希值也是 H，这是极其困难的。也就是说，哈希值具有不可伪造性，起到了"指纹"的作用。一个区块中，包含了两种哈希值："上一个区块的哈希值"和"本区块的哈希值"。因为每个区块都包含了上一个区块的哈希值，从创始区块（Genesis Block）开始链接到当前区域，依次连成一条（逻辑上的）链，即区块链。

从密码学的角度来看，存储在区块链上的交易信息是公开的，但是账户身份信息是高度加密的，只有在数据拥有者授权的情况下才能访问到，从而保证了数据的安全和个人的隐私。如果一个区块上的交易信息被人恶意篡改，"本区块的哈希值"就会改变。由于区块链中下一个区块包含了"上一个区块的哈希值"，为了让下一个区块依然能连到本区块，需要修改下一个区块，也就是说，篡改了一个区块，就要修改后面所有区块。对于一个由成千上万个分布在全球各个角落的节点组成的区块链系统而言，没有任何一个人可以单独地记录数据，避免了单一记录者被操控或者恶意记假账的情况，在区块链上记录的每一笔交易都能够保持真实可靠、公开透明，既保证了数据处理的公正性，也解决了数据的信任问题，特别是有效解决了陌生人间的信任问题。因此，区块链本质上是一连串使用密码学相关联所产生的、不重复的、不可篡改的数据块。

从数据库的角度来看，区块链是去中心化的、分布式的、区块化存储的数据库，通过区块链技术，互联网上的各个用户成为一个节点并相互连接起来，所有在此区块链架构上发布的内容都会在加密后被每一个节点接收并备份，每一个节点将根据系统规则来对交易进行验证和确认。各节点将加密数据不断打包到区块中，再将区块发布到网络中，并按照时间顺序进行连接，生成永久、不可逆向的数据链，这便形成了一个公开透明的、受全部用户监督的区块链。节点的数据是同步的，即使部分节点数据被毁，也不会受影响，保证了数据的安全。因此，区块链生成了一套记录时间先后的、安全的、可信任的数据库。

议一议：区块链等于比特币吗？

2. 区块链特性

区块链技术是指通过去中心化的方式集体维护一个可靠数据库的技术方案，其特性主要有以下几点：

（1）去中心化

区块链使用分布式核算和存储，不依赖额外的第三方管理机构或硬件设施，没有中心管制，任意节点的权利和义务都是均等的，各个节点实现信息自我验证、传递和管理。去中心化是区块链最本质的特征。

（2）开放性

区块链的运行规则是公开透明的，除了交易各方的私有信息被加密外，区块链的数据对所有参与者公开。每一台设备都能作为一个节点，节点间基于一套共识机制共同维护整个区块链，共识机制是区块链系统稳定运行的关键，所有在区块链网络上产生的数据，都要通过一个共识协议，在所有节点上进行验证。整个系统的信息高度透明。

(3) 自治性

区块链采用基于协商一致的规范和协议,各个节点就按照这个规范来操作,使系统中的所有节点都能在去信任的环境中自由安全地交换数据,使得对"人"的信任改成了对机器的信任,任何人为的干预不起作用。

(4) 不可篡改性

一旦信息经过验证并添加到区块链,就被永久保存,除非攻击者拥有超全网50%的算力资源,它就被认为对它有绝对的权力控制整个区块链,就能修改自己的交易记录、阻止交易确认等,这就意味着交易的完整性和安全性不能再得到保证,即51%算力攻击。尽管存在理论可能,但几乎不可能会发生,区块链中的每一笔交易都通过密码学方法与相邻两个区块串联,可以追溯到任何一笔交易的前世今生,因此,区块链的数据不可篡改,安全性和可靠性极高。

(5) 匿名性

在区块链系统中,通过密码技术进行所有权的确权,没有谁可以轻易篡改和泄露,同时,通过密码系统标识账户,与真实信息有一定的隔离性,有效保护了隐私。仅从技术上来讲,各区块节点的身份信息不需要公开或验证,信息传递可以匿名进行。

议一议:区块链如何工作?

3. 区块链分类

区块链按照访问和管理权限,可以分为公有链(Public Blockchain)、联盟链(Consortium Blockchain)、私有链(Private Blockchain)。

(1) 公有链

公有链是完全开放的区块链,世界上任何个体或者团体都在公有链发送交易,且交易能够获得该区块链的有效确认,每个参与者可以看到全部的账户余额及其全部的交易活动,都可以竞争记账权。它的特点是不可篡改,匿名公开,无官方组织及管理机构,无中心服务器,建成后即自动运行,是"完全去中心化"的。弊端是去中心化的成本很高,用户自己实际产生的数据可能只有几 KB,但每个用户都需要保留 TB 计的交易数据。另外,为了竞争记账权力,消耗的算力资源巨大,违背低碳环保理念。公有链的代表是比特币、以太坊。

(2) 私有链

私有链是企业、国家机构或者单独个体内部使用的封闭区块链,比如政府建立的政务服务链、快递公司建立的物流链、银行建立的内部结算链等。仅采用区块链技术作为底层记账技术，且只记录内部的交易，记账权归私人或私人机构所有，不对外开放，由公司或者个人独享。它的特点是交易速度快，应用了区块链的不可篡改性，降低内控监督成本。去掉内部的小中心，但保留组织的大中心。

（3）联盟链

联盟链就是多家组织、某个群体或组织内部使用的区块链，介于公有链和私有链之间，兼具部分去中心化的特性，比如银行联盟结算系统、物流上下游企业联合物流区块链、多个政府单位联合的政务区块链等。联盟链仅限联盟成员参与，系统半开放，需要预先竞争选举出部分节点作为记账角色，区块的生成由所有预选记账人共同决定，其他非预选出的节点可以交易，但是没有记账权。联盟规模可以大到国与国之间，也可以是不同的机构企业之间。用现实来类比，联盟链就像各种商会联盟，只有组织内的成员才可以共享利益和资源，区块链技术的应用只是为了让联盟成员间彼此更加信任。

目前国内的区块链应用落地形式以联盟链为主，多方参与共享数据互信，但多数情况下链上数据对外部并不可见。联盟链的多点开花虽然推动了区块链技术的快速应用，但也面临着一些问题。首先，联盟封闭使数据"孤岛"更为明显，网络生态更加割裂；其次，联盟网络规模难以做大，公信力始终只局限在一个较小的范围内；最后，联盟链构建仍然较为复杂，搭建网络和区块链的搭建运维具备较高的技术门槛，难以普及社会大众。区块链的三种基本类型，正如互联网技术支持了私有系统、局域网系统、世界公网系统一样，是针对不同需求而产生的，三者不是竞争关系，而是互相补充的关系。

4. 区块链发展

区块链被视为构建未来互联网业态的核心关键技术，可实现互联网从信息互连到价值互连的升级，其应用场景大致经历了三个发展阶段。

（1）区块链1.0，数字货币阶段

从2008年比特币网络问世以来，区块链一直以去中心化数字货币的形态存在，应该说区块链是比特币的底层技术，比特币是区块链最早和最著名的商业应用之一，区块链技术最初的应用范围完全聚集在数字货币上。

（2）区块链2.0，智能合约阶段

受到数字货币的影响，人们开始将区块链技术的应用范围扩展到其他金融领域。2013年11月，Vitalik Buterin发布了以太坊白皮书，他认为资产和信托协议也可以从区块链管理中受益。以太坊与比特币的最大区别，是其支持脚本语言应用开发，可以实现智能合约。智能合约是在区块链上自我管理的合约。它们是由诸如过期日期的过去或达到特定价格目标之类的事件触发的，利用"智能合同"可以自动检测是否具备生效的各种环境，一旦满足了预先设定的程序，合同会得到自动处理，比如自动付息、分红等。有了合约系统的支撑，区块链的应用范围开始从单一的货币领域扩大到涉及合约功能的其他金融领域，如股权、债权和产权的登记、转让，证券和金融合约的交易、执行等。

（3）区块链3.0，社会治理阶段

随着区块链技术的进一步发展，其应用已不局限在金融领域，还将广泛应用于政务管理及各行各业，成为新的社会信用机制和社会治理框架的一部分。比如，区块链在身份认证、公证、仲裁、审计、域名、物流、医疗、邮件、签证、投票等其他各个领域的应用，解决信任问题，不再依靠第三方来建立信用和信息共享，提高整个行业的运行效率和整体水平。

近年来，国家相关部委和地方省市相继发布区块链政策和具体措施，加快推进我国区块链产业布局。2019年1月，国家互联网信息办公室发布《区块链信息服务管理规定》，进一步规范区块链信息服务活动，促进区块链技术及相关服务的健康有序发展。2020年，国家发改委首次明确新基建范围，区块链正式纳入新基建推动数字经济建设，其技术研究和应用落地也进入了蓬勃发展的新阶段。

在技术研发方面，目前国内很多公司仍基于以太坊（therein）等国外开源架构进行区块链平台开发和应用部署，同时，区块链底层技术和架构的自主研发日益受到重视，如中国银行、工商银行、蚂蚁金服、腾讯、百度、京东等企业已经积极开展区块链技术自主研发，加强区块链网络基础架构系统建设。

在应用落地方面，区块链技术在票据、电子存证、食品供应链、跨境支付、电子政务等领域取得一系列成果。2018年下半年，首张区块链电子发票在深圳问世，成为我国首个"区块链+发票"的落地应用；北京互联网法院推出"天平链"平台，用于存储案件证据，保证数据真实性和隐私性；蚂蚁金服、京东相继使用区块链推出生鲜食品从生产到超市的溯源服务平台，以提升食品供应链透明度、保护消费者权益；中国银行通过区块链跨境支付系统，成功完成河北雄安与韩国首尔两地间客户的美元国际汇款；济南高新区上线试运行智能政务协同系统，利用区块链技术实现电子政务外网与各部门业务专网的互连互通、在线协同，提高政府工作效率。

随着新一代信息技术的发展，未来区块链有望与5G通信、云计算、人工智能、物联网等新兴技术深度融合，应用范围将逐渐扩大到整个社会。

德育拓展　　争做新时代自主创新生力军

互联网诞生以来，不断激发创新、驱动发展，把世界变成"鸡犬之声相闻"的地球村，互联网成为全球经济发展强大而稳定的引擎。在新一轮科技革命和产业变革之下，互联网发展动能将更加强劲，发展空间将更加广阔，这一切离不开技术突破和创新精神。

中华民族从来都是乐于创新、勇于创新的民族，从古代四大发明到新"四大发明"，从"两弹一星"的问世到"神舟"飞天的壮举，从"蛟龙"下海探索浩瀚无垠的海洋到港珠澳大桥横跨伶仃洋，可以说，中华民族五千多年的文明史，就是一部不断创新的历史；互联网时代，从不断加强基础设施建设到广泛渗透各个领域，数字经济蓬勃发展，其主要动力就是改革创新。只有创新，才能令科技进步、令国家昌盛、令人民幸福，成就民族复兴伟业。

进入21世纪，互联网的迭代加速推动人类社会进入全面感知、可靠传输、智能处理、精准决策的智能时代。网络信息技术成为全球研发投入最集中、创新最活跃、应用最广泛、辐射带动作用最大的技术创新领域，也是全球技术创新的竞争高地。在这场综合性竞争中，我国在高性能计算、移动通信、量子通信等网络发展的前沿技术领域，以及核心芯片等具有国际竞争力的关键核心技术领域均实现了一系列突破和创新，比如，中国"天河二号"超级计算机在全球运算速度排名中连续6年夺魁；中国已成长为全球最大且最具活力的移动通信市场，在5G等下一代移动通信技术研究领域处于领跑地位；量子科学实验卫星成功发射，量子保密通信京沪干线建设取得重大突破；在芯片专利申请数量方面，中国成为第一大国，并连续5年蝉联全球第一。这一系列领先技术创新，亮点纷呈，实现了"换道超车"，成为我国建设网络强国的底气，夯实了中华民族伟大复兴中国梦的基础。

党的十八届五中全会提出了"创新、协调、绿色、开放、共享"五大发展理念，这五个关键词恰恰也是建设网络强国、推进互联网自身发展、推动"互联网+"行动深入前进的关键词。创新是引领发展的第一动力，是互联网时代最重要的理念，互联网本身就是科技创新的产物，也创造出众多的新技术。比如，云计算的发展使计算和存储能够像水和电一样，为各种创新创业提供基础资源。互联网时代的创新已不仅仅是某种跨越式的技术，也包括利用互联网技术创造出前所未有的商业模式。比如，互联网和传统行业的深度融合，也创造出众多的新业态和新模式，从而推动了经济转型升级和持续发展，加速了网络强国战略的深入实施，创新已成为驱动经济发展与商业变革的核心驱动力，中国加快自主创新是中国经济创新发展的必由之路。

创新是人类永恒的追求，更是推动社会进步的动力源泉。从钻木取火到蒸汽机的发明，从烽火台的狼烟到现代互联网技术，一部人类文明史，就是一部不断超越、不断创新的历史。中国互联网从跟跑，到并跑，再到领跑，一路艰辛跋涉，走向世界，我国新一代信息基础设施实现了跨越式发展，尤其是5G技术研发的领先让一向作为行业领头人的美国措手不及。美国为维护其科技霸权，限制中国5G的发展速度，开始出手对该技术实施制裁和封锁。此外，还对我国另一个高科技领域的研究方向——人工智能实施封锁，人工智能作为引领未来的战略性技术和推动产业变革的核心驱动力，是经济发展的新引擎、社会进步的加速器，已成为全球战略必争的科技制高点，是未来的新趋势。目前，人工智能已经开始涉及我们生活的方方面面。

实际上，最先开始研究人工智能方向的是以美国为主的西方国家。我国在这一领域起步晚，但发展较为迅猛，取得不少成就，技术已经比其他国家成熟，因此，美国一方面加紧了人工智能的研究进程，加大了投入，另一方面，又在多方面对我国实施技术封锁，以减缓我国研究进程，试图保持自己的领先地位。面对美国的技术封锁，必须把创新摆在国家发展全局的核心位置，实施创新发展驱动战略，让创新贯穿党和国家一切工作，让创新在全社会蔚然成风，让大学生成为新时代自主创新的生力军。习近平总书记指出："只有自信的国家和民族，才能在通往未来的道路上行稳致远。树高叶茂，系于根深。自力更生是中华民族自立于世界民族之林的奋斗基点，自主创新是我们攀登世界科技高峰的必由之路。"只有具有创新精神，我们才能在未来的发展中不断开辟新的天地；只有紧紧牵住核心技术自主创新这个"牛鼻子"，突破网络发展的前沿技术和具有国际竞争力的关键核心技术，才能从根本上扭转模仿跟随的局面，在新一轮互联网科技和综合国力竞争中真正实现"弯道超车"，迈向网络强国、数字中国和智慧社会。

辩一辩：科技发展是否会威胁人类社会？